建筑工程质量检测技术系列丛书

功能材料

主　审　高小旺
主　编　韩素玉

中国建材工业出版社

图书在版编目（CIP）数据

功能材料/韩素玉主编．--北京：中国建材工业出版社，2018.11

（建筑工程质量检测技术系列丛书）

ISBN 978-7-5160-2415-7

Ⅰ.①功… Ⅱ.①韩… Ⅲ.①建筑工程—功能材料—工程质量—质量检验 Ⅳ.①TU712

中国版本图书馆 CIP 数据核字（2018）第 212735 号

内容提要

随着城镇化建设和检测技术的发展，各类建筑工程对功能材料检测的要求日益提高。本书依据最新标准规范，以检测项目为核心，全面阐述了各检测项目的检测方法、操作步骤以及结果判定等，并结合工程经验对有关注意事项进行了说明。

本书涵盖了当前功能材料检测的主要方面，力求规范、系统、实用。本书既为刚涉足此领域的技术人员提供了一本入门指南，也为具有一定专业水平的检测人员提供了一本内容充实的工具书。本书可作为功能材料检测人员的培训教材，也可供相关工程技术人员参考使用。

功能材料

主审　高小旺

主编　韩素玉

出版发行：中国建材工业出版社

地　　址：北京市海淀区三里河路 1 号

邮　　编：100044

经　　销：全国各地新华书店

印　　刷：北京雁林吉兆印刷有限公司

开　　本：787mm×1092mm　1/16

印　　张：17.25

字　　数：380 千字

版　　次：2018 年 11 月第 1 版

印　　次：2018 年 11 月第 1 次

定　　价：96.00 元

本社网址：www.jccbs.com，微信公众号：zgjcgycbs

请选用正版图书，采购、销售盗版图书属违法行为

举报信箱：zhangjie@tiantailaw.com　　举报电话：（010）68343948

本书如有印装质量问题，由我社市场营销部负责调换，联系电话：（010）88386906

编 委 会

主审： 高小旺

主编： 韩素玉

参编： 武海蔚　张　磊　赵　斌　李艳杰

吕江波　董泽华

前　言

当前，我国城镇化建设已跨入以城市群为主体的区域协调发展新格局，大中小城市和小城镇的各类建筑工程也逐步由规模扩张转向品质提升，社会各界对建筑工程的质量也愈加关注。为保证工程质量，推动建筑工程质量检测行业的发展，编写了《建筑工程质量检测技术系列丛书》。

本丛书以检测标准为依据，以检测项目为核心，在总结教学培训以及检测实践的基础上，对各检测项目的环境条件、仪器设备、试验步骤、结果判定以及注意事项等方面进行了全面系统的阐述。丛书由《结构材料》《功能材料》和《主体结构》3个分册组成。在编写过程中，总结了当前工程各方对质量检测的实际需求，参考了行业相关文献及技术资料，结合了国家及地方主管部门对检测人员的考核要求，征求了工程领域有关专家的意见，突出实用性和操作性。本丛书既是建筑工程质量检测人员的培训教材，也可供建设、设计、施工、监理、质监等单位技术人员学习、参考。

《功能材料》共分为5章，包括防水材料、建筑用管道材料、墙体材料、电线电缆及建筑电器、装饰材料。第1章由韩素玉、李艳杰编写，第2章、第4章由张磊编写，第3章由韩素玉编写，第5章由武海蔚、吕江波编写。全书由韩素玉统稿，董泽华配图、校对并参与部分编写工作，赵斌总校审。本书所引用标准规范均为当前最新版本，使用本书时应注意相关标准规范的修订变更情况。

由于编者的水平和经验有限，编写时间仓促，书中错误和不足之处敬请读者、专家通过邮件（韩素玉，hansuyu2000@163.com）批评指正。

编者

2018年6月

目　　录

第 1 章　防水材料 …… 1

1.1　防水卷材 …… 1

1.2　防水涂料 …… 25

1.3　止水带 …… 38

1.4　遇水膨胀橡胶 …… 42

第 2 章　建筑用管道材料 …… 47

2.1　管材 …… 47

2.2　管件 …… 80

2.3　水暖阀门 …… 87

第 3 章　墙体材料 …… 93

3.1　砌墙砖 …… 93

3.2　混凝土砌块 …… 113

3.3　蒸压加气混凝土砌块 …… 133

第 4 章　电线电缆及建筑电器 …… 144

4.1　电线电缆 …… 144

4.2　插座 …… 174

4.3　开关 …… 193

4.4　断路器 …… 217

第 5 章　装饰材料 …… 229

5.1　装饰涂料 …… 229

5.2　饰面砖 …… 260

第1章　防水材料

1.1　防水卷材

1. 概述

防水卷材是指可卷曲成卷状的片状柔性防水材料，在建筑防水材料的应用中处于主导地位，是建筑工程防水材料中的重要品种之一。

常用的防水卷材按照其主要防水组成材料的不同，一般可分为沥青防水卷材、高聚物改性防水卷材、合成高分子防水卷材三大类。其中沥青防水卷材、高聚物改性防水卷材、代号、对应表面隔离材料及厚度见表1-1，合成高分子防水卷材分类、代号、主要原材料、厚度见表1-2。

表1-1　防水卷材代号、表面隔离材料及厚度

品　种	代　号	上表面隔离材料	下表面隔离材料	厚度（mm）
弹性体改性沥青防水卷材	PY、Ⅰ、Ⅱ	PE、S、M	S、PE	3、4、5
	G、Ⅰ、Ⅱ			3、4
	PYG			5
塑性体改性沥青防水卷材	PY、Ⅰ、Ⅱ	PE、S、M	S、PE	3、4、5
	G、Ⅰ、Ⅱ			3、4
	PYG			5
自粘聚合物改性沥青防水卷材	N、Ⅰ、Ⅱ	PE、PET、D	—	1.2、1.5、2.0
	PY、Ⅰ、Ⅱ	PE、S、D	—	2.0、3.0、4.0

表 1-2　合成高分子防水卷材分类、代号、主要原材料、厚度

分类		代号	主要原材料	厚度（mm）
均质片	硫化橡胶类	JL1	三元乙丙橡胶	1.0、1.2、1.5、1.8、2.0
		JL2	橡胶共混	
		JL3	氯丁橡胶、氯磺化聚乙烯等	
	非硫化橡胶类	JF1	三元乙丙橡胶	
		JF2	橡胶共混	
		JF3	氯化聚乙烯	
	树脂类	JS1	聚氯乙烯等	>0.5
		JS2	乙烯醋酸乙烯共聚物、聚乙烯等	
		JS3	乙烯醋酸乙烯共聚物与改性沥青等	
复合片	硫化橡胶类	FL	（三元乙丙、氯丁橡胶等）/织物	1.0、1.2、1.5、1.8、2.0
	非硫化橡胶类	FF	（氯化聚乙烯、三元乙丙等）/织物	
	树脂类	FS1	聚氯乙烯/织物	>0.5
		FS2	（乙烯醋酸乙烯共聚物等）/织物	
自粘片	硫化橡胶类	ZJL1	三元乙丙/自粘料	1.0、1.2、1.5、1.8、2.0
		ZJL2	橡胶共混/自粘料	
		ZJL3	（氯丁橡胶、聚氯乙烯等）/自粘料	
		ZFL	（三元乙丙、氯丁橡胶等）/自粘料	
	非硫化橡胶类	ZJF1	三元乙丙/自粘料	
		ZJF2	橡胶共混/自粘料	
		ZJF3	氯化聚乙烯/自粘料	
		ZFF	（三元乙丙、丁基等）/织物/自粘料	
	树脂类	ZJS1	聚氯乙烯/自粘料	>0.5
		ZJS2	（乙烯醋酸乙烯共聚物等）/自粘料	
		ZJS3	乙烯醋酸乙烯共聚物与改性沥青共混等/自粘料	
		ZFS1	聚氯乙烯/织物/自粘料	
		ZFS2	（聚氯乙烯等）/织物//自粘料	
异形片	树脂类（防排水保护板）	YS	高密度聚乙烯、改性聚丙烯等	>0.5
点（条）粘片	树脂类	DS1/DS1	聚氯乙烯/织物	>0.5
		DS2/DS2	（乙烯醋酸乙烯共聚物、聚乙烯等）/织物	
		DS3/DS3	乙烯醋酸乙烯共聚物与改性沥青共混等/织物	

2. 检测项目

防水卷材的检测项目主要包括：单位面积质量、厚度、可溶物含量、拉伸性能、不透水性、耐热性、低温柔性、低温弯折、撕裂强度、剥离强度。

3. 依据标准

《高分子防水材料 第 1 部分：片材》GB/T 18173.1—2012。

《建筑防水卷材试验方法 第 4 部分：沥青防水卷材 厚度、单位面积质量》GB/T 328.4—2007。

《建筑防水卷材试验方法 第 5 部分：高分子防水卷材 厚度、单位面积质量》GB/T 328.5—2007。

《建筑防水卷材试验方法 第 8 部分：沥青防水卷材 拉伸性能》GB/T 328.8—2007。

《建筑防水卷材试验方法 第 9 部分：高分子防水卷材 拉伸性能》GB/T 328.9—2007。

《建筑防水卷材试验方法 第 10 部分：沥青和高分子防水卷材 不透水性》GB/T 328.10—2007。

《建筑防水卷材试验方法 第 11 部分：沥青防水卷材 耐热性》GB/T 328.11—2007。

《建筑防水卷材试验方法 第 14 部分：沥青防水卷材 低温柔性》GB/T 328.14—2007。

《建筑防水卷材试验方法 第 15 部分：高分子防水卷材 低温弯折性》GB/T 328.15—2007。

《建筑防水卷材试验方法 第 20 部分：沥青防水卷材 接缝剥离性能》GB/T 328.20—2007。

《建筑防水卷材试验方法 第 26 部分：沥青防水卷材 可溶物含量（浸涂材料含量）》GB/T 328.26—2007。

《硫化橡胶或热塑性橡胶 拉伸应力应变性能的测定》GB/T 528—2009。

《硫化橡胶或热塑性橡胶撕裂强度的测定（裤形、直角形和新月形试样）》GB/T 529—2008。

4. 环境条件

除特别说明外，防水卷材的标准试验条件为室温（23±2)℃及相对湿度（50±5)%，所有的试验样品以及试验器具应在标准试验条件下至少放置 20h 后进行试验，试验在（23±2)℃进行。

5. 单位面积质量

1）方法原理

称量已知面积的试件的质量，计算其单位面积质量。

单位面积质量的检测方法分为整卷法和试件法。整卷法采用整卷卷材称重，试件法采用从卷材宽度方向上裁取正方形或圆形试件称重。产品标准上一般采用整卷法测防水卷材单位面积质量。

2）仪器设备

（1）钢卷尺

精度不大于 1mm。

（2）台秤或天平

精度不大于 0.01g。

3）整卷法试验步骤

（1）抽取成卷卷材放在平面上，小心地展开卷材，保证与平面完全接触。5min 后，测量长度、宽度。

（2）长度测量在整卷卷材宽度方向的两个 1/3 处测量，记录结果，精确到 10mm。

（3）宽度测量在距卷材两端头各（1±0.01）m 处测量，记录结果，精确到 1mm。

（4）抽取成卷卷材放在台秤上测量其质量，待其数值稳定后，记录结果。

（5）单位面积质量按式（1-1）计算，精确至 0.01kg/m²。

$$m=\frac{m_1}{L\times B} \tag{1-1}$$

式中　m——卷材单位面积质量（kg/m²）；

m_1——整卷卷材的质量（kg）；

L——卷材的长度（m）；

B——卷材的宽度（m）。

4）试件法试验步骤

（1）沥青防水卷材从试样上裁取至少 0.4m 长、整个卷材宽度宽的试片，从试片上裁取 3 个正方形或圆形试件，每个面积为（10000±100）mm²，一个从中心裁取，其余两个和第一个对称，沿试片相对两角的对角线，此时试件距卷材边缘大约为 100mm，避免裁下任何留边，如图 1-1 所示。

（2）用天平称量每个试件，记录质量，精确至 0.1g。

（3）沥青防水卷材的单位面积质量按式（1-2）计算，精确至 0.01kg/m²。

$$m=\frac{m_1+m_2+m_3}{3}\div 10 \tag{1-2}$$

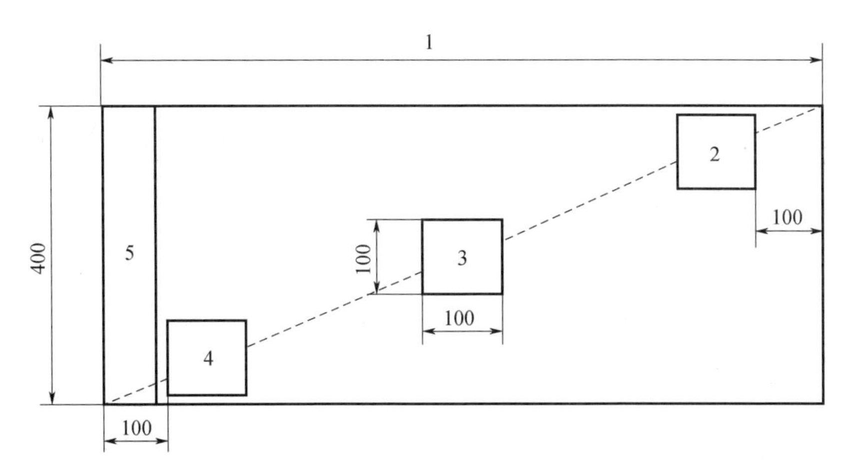

图 1-1　正方形试件示例

1—产品宽度；2、3、4—试件；5—留边

式中　m——卷材单位面积质量（kg/m^2）；

m_1——第 1 个试件的质量（g）；

m_2——第 2 个试件的质量（g）；

m_3——第 3 个试件的质量（g）。

5）注意事项

（1）卷材表面应平整，无附着杂物。

（2）高分子防水卷材取每个试件单位面积质量计算的平均值，修约至 $5g/m^2$。

6. 厚度

1）方法原理

用测厚计在卷材宽度方向平均测量 5 点或 10 点，计算平均值即为防水卷材的厚度。

2）仪器设备

（1）测厚计

测厚计由支架、压足和百分表组成，其外形如图 1-2 所示。沥青防水卷材和高分子防水卷材用测厚计精度应不大于 0.01mm，压足直径为 10mm，施加在卷材表面的压力为 20kPa。高分子防水片材用测厚计精度应不大于 0.01mm，压足直径为 6mm，施加在卷材表面的压力为 (22±5)kPa。

图 1-2　测厚计外形

（2）读数显微镜

复合片芯层及自粘片主体材料厚度用读数显微镜最小

分度值不大于 0.01mm，放大倍数最小 20 倍。

3）沥青防水卷材厚度试验步骤

（1）从试样上沿卷材整个宽度方向裁取至少 100mm 宽的一条试件。

（2）保证卷材和测量装置的测量面没有污染，在开始测量前检查测量装置的零点，在所有测量结束后再检查一次。

（3）在测量厚度时，测量装置下足慢慢落下避免使试件变形。在卷材宽度方向均匀分布 10 点测量并记录厚度，最边的测量点应距卷材边缘 100mm。

（4）测量 10 点厚度的平均值，修约到 0.1mm。

4）高分子防水片材厚度试验步骤

（1）测量点如图 1-3 所示，自片材端部起裁去 300mm，再从其裁断处的 20mm 内侧，且自宽度方向距两边各 10％宽度范围内取两个点（a、b），再将 ab 间距四等分，取其等分点（c、d、e）共 5 个点进行厚度测量，测量结果用 5 个点的算术平均值表示；宽度不满 500mm 的，可以省略 c、d 两点的测定。

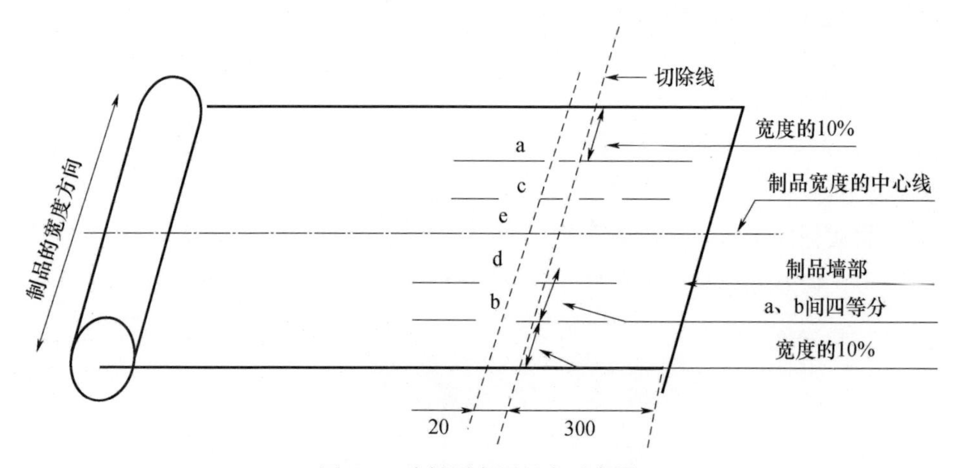

图 1-3　片材厚度测量点示意图

（2）点（条）粘片测量防水层厚度；复合片测量片材总厚度；异型片测量平面部分的膜厚。

（3）复合片测定芯层厚度、自粘片主体材料厚度按下列方法测量：在距片材长度方向边缘（100±15）mm 向内各取一点，在这两点中均分取 3 点，以这 5 点为中心裁取 5 块 50mm×50mm 试样，在每块试样上沿宽度方向用薄的锋利刀片，垂直于试样表面切取一条约为 50mm×2mm 的试条，注意不使试条的切面变形（厚度方向的断面）。将试条的切面向上，置于读数显微镜的试样台上，读取片材芯层（或主体材料）厚度（不包括纤维层和自粘层），以芯层最外端切线位置计算厚度。每个试条取 4 个均分点测量，厚度以 5 个试条共 20 处数值的算术平均值表示，并报告 20 处中最小单值。

5）注意事项

（1）应抽取未损伤的整卷卷材进行试验。

（2）对于细沙面防水卷材，去除测量处表面的沙粒再测量卷材厚度，对矿物粒料的防

水卷材，在卷材留边处，距边缘60mm处，去除沙粒后在长度1m的范围内测量卷材的厚度，测量表面应平整。

（3）自粘片材测量时应减去隔离纸（膜）的厚度。

7. 可溶物含量

1）方法原理

试件在选定的溶剂中萃取直至完全后，取出让溶剂挥发，然后烘干得到可溶物含量，将烘干后的剩余部分通过规定筛子的为填充料质量，筛余的为隔离材料质量，清除胎基上的粉末后得到胎基质量。

2）仪器设备

（1）分析天平

称量范围大于100g，精度不大于0.001g。

（2）萃取器

500mL索氏萃取器。

（3）鼓风烘箱

温度波动度±2℃。

（4）试样筛

筛孔为315μm或其他规定孔径的筛网。

（5）溶剂

三氯乙烯（化学纯）或其他适合溶剂。

（6）滤纸

直径不小于150mm。

3）试件制备

（1）对于整个试验应准备3个试件。

（2）试件在试样上距边缘100mm以上任意裁取，用模板帮助，或用裁刀，正方形试件尺寸应为（100±1）mm×（100±1）mm。

（3）试件在试验前至少在室温（23±2)℃和相对湿度30%～70%的条件下放置20h。试验在室温（23±2)℃的条件下进行。

4）试验步骤

（1）将试件用干燥好的滤纸包好，用线扎好，称量其质量。

（2）将包扎好的试件放入萃取器中，溶剂量为烧瓶容量的1/2～2/3，进行加热萃取，萃取至回流的溶剂第一次变成浅色为止，小心取出滤包，不要破裂，在空气中放置30min以上使溶剂挥发。再放入（105±2)℃的鼓风烘箱中干燥2h，然后取出放入干燥器中冷却至室温。

（3）将滤纸包从干燥器中取出称量。

5）数据处理

记录得到的每个试件的称量结果，然后按以下要求计算每个试件的结果，最终结果取三个试件的平均值。

可溶物含量按式（1-3）计算。

$$A=(M_2-M_3)\times 100 \tag{1-3}$$

式中　A——可溶物含量（g/m^2）；

M_2——萃取前滤纸包的质量（g）；

M_3——萃取、干燥、冷却后滤纸包的质量（g）。

6）注意事项

（1）表面的非持久层应去除。对于表面隔离材料为粉末的沥青防水卷材，试件先用软毛刷刷除表面的隔离材料。

（2）在包扎试样过程中滤纸不能破裂，对于玻纤毡胎基卷材，可溶物含量试验结束后，取出胎基用火点燃，观察现象。

8. 沥青防水卷材拉伸性能

1）方法原理

试件以恒定的速度拉伸至断裂。连续记录试验中拉力和对应的长度变化，特别记录最大拉力。

2）仪器设备

（1）拉伸试验机

有连续记录力和对应距离的装置，能按规定的速度均匀地移动夹具。拉伸试验机有足够的量程（至少2000N）和夹具移动速度（100±10）mm/min、（500±50）mm/min，夹具宽度不小于50mm。

（2）夹具

能随着试件拉力的增加而保持或增加夹持力，对于厚度不超过3mm的产品能夹住试件使其在夹具中的滑移不超过1mm，更厚的产品不超过2mm。这种夹持方法不应在夹具内外产生过早的破坏。

3）试件制备

整个拉伸试验应制备2组试件，1组纵向5个试件，1组横向5个试件。

试件在试样上距边缘100mm以上用模板或用裁刀任意裁取，矩形试件宽为（50±0.5）mm，长为200mm+2×夹持长度，长度方向为试验方向。

试件在试验前至少在室温（23±2）℃和相对湿度30%～70%的条件下放置20h。

4）试验步骤

（1）将试件紧紧地夹在拉伸试验机的夹具中，注意试件长度方向的中线与试验机夹具中心在一条线上。

（2）夹具间距离为（200±2）mm，为防止试件从夹具中滑移应做标记。当用引伸计时，试验前应设置标距间距离为（180±2）mm。

（3）为防止试件产生任何松弛，推荐加载不超过 5N 的力。

（4）试验在（23±2)℃进行，夹具移动的恒定速度为（100±10）mm/min。

（5）连续记录拉力和对应的夹具（或引伸计）间的距离。

5）数据计算

记录得到的拉力和距离，或数据记录，最大的拉力和对应的由夹具（或引伸计）间距离与起始距离的百分率计算的延伸率。

去除任何在夹具 10mm 以内断裂或在试验机夹具中滑移超过极限值的试件的试验结果，用备用件重测。

最大拉力单位为 N/50mm，对应的延伸率用百分率表示，作为试件同一方向结果。

分别记录每个方向 5 个试件的拉力值和延伸率，计算平均值。

拉力的平均值修约到 5N，延伸率的平均值修约到 1%。

同时对于复合增强的卷材在应力应变图上有两个或更多的峰值，拉力和延伸率应记录两个最大值。

6）注意事项

（1）表面的非持久层应去除。

（2）拉伸过程中应夹紧试件，避免试件在夹具中滑移。为防止从夹具中的滑移超过极限值，允许用冷却的夹具，同时实际的试件伸长用引伸计测量。

9. 高分子防水片材拉伸性能

1）方法原理

在恒速移动的拉力机上，将哑铃型试样进行拉伸，记录试样在不断拉伸过程中和当其断裂时所需的力和伸长率的值。

2）仪器设备

（1）裁刀和裁片机

试验用裁刀和裁片机应符合 GB/T 2941 的要求，制备Ⅰ型哑铃状试样用的裁刀尺寸如图 1-4 所示。裁刀的狭窄平行部分任一点宽度的偏差应不大于 0.05mm。

（2）测厚计

精度应不大于 0.01mm，压足直径 6mm，施加在卷材表面的压力为（22±5）kPa。

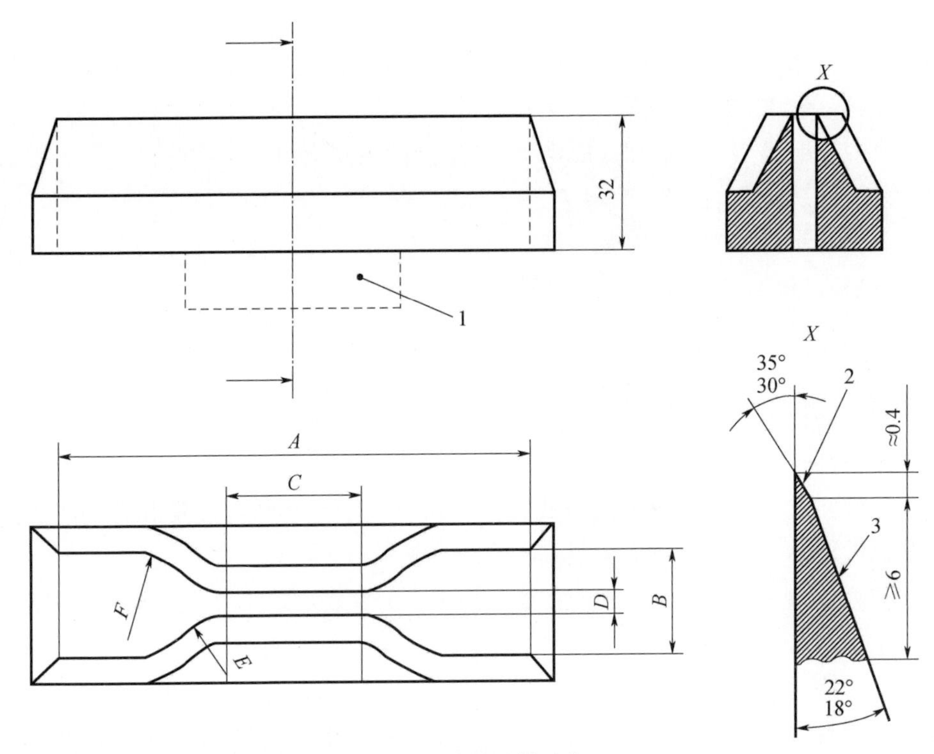

图 1-4　哑铃状试样用裁刀

A—总长度（最小）Ⅰ型 115mm、Ⅱ型 75mm；

B—端部宽度Ⅰ型（25.0±1.0）mm、Ⅱ型（12.5±1.0）mm；

C—狭窄部分长度Ⅰ型（33.0±2.0）mm、Ⅱ型（25.0±1.0）mm；

D—狭窄部分宽度Ⅰ型 $6.0_{0}^{+0.4}$mm、Ⅱ型（4.0±0.1）mm；

E—外侧过渡边半径Ⅰ型（14.0±1.0）mm、Ⅱ型（8.0±0.5）mm；

F—内侧过渡边半径Ⅰ型（25.0±2.0）mm、Ⅱ型（12.5±1.0）mm

（3）拉力试验机

拉力试验机应符合 ISO 5893 的规定，测力精度不低于 2 级；试验机中使用的伸长计的精度不低于 D 级。试验机能在（100±10）mm/min、（250±50）mm/min、（500±50）mm/min 移动速度下进行操作。

（4）游标卡尺

精度不大于 0.05mm。

3）试件制备

（1）哑铃状试样的形状如图 1-5 所示。

（2）将规格尺寸检验合格的片材展平后在标准状态下静置 24h，裁取 2 组试样，一组纵向 5 个，一组横向 5 个。

（3）如果使用非接触式伸长计，则应使用恰当的打标器在试样上标出两条基准标线。两条标记线应在如图 1-5 所示的试样的狭窄部分，即与试样中心等距，并与其纵轴垂直。

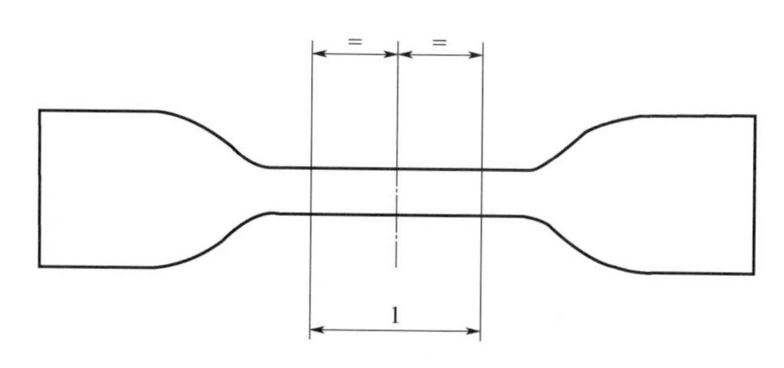

图 1-5　Ⅰ型哑铃状试样的形状

1—试验长度Ⅰ型（25.0±0.5）mm，Ⅱ型（20.0±0.5）mm

4）试验步骤

（1）用测厚计在试验长度的中部和两端测量厚度。应取 3 个测量值的中位数用于计算横截面面积。3 个厚度测量值都不应大于厚度中位数的 2%。

（2）取裁刀狭窄部分刀刃间的距离作为试样的宽度，精确至 0.05mm。

（3）将试样对称地夹在拉力试验机的上下夹持器上，使拉力均匀地分布在横截面上。根据需要，装配一个伸长测量装置。

（4）启动试验机，在整个试验过程中连续监测试验长度和力的变化，精度在±2%之内。试样夹持器的移动速度：橡胶类为（500±50）mm/min，树脂类为（250±50）mm/min，FS2 型片材为（100±10）mm/min。直至试件断裂。

5）数据处理

均质片、复合片、自粘片和点（条）粘片的拉伸强度、拉断伸长率测试五个试样，取中值。其中，均质片自粘均质片的拉伸强度按式（1-4）计算，精确至 0.1MPa，常温 23℃拉断伸长率按式（1-5）计算，低温－20℃拉断伸长率按式（1-7）计算，精确至 1%。点（条）粘片、自粘均质片进行拉伸强度计算时，应取主体材料的厚度，拉断伸长率为主体材料指标。

$$TS_b = F_b / Wt \tag{1-4}$$

式中　TS_b——试样拉伸强度（MPa）；

F_b——最大拉力（N）；

W——哑铃试片狭小平行部分宽度（mm）；

t——试验长度部分的厚度（mm）。

$$E_b = \frac{L_b - L_0}{L_b} \times 100\% \tag{1-5}$$

式中　E_b——常温 23℃试样扯断伸长率（%）；

L_b——试样断裂时的标距（mm）；

L_0——试样的初始标距（mm）。

复合片、点（条）粘片粘接部位、自粘复合片拉伸强度按式（1-6）计算，精确到

0.1N/cm；拉断伸长率按式（1-7）计算，精确到 1%。

$$TS_b = F_b/W \tag{1-6}$$

式中　TS_b——试样拉伸强度（N/cm）；

F_b——最大拉力（N）；

W——哑铃试片狭小平行部分宽度（cm）。

$$E_b = \frac{L_b - L_0}{L_b} \times 100\% \tag{1-7}$$

式中　E_b——试样拉断伸长率（%）；

L_b——试样完全断裂时夹持器间的距离（mm）；

L_0——试样的初始夹持器间距离，Ⅰ型试样 50mm。

6）注意事项

（1）试验前打标记时，试样不应发生变形。

（2）如果试样在狭窄部分以外断裂则舍弃该试验结果，并另取一试样进行重复试验。

（3）FS2 型片材拉伸试样为矩形，尺寸为（200×25）mm，夹持距离为 120mm，若试验拉伸至设备极限（如>600%）而不能断裂时，可采用 50mm 夹持距离重新试验，高温 60℃和低温－20℃试验时，试样尺寸为（100×25）mm，夹持距离为 50mm。

（4）拉伸试验用Ⅰ型试样，高温 60℃和低温－20℃试验时，如Ⅰ型试样不适用，可用Ⅱ型试样，将试样在规定温度下预热或预冷 1h。仲裁检验试样的形状为哑铃Ⅱ型。

（5）异型片拉伸强度、拉断伸长率按 GB/T 1040.2 进行。

10. 不透水性

1）方法原理

采用 7 孔盘或十字开缝盘保持规定水压 30min 或 120min，观测试件是否保持不渗水。

不透水性的检测方法分为方法 A 和方法 B。方法 A 采用低压力不透水性装置，方法 B 采用高压力不透水性压力试验装置。在此仅介绍方法 B。

2）仪器设备

（1）不透水仪

量程为 0～0.6MPa，可同时试验数量不少于 1 组 3 个试件。不透水仪的外形如图 1-6 所示，组成装置如图 1-7 和图 1-8 所示。

图 1-6　不透水仪的外形

（2）十字开缝盘和 7 孔圆盘

十字开缝盘缝的尺寸应符合图 1-9 的规定，7 孔圆盘的尺寸形状应符合图 1-10 的规定。

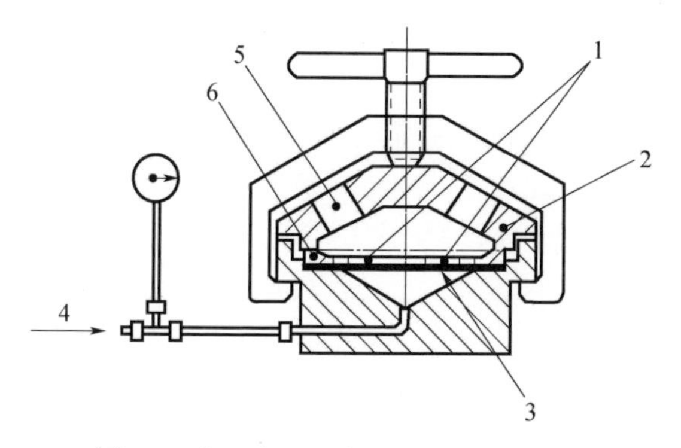

图 1-7　高压力不透水性用压力试验装置

1—狭缝；2—封盖；3—试件；4—静压力；

5—观测孔；6—开封盘

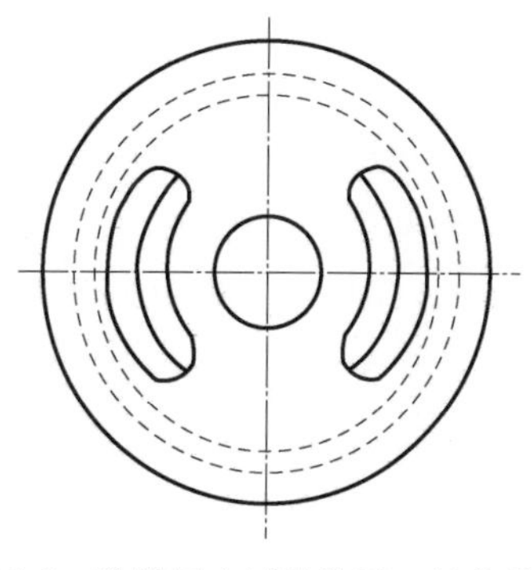
图 1-8　狭缝压力试验装置：封盖草图

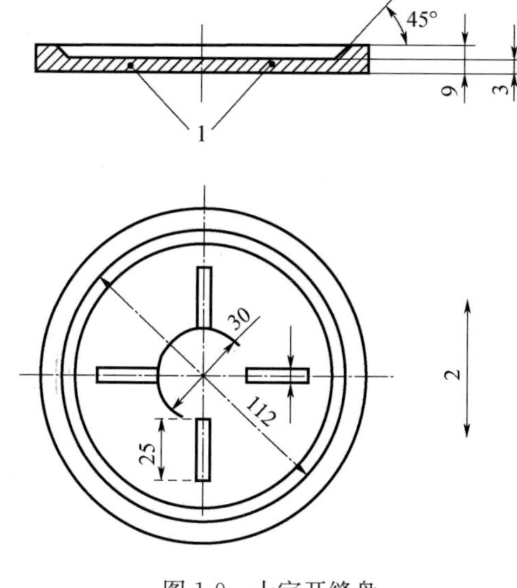

图 1-9　十字开缝盘

1—所有开缝盘的边都有约 0.5mm 半径弧度；

2—试件纵向方向

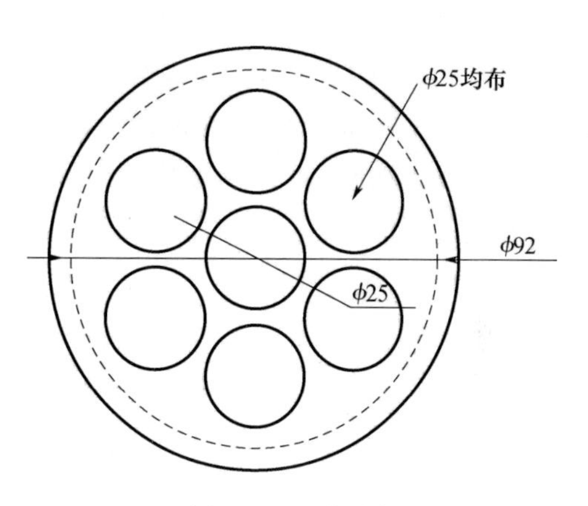

图 1-10　7 孔圆盘

3）试件制备

试件在卷材宽度方向均匀裁取，最外一个距卷材边缘 100mm。试件的纵向与产品的纵向平行并标记。

在相关产品标准中应规定试件数量，最少 3 块。

试验前试件在（23±5)℃放置至少 6h。

4）试验步骤

(1）不透水仪中充水直到满出，彻底排出水管中的空气。

(2）试件的上表面放置在透水盘上，盖上规定的十字开缝盘（或 7 孔圆盘)。放上封盖，慢慢夹紧直到试件夹紧在盘上，用布或压缩空气干燥试件的非迎水面，慢慢加压到规定压力。

（3）达到压力后，保持压力 30min 或 120min。

（4）试验时观察试件的不透水性（水压突然下降或试件的非迎水面有水）。

5）数据处理

所有试件在规定的时间不透水认为不透水性试验通过。

6）注意事项

（1）试件上表面作为迎水。上表面为细砂、矿物颗粒时，下表面迎水，下表面也为细砂时，将下表面的细砂沿密封圈的一圈除去，然后涂一圈 60～100 号热沥青，涂平待冷却 1h 后再进行试验。自粘材料的防水卷材将防粘材料揭去，覆盖滤纸以防粘结。

（2）采用十字开缝盘时，其中一个缝的方向与卷材纵向平行。

11. 耐热性

1）方法原理

从试样裁取的试件，在规定温度分别垂直悬挂在烘箱中。在规定的时间后测量试件两面涂盖层相对于胎体的位移及流淌、滴落。

耐热性的检测方法分为方法 A 和方法 B。方法 A 用光学测量装置测量位移，方法 B 目测观察有无滑动、流淌、滴落、集中性气泡。

2）仪器设备

（1）鼓风烘箱

不提供新鲜空气。在试验范围内最大温度波动±2℃。当打开门 30s 后，恢复温度到工作温度的时间不超过 5min。

（2）热电偶

链接到外面的电子温度计，在规定范围内能测量到±1℃。

（3）悬挂装置

至少 100mm 宽，能夹住试件的整个宽度在一条线，并被悬挂在试验区域。如图 1-11 所示。

（4）光学测量装置

如读数放大镜，刻度至少为 0.1mm。

（5）金属圆插销

内径约为 4mm。

（6）画线装置

画直的标记线。如图 1-11 所示。

（7）墨水记号

线的宽度不超过 0.5mm，白色耐水墨水。

（8）硅纸

具有耐高温、防潮、防油的特性，防止试件粘结。

3）试件制备

（1）矩形试件尺寸为（115±1）mm×（100±1）mm，试件均匀地在试样宽度方向裁取，长边是卷材的纵向。试件应距卷材边缘150mm以上，试件从卷材的一边开始连续标号，卷材上表面和下表面应标记。

（2）去除任何非持久保护层，适宜的方法是常温下用胶带粘在上面，冷却到接近假设的冷弯温度，然后从试件上撕去胶带，另一方法是用压缩空气吹，压力约为0.5MPa（5bar），喷嘴直径约为0.5mm，假若上面的方法不能除去保护膜，用火焰烤，用最少的时间破坏膜而不损伤试件。

（3）在试件纵向横断面的一边，将上表面和下表面的大约15mm一条的涂盖层去除直至胎体，若卷材有超过一层的胎体，去除涂盖料直到另外一层胎体。在试件的中间区域的涂盖层也从上表面和下表面的两个接近去除，直至胎体。为此，可采用热刮刀或类似装置，小心地去除涂盖层不损坏胎体。两个内径约4mm的插销在裸露区域穿过胎体。任何表面浮着的矿物料或表面材料通过轻轻敲打试件去除。然后标记装置放在试件两边插入插销定位于中心位置，在试件表面整个宽度方向沿着直边用记号笔垂直划一条宽度约0.5mm的线，操作时试件平放。如图1-11所示。

（4）试件试验前至少放置在（23±2）℃的平面上2h，相互之间不要接触或粘住，有必要时，将试件分别放在硅纸上防止粘结。

4）方法A试验步骤

（1）烘箱预热到规定试验温度，温度通过与试件中心同一位置的热电偶控制，整个试验期间，试验区域的温度波动不超过±2℃。

（2）一组3个试件露出的胎体处用悬挂装置夹住，涂盖层不要夹到。必要时，用硅纸的不粘层包住两面，便于在试验结束时除去夹子。

（3）制备好的试件垂直悬挂在烘箱的相同高度，间隔至少30mm。此时烘箱的温度不能下降太多，开关烘箱门放入试件的时间不超过30s。放入试件后加热试件为（120±2）min。

（4）加热周期一结束，试件和悬挂装置一起从烘箱中取出，相互间不要接触，在（23±2）℃自由悬挂冷却至少2h。然后除去悬挂装置，在试件两面画第二个标记，用光学测量装置在每个试件的两面测量两个标记底部间最大距离，精确到0.1mm。

（5）计算卷材每个面3个试件的滑动值的平均值，精确到0.1mm。

5）方法B试验步骤

（1）烘箱预热到规定试验温度，温度通过与试件中心同一位置的热电偶控制，整个试验期间，试验区域的温度波动不超过±2℃。

（2）准备的一组3个试件，分别在距试件短边一端10mm处的中心打一小孔，用细铁丝或回形针穿过，垂直悬挂试件在规定温度烘箱的相同高度，间隔至少30mm。此时烘箱

的温度不能下降太多，开关烘箱门放入试件的时间不超过 30s。放入试件后加热时间为（120±2）min。

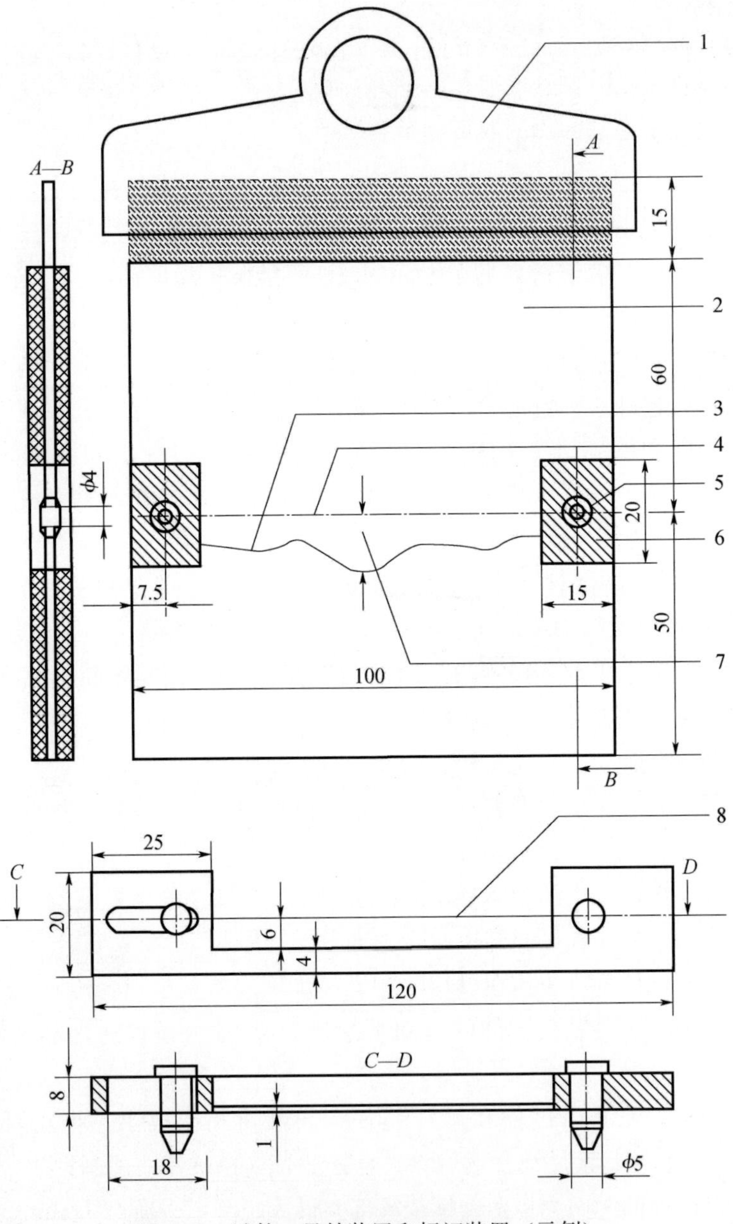

图 1-11　试件、悬挂装置和标记装置（示例）

1—悬挂装置；2—试件；3—标记线 1；4—标记线 2；

5—插销；6—去除涂盖层；7—滑动最大距离；8—直边

（3）加热周期一结束，试件从烘箱中取出，相互之间不要接触，目测观察试件表面涂盖层有无滑动、流淌、滴落、集中性气泡。

（4）试件任一端涂盖层不应与胎基发生位移，试件下端的涂盖层不应超过胎基，无滑

动、流淌、滴落、集中性气泡。

6）注意事项

（1）试件表面的非持久层应去除，去除非持久层时不应损伤试件，任何表面附着的矿物颗粒或表面材料通过轻轻敲打试件去除。

（2）画线时试件平放，试件应放在硅纸上，相互之间不要接触或粘住。

（3）集中性气泡指破坏涂盖层原形的密集气泡。

12. 低温柔性

1）方法原理

从试样裁取试件，上表面和下表面分别绕浸在冷冻液中的机械弯曲装置上弯曲 180°。弯曲后，检查试件涂盖层存在的裂纹。

2）仪器设备

（1）低温试验箱

控制温度为－45～0℃，精度为±2℃。

（2）半导体温度计

控制温度为－40～0℃，精度为 0.5℃。

（3）低温柔性试验仪

外形如图 1-12 所示，操作的示意和方法如图 1-13 所示。该装置由 2 个直径（20±0.1）mm 不旋转的圆筒，一个弯曲轴组成。弯曲轴在两个圆筒中间，能向上移动。两个圆筒间的距离可以调节，即圆筒和弯曲轴间的距离能调节为卷材的厚度。

整个装置浸入能控制温度在－40～20℃、精度 0.5℃温度条件的冷冻液中。

用一支测量精度为 0.5℃的半导体温度计检查试验温度，放入试验液体中与试件在同一水平面。

试件在试验液体中的位置应平放且完全浸入，用可移动的装置支撑，该支撑装置应至少能放 1 组 5 个试件。

图 1-12　低温柔性试验仪外形

试验时，弯曲轴从下面顶着试件以 360mm/min 的速度升起，这样试样能弯曲 180°，电动控制系统能保证在每个试验过程中和试验温度的速度保持在（360±40）mm/min。

（4）弯曲轴

直径分为 20mm、30mm、50mm。

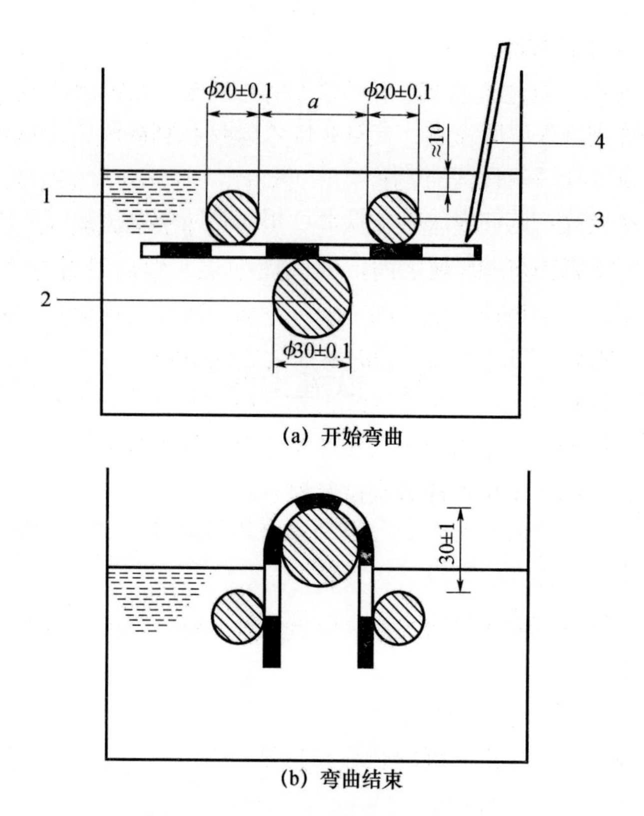

图 1-13　试验装置原理和弯曲过程

1—冷冻液；2—弯曲轴；3—固定圆筒；4—半导体温度计

(5) 检查工具

6 倍放大镜。

3) 试件制备

(1) 矩形试件尺寸 (150±1) mm× (25±1) mm，试件均匀地在试样宽度方向裁取，长边是卷材的纵向。试件应距卷材边缘 150mm 以上，试件从卷材的一边开始连续标号，卷材上表面和下表面应标记。

(2) 去除表面的任何保护膜，适宜的方法是常温下用胶带粘在上面，冷却到接近假设的冷弯温度，然后从试件上撕去胶带，另一方法是用压缩空气吹，压力约为 0.5MPa (5bar)，喷嘴直径约为 0.5mm，假若上面的方法不能除去保护膜，用火焰烤，用最少的时间破坏膜而不损伤试件。

(3) 试件试验前至少放置在 (23±2)℃的平面上 4h，相互之间不要接触或粘住，有必要时，将试件分别放在硅纸上防止粘结。

4) 试验步骤

(1) 在开始所有的试验前，两个圆筒间的距离应按试件厚度调节，即弯曲轴直径+2mm+两倍试件的厚度。然后装置放入已冷却的液体中，并且圆筒的上端在冷冻液面下约

10mm，弯曲轴在下面的位置。

（2）冷冻液达到规定的试验温度，误差不超过 0.5℃，试件放于支撑装置上，且在圆筒的上端，保证冷冻液完全浸没试件。试件放入冷冻液达到的规定温度后，开始保持在该温度为（60±5）min。半导体温度计的位置靠近试件，检查冷冻液温度。

（3）两组各 5 个试件，一组是上表面试验，另一组下表面试验。

（4）试件放置在圆筒和弯曲轴之间，试验面朝上，然后设置弯曲轴以（360±40）mm/min 速度顶着试件向上移动，试件同时绕轴弯曲。轴移动的终点在圆筒上面（30±1）mm 处。试件的表面明显露出冷冻液，同时液面也因此下降。

（5）在完成弯曲过程 10s 内，在适宜的光源下用肉眼检查试件有无裂纹，必要时，用辅助光学装置帮助。假若有一条或更多的裂纹从涂盖层深入到胎体层，或完全贯穿无增强卷材，即存在裂缝。一组 5 个试件应分别试验检查。

5）数据处理

（1）低温柔性

一个试验面 5 个试件在规定温度至少 4 个无裂缝为通过，上表面和下表面的试验结果应分别记录。

（2）低温弯折性

用 6 倍放大镜检查试件弯折区域的裂纹或断裂。

6）注意事项

（1）去除表面任何保护膜，不损伤试件。试件互相之间不能接触也不能粘结在平板上。可以用硅纸垫，表面的松散颗粒用手轻轻敲打除去。无胎基卷材的弯曲直径为 20mm，3mm 厚度卷材的弯曲直径为 30mm，4mm、5mm 厚度卷材的弯曲直径为 50mm。

（2）假若装置的尺寸满足，可以同时试验几组试件。

（3）裂缝通过目测检查，在试验过程中不应有任何人为的影响。为了准确评价，试件移动路径是在试验结束时，试件应露出冷冻液，移动部分通过装置适当的极限开关控制限定位置。

（4）冷冻液可根据试验温度选用低于－25℃的丙烯乙二醇/水溶液（体积比 1∶1）或低于－20℃的乙醇/水混合物（体积比 2∶1）。

13. 低温弯折

1）方法原理

放置已弯曲的试件在合适的弯折装置上，将弯曲试件在规定的低温温度放置 1h。在 1s 内压下弯曲装置，保持在该位置 1s。取出试件在室温下，用 6 倍放大镜检查弯折区域。

2）仪器设备

（1）低温试验箱

控制温度为－45～0℃，精度为±2℃。

（2）半导体温度计

控制温度为－40～0℃，精度为0.5℃。

（3）弯折板

金属弯折装置有可调节的平行平板。装置示例如图1-14所示。

（4）检查工具

6倍放大镜。

3）试件制备

每个试验温度取4个100mm×50mm试件，2个卷材纵向、2个卷材横向。

试件试验前应在室温（23±2）℃和相对湿度（50±5）%的条件下放置至少20h。

4）试验步骤

（1）沿长度方向弯曲试件，将端部固定在一起，例如用胶带。卷材的上表面弯曲朝外，如此弯曲固定一个纵向、一个横向试件，在卷材的上表面弯曲朝内，如此弯曲另一个纵向和横向试件。

（2）调节弯折试验机的两个平板间的距离为试件全厚度的3倍。检测平板间4点的距离。

（3）放置弯曲试件在试验机上胶带端对着平行于弯板的转轴相距20mm，放置翻开的弯折试验机和试件于调好规定温度的低温箱中。

（4）放置1h后，弯折试验机从超过90°的垂直位置到水平位置，1s内合上，保持该位置1s，整个操作过程在低温箱中进行。

（5）从试验机中取出试件，恢复到（23±5）℃。用6倍放大镜检查试件弯折区域的裂纹或断裂。

5）注意事项

高分子防水片材应用8倍放大镜观察试样表面。

14. 撕裂强度

1）方法原理

用拉力试验机，对无割口直角形的试件在规定的速度下进行连续拉伸，直至试件撕断。将测定的力值按规定的计算方法求出撕裂强度。

2）仪器设备

（1）裁刀

直角形试件裁刀，其所裁切的试样尺寸如图1-15所示。

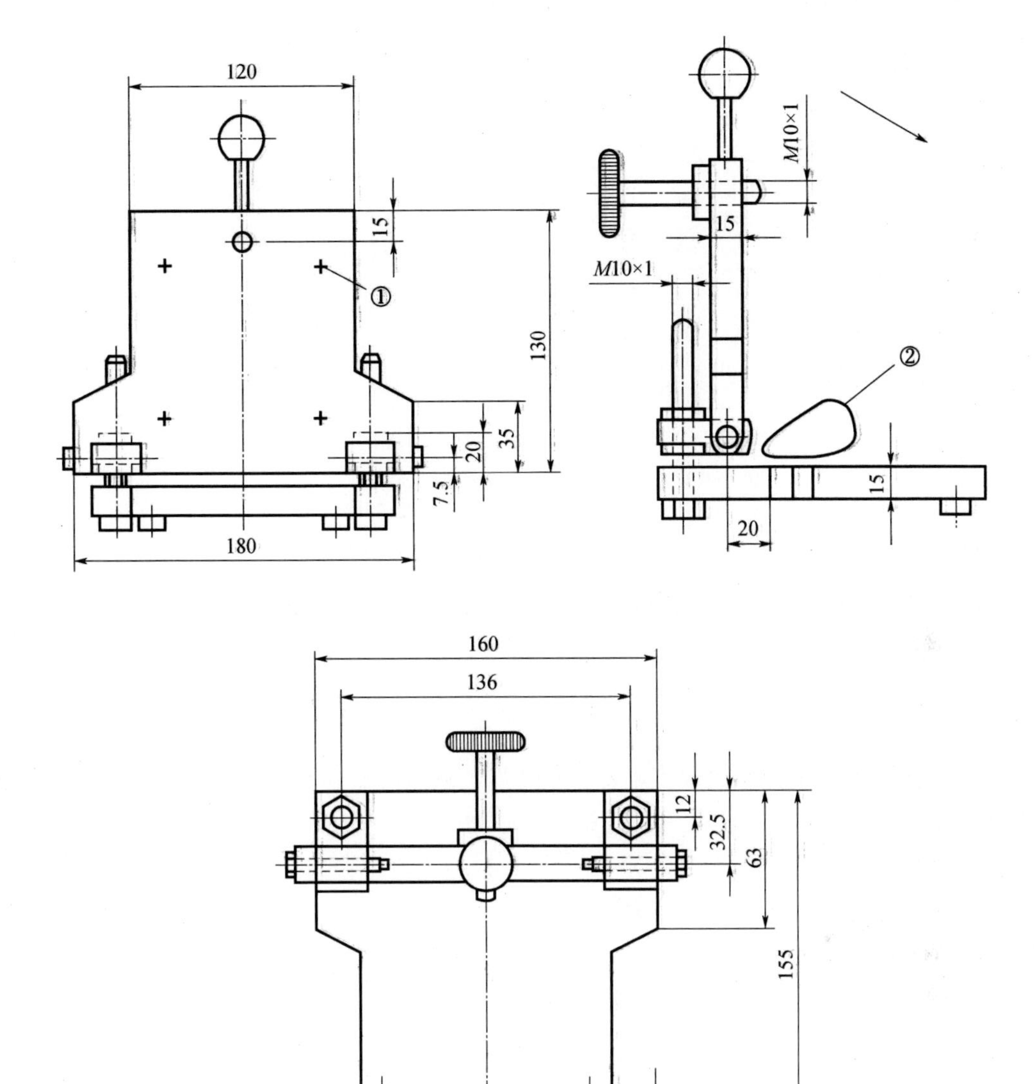

图1-14 弯折装置示意图

1—测量点；2—试件

（2）测厚仪

精度应不大于0.01mm，压足直径为6mm，施加在卷材表面的压力为（22±5）kPa。

（3）拉力试验机

拉力试验机符合应ISO 5893的规定，其测力精度达到B级。

作用力误差应控制在2%以内，试验过程中夹持器移动速度要保持规定的恒速，拉伸速度为（100±10）mm/min或（500±50）mm/min。

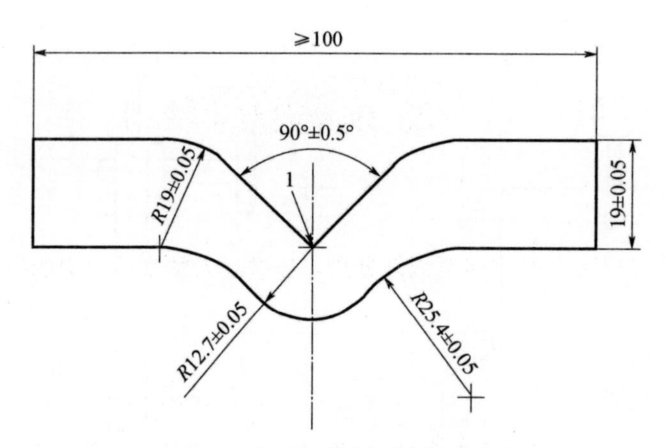

图 1-15　直角形试件裁刀所裁试样尺寸

（4）夹持器

夹持器应在两端平行边部位内将试件充分夹紧。

3）环境条件

试验应在（23±2）℃标准温度下进行。

4）试验步骤

（1）测量试样撕裂区域的厚度不得少于 3 点，取中位数。厚度值不得偏离所取中位数的 2%。如果多组试样进行比较，则每组试样厚度中位数应在所有组中试样厚度总中位数的 7.5%范围内。

（2）将调节后的试样安装在拉力试验机上，以（500±50）mm/min 的速度进行拉伸，直至试样断裂，记录最大力值。

5）数据处理

撕裂强度按式（1-8）计算。

$$T_s = \frac{F}{d} \tag{1-8}$$

式中　T_s——撕裂强度（kN/mm）；

F——试样撕裂时所需的最大力（N）；

d——试样厚度的中位数（mm）。

试验结果以每个方向试样的中位数、最大值和最小值表示，数值准确到整数位。

6）注意事项

（1）试件制备时应一次成型。

（2）复合片撕裂强度取其拉伸至断裂时的最大力值。

15. 剥离强度

1）方法原理

试件的接缝处以恒定速度拉伸至试件分离，连续记录整个试验中的拉力。

2）仪器设备

（1）拉伸试验机

具有足够的荷载能力（至少 2000N）和足够的拉伸距离，精度 1%，夹具拉伸速度为（100±10）mm/min，夹持宽度不少于 50mm。

（2）夹具

拉伸试验机的夹具能随着试件拉力的增加而保持或增加夹具的夹持力，夹具能夹住试件使其在夹具中的滑移不超过 2mm，为防止夹具中的滑移不超过 2mm，允许用冷却的夹具。这种夹持方法不应在夹具内外产生过早的破坏。

（3）游标卡尺

精度不大于 0.02mm。

（4）压辊

质量为 2kg，宽度为 50～60mm。

3）环境条件

（1）沥青防水卷材

试件试验前应在室温（23±2)℃和相对湿度 30%～70%的条件下放置至少 20h。试验在室温（23±2)℃条件下进行。

（2）高分子防水片材

实验室温度为（23±2)℃和相对湿度 45%～65%。

4）沥青防水卷材试验步骤

（1）试件稳固地放入拉伸试验机的夹具中，使试件的纵向轴线与拉伸试验机及夹具的轴线重合。

（2）夹具间整个距离为（100±5）mm，不承受预荷载。

（3）试验在（23±2)℃进行，拉伸速度为（100±10）mm/min。

（4）产生的拉力应连续记录直至试件分离，用 N 表示。

（5）记录试件的破坏形式。

5）高分子片材试验步骤

将试样分别夹在拉力试验机上，夹持部位不能滑移，开动试验机，以（100±10）mm/min 的速度进行剥离试验，试样剥离长度至少要有 125mm，剥离力以拉伸过程中（不包括最初的 25mm）的最大力值表示。

6）沥青防水卷材数据处理

（1）画出每个试件的应力应变图。

（2）记录最大拉力为试件的最大剥离强度，用 N/50mm 表示。

（3）去除第一和最后一个 1/4 的区域，然后计算平均剥离强度用 N/50mm 表示。平均剥离强度是计算保留部分 10 个等分点处的值，如图 1-16 所示。

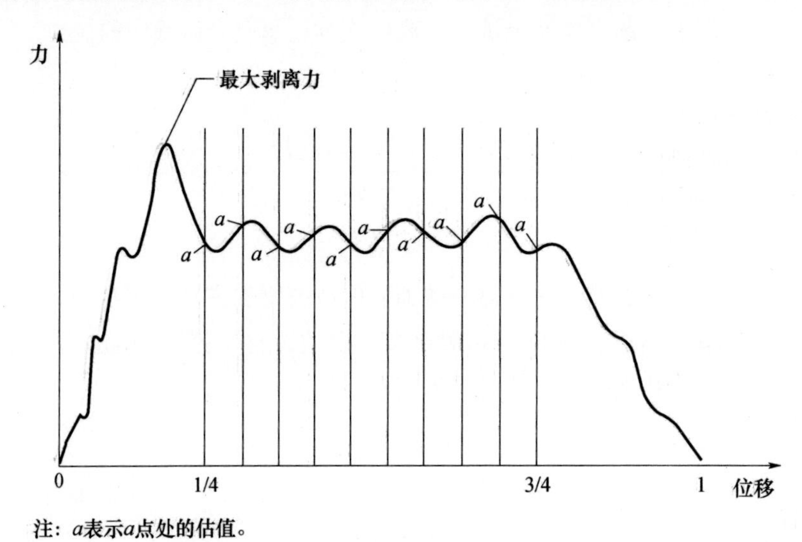

图 1-16　剥离性能计算图（示例）

计算每组 5 个试件的最大剥离强度平均值和平均剥离强度，修约到 5N/50mm。

7）高分子片材数据处理

剥离强度按式（1-9）计算。

$$\sigma_T = F/B \tag{1-9}$$

式中　σ_T ——剥离强度（N/mm）；

F——剥离力（N）；

B——试样宽度（mm）。

取 5 个试样的剥离强度算术平均值为测定结果。

8）注意事项

压辊在滚压试件时不应增加外力。

16. 结果判定

弹性体改性沥青防水卷材的各项检验结果符合《弹性体改性沥青防水卷材》GB 18242—2008 的规定时，该批产品判为性能合格。如有任一项指标不满足标准要求，则允

许在该批产品中再随机抽取样品对不合格项进行单向复验，达到标准规定时，判为合格，否则判为不合格。

17. 相关标准

《弹性体改性沥青防水卷材》GB 18242—2008。

《塑性体改性沥青防水卷材》GB 18243—2008。

《自粘聚合物改性沥青防水卷材》GB 23441—2009。

《高分子防水材料 第1部分：片材》GB/T 18173.1—2012。

1.2　防水涂料

1. 概述

防水涂料是一种流态或半流态物质，涂布在基层表面，经溶剂或水分挥发或各组分间的化学反应，形成有一定弹性和一定厚度的连续薄膜，使基层表面与水隔绝，起到防水、防潮作用。

防水涂料固化成膜后的防水涂膜具有良好的防水性能，特别适合于各种复杂、不规则部位的防水，能形成无接缝的完整防水膜。它大多采用冷施工，不必加热熬制，既减少了环境污染，改善了劳动条件，又便于施工操作，加快了施工进度。此外，涂布的防水涂料既是防水层的主体，又是胶粘剂，因而施工质量容易保证，维修也较简单。但是，防水涂料须用刷子或刮板等逐层涂刷（刮），故防水膜的厚度较难保持均匀一致。因此，防水涂料广泛适用于工业与民用建筑的屋面防水工程，地下室防水工程和地面防潮、防渗等。

防水涂料大致可分为沥青类、高分子类、溶剂型和反应型，其中沥青类、高分子类属水性，其代号、使用部位、有害物质限量见表1-3。

表 1-3　防水涂料代号、使用部位、有害物质限量

品种	代号	使用部位	有害物质限量
聚氨酯防水涂料	S、Ⅰ、Ⅱ、Ⅲ M、Ⅰ、Ⅱ、Ⅲ	E外露 N非外露	A B
聚合物水泥防水涂料	Ⅰ、Ⅱ、Ⅲ	Ⅰ适用于活动量较大的基层 Ⅱ、Ⅲ适用于活动量较小的基层	—

2. 检测项目

防水涂料的检测项目主要包括：拉伸性能、撕裂强度、低温性能、不透水性、固体含量、干燥时间、粘结强度、抗渗性能。

3. 依据标准

《聚合物水泥防水涂料》GB/T 23445—2009。

《聚氨酯防水涂料》GB/T 19250—2013。

《建筑防水涂料试验方法》GB/T 16777—2008。

《硫化橡胶或热塑性橡胶 拉伸应力 应变性能的测定》GB/T 528－2009。

4. 环境条件及涂膜制备

（1）实验室标准试验条件为：室温（23±2)℃，相对湿度（50±10)％。

严格条件可选择温度（23±2)℃，相对湿度（50±5)％。

（2）试验前模框、工具、涂料应在标准试验条件下放置 24h 以上。模框示意图如图 1-17 所示。

（3）取所需的试验样品量，保证最终涂膜厚度（1.5±0.2）mm。

单组分防水涂料应将其混合均匀作为试料，多组分防水涂料应按生产厂规定的配比精确称量后，将其混合均匀作为试料。在必要时可以按生产厂家指定的量添加稀释剂，当稀释剂的添加量有范围时，取其中间值。将产品混合后充分搅拌 5min，在不混入气泡的情况下导入模框中。模框不得翘曲且表面平滑，为便于脱模，涂覆前可用脱模剂处理。样品按生产厂的要求一次或多次涂覆（最多三次，每次间隔不超过 24h），最后一次将表面刮

平，然后按表 1-4 进行养护。

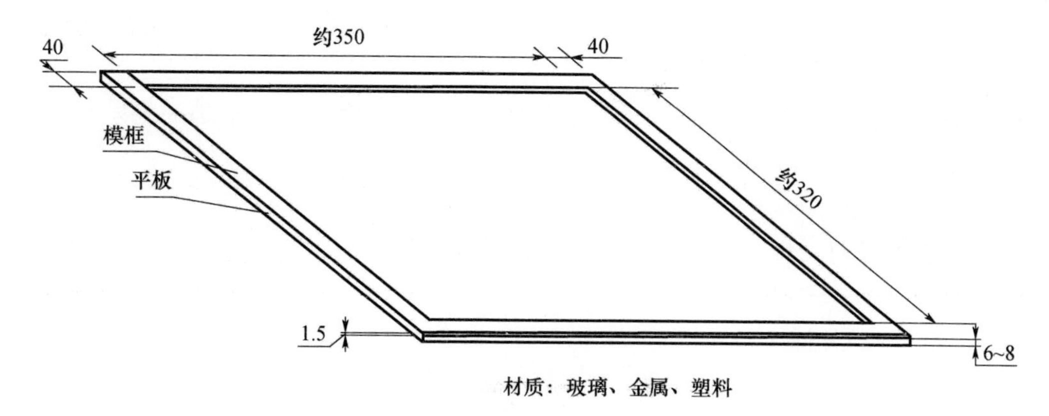

图 1-17　涂膜模框示意图

表 1-4　涂膜制备的养护条件

分　类		脱模前的养护条件	脱模后的养护条件
水性	沥青类	在标准条件 120h	(40±2)℃48h 后，标准条件 4h
	高分子类	在标准条件 96h	(40±2)℃48h 后，标准条件 4h
溶剂型、反应型		标准条件 96h	标准条件 72h

(4) 应按要求及时脱模，脱模后将涂膜翻面养护，脱模过程中应避免损伤涂膜。为便于脱模可在低温下进行，但脱模温度不能低于低温柔性温度。

(5) 检查涂膜外观。从表面光滑平整、无明显气泡的涂膜行裁取试件。

5. 拉伸性能

1) 方法原理

将哑铃型试件在恒速移动拉力机上进行拉伸。按要求记录试件在不断拉伸过程中和当断裂时所需的力和伸长率的值。

2) 仪器设备

(1) 电热鼓风干燥箱

控温精度为±2℃。

(2) 干燥器

内放变色硅胶或无水氯化钙。

(3) 拉伸试验机

测量值在量程的 15%～85%之间，精度不低于 1%，伸长范围大于 500mm。

(4) 冲片机

哑铃Ⅰ型裁刀及冲片机。

(5) 厚度计

接触面直径为6mm，单位面积压力为0.02MPa，分度值不大于0.01mm。

(6) 氙弧灯老化试验箱

(7) 紫外线箱

500W直管汞灯，灯管与箱底平行，与试件表面的距离为47～50mm。

3) 试验步骤

(1) 无处理拉伸性能

① 将涂膜裁取成哑铃Ⅰ型试件，并画好间距25mm的平行标线，用厚度计测量试件标线中间和两端三点的厚度，取其算术平均值作为试件厚度。

② 调整拉伸试验机夹具间距约70mm，将试件夹在试验机上，保持试件长度方向的中线与试验机夹具中心在一条线上，按表1-5的拉伸速度进行拉伸至断裂，记录试件断裂时的最大荷载，断裂时标线间距离，精确到0.1mm，测试5个试件，若有试件断裂在标线外，应舍弃用备用件补测。

表1-5 拉伸速度

产品类型	拉伸速度（mm/min）
高延伸率涂料	500
低延伸率涂料	200

(2) 热处理拉伸性能

将涂膜裁取6个120mm×25mm矩形试件平放在隔离材料上，水平放入已达到规定稳定的电热鼓风烘箱中，加热温度沥青类涂料为(70±2)℃，其他涂料为(80±2)℃。试件与箱壁间距不得少于50mm，试件宜与温度计的探头在同一水平位置，在规定温度的电热鼓风烘箱中恒温(168±1)h取出，然后在标准试验条件下放置4h，裁取哑铃Ⅰ型试件，进行拉伸试验。

(3) 碱处理拉伸性能

① 在(23±2)℃时，在0.1%化学纯氢氧化钠NaOH溶液中，加入$Ca(OH)_2$试剂，并达到过饱和状态。

② 在600mL该溶液中放入裁取的6个120mm×25mm矩形试件，液面应高出试件表面10mm以上，连续浸泡(168±1)h取出，充分用水冲洗、擦干，在标准试验条件下放置4h，裁取符合要求的哑铃Ⅰ型试件，进行拉伸试验。

③ 对于水性涂料，浸泡取出擦干后，再在(60±2)℃的电热鼓风干燥箱中放置6h±15min，取出在标准试验条件下放置(18±2)h，裁取符合要求的哑铃Ⅰ型试件，进行拉伸试验。

(4) 酸处理拉伸性能

① 在(23±2)℃时，在600mL的2%的化学纯硫酸H_2SO_4溶液中，放入裁取的6个

120mm×25mm矩形试件，液面应高出试件表面10mm以上，连续浸泡（168±1）h取出，充分用水冲洗、擦干，在标准试验条件下放置4h，裁取符合要求的哑铃Ⅰ型试件，进行拉伸试验。

② 对于水性涂料，浸泡取出擦干后，再在（60±2)℃的电热鼓风干燥箱中放置6h±15min，取出在标准试验条件下放置（18±2）h，裁取符合要求的哑铃Ⅰ型试件，进行拉伸试验。

（5）紫外线处理拉伸性能

① 将涂膜裁取的6个120mm×25mm矩形试件，将试件平放在釉面砖上，为了防粘，可在釉面砖表面撒滑石粉。

② 将试件放入紫外线箱中，距试件表面50mm左右的空间温度（45±2)℃，恒温照射240h。取出在标准试验条件下放置4h，裁取符合要求的哑铃Ⅰ型试件，进行拉伸试验。

（6）人工气候老化拉伸性能

① 裁取6个120mm×25mm矩形试件放入符合要求的氙弧灯老化试验箱中，试验累计辐射能量为1500 MJ^2/m^2（约720h）后取出，擦干，在标准试验条件下放置4h，裁取符合要求的哑铃Ⅰ型试件，进行拉伸试验。

② 对于水性涂料，取出擦干后，再在（60±2)℃的电热鼓风干燥箱中放置6h±15min，取出在标准试验条件下放置（18±2）h，裁取符合要求的哑铃Ⅰ型试件，进行拉伸试验。

4）数据处理

试件的拉伸强度按式（1-10）计算，结果精确到0.01MPa。

$$T_L = P/(B \times D) \tag{1-10}$$

式中 T_L——拉伸强度（MPa）；

P——最大拉力（N）；

B——试件中间部位宽度（mm）；

D——试件厚度（mm）。

取5个试件的算术平均值作为试验结果。

试件的断裂伸长率按式（1-11）计算，结果精确到1%。

$$E = (L_1 - L_0)/L_0 \times 100 \tag{1-11}$$

式中 E——断裂伸长率（%）；

L_0——试件起始标线间的距离25mm；

L_1——试件断裂时标线间距离（mm）。

取5个试件的算术平均值作为试验结果。

拉伸性能保持率按式（1-12）计算，结果精确至1%。

$$R_t = (T_1/T) \times 100 \tag{1-12}$$

式中 R_t——样品处理后的拉伸性能保持率（%）；

T——样品处理前的平均拉伸强度（MPa）；

T_1——样品处理后的平均拉伸强度（MPa）。

5）注意事项

（1）聚合物水泥防水涂料试件经过老化处理后取出置于干燥器中冷却至室温。

（2）聚氨酯防水涂料若试验数据与平均值的偏差超过15%，则剔除该数据，以剩下的至少3个试件的平均值作为试验结果。若有效试验数据少于3个，则需重新试验。

6. 撕裂强度

同第1.1节“14. 撕裂强度”。

7. 低温柔性

1）方法原理

试验的原理是将试件和圆棒放入调节到规定温度的低温箱的冷冻液中，温度计探头应与试件在同一水平位置，在规定温度下保持1h，然后在冷冻液中将试件绕圆棒或弯板在3s内弯曲180°。

2）仪器设备

（1）低温冰柜

控制精度为±2℃。

（2）圆棒

直径为10mm、20mm、30mm。

（3）弯折仪

金属弯折装置有可调节的平行平板。

（4）温度计

量程为－50～0℃。

（5）电热鼓风干燥箱

控温精度为±2℃。

（6）厚度计

接触面直径为6mm，单位面积压力为0.02MPa，分度值为0.01mm。

（7）氙弧灯老化试验箱。

（8）紫外线箱

500W直管汞灯，灯管与箱底平行，与试件表面的距离为47～50mm。

（9）检查工具

6倍放大镜。

3）试验步骤

（1）无处理

将涂膜按要求裁取100mm×25mm试件3块进行试验，将试件和弯板或圆棒放入已调节到规定温度的低温冰柜的冷冻液中，温度计探头应与试件在同一水平位置，在规定温度下保持1h，然后在冷冻液中将试件绕圆棒或弯板在3s内弯曲180°，弯曲3个试件（无上、下表面区分），立即取出试件用肉眼观察试件表面有无裂纹、断裂。

（2）热处理

将涂膜按要求裁取3块100mm×25mm矩形试件平放在隔离材料上，水平放入已达到规定温度的电热鼓风烘箱中，加热温度沥青类涂料为（70±2）℃，其他涂料为（80±2）℃，试件与箱壁间距不得少于50mm，试件宜与温度计的探头在同一水平位置，在规定温度的电热鼓风烘箱中恒温（168±1）h后取出，在标准试验条件下放置4h，进行试验。

（3）碱处理

① 在（23±2）℃时，在0.1%化学纯氢氧化钠NaOH溶液中，加入$Ca(OH)_2$试剂，并达到过饱和状态。

② 在400mL该溶液中放入裁取好的3个100mm×25mm矩形试件，液面应高出试件表面10mm以上，连续浸泡（168±1）h取出，充分用水冲洗，擦干，在标准试验条件下放置4h，然后进行试验。

③ 对于水性涂料，浸泡取出擦干后，再在（60±2）℃的电热鼓风干燥箱中放置6h±15min，取出在标准试验条件下放置（18±2）h，然后进行试验。

（4）酸处理

① 在（23±2）℃时，在400mL的2%的化学纯硫酸H_2SO_4溶液中，放入裁取的3个100mm×25mm矩形试件，液面应高出试件表面10mm以上，连续浸泡（168±1）h取出，充分用水冲洗，擦干，在标准试验条件下放置4h，然后进行试验。

② 对于水性涂料，浸泡取出擦干后，再在（60±2）℃的电热鼓风干燥箱中放置6h±15min，取出在标准试验条件下放置（18±2）h，然后进行试验。

（5）紫外线处理

裁取的3个100mm×25mm矩形试件，将试件平放在釉面砖上，为了防粘，可在釉面砖表面撒滑石粉。将试件放入紫外线箱中，距试件表面50mm左右的空间温度（45±2）℃，恒温照射240h。取出在标准试验条件下放置4h，然后进行试验。

（6）人工气候老化处理

① 裁取3个100mm×25mm矩形试件放入符合要求的氙弧灯老化试验箱中，试验累计辐射能量为1500 MJ^2/m^2（约720h）后取出，擦干，在标准试验条件下放置4h，然后进行试验。

② 对于水性涂料，取出擦干后，再在（60±2）℃的电热鼓风干燥箱中放置（360±15）min，取出在标准试验条件下放置（18±2）h，然后进行试验。

4）数据处理

所有试件应无裂纹。

5）注意事项

聚合物水泥防水涂料圆棒直径 10mm。

8. 低温弯折

1）方法原理

放置已弯曲的试件在合适的弯折装置上，将弯曲试件在规定的低温温度放置 1h。在 1s 内压下弯曲装置，保持在该位置 1s。取出试件在室温下，用 6 倍放大镜检查弯折区域。

2）仪器设备

（1）低温冰柜

控制精度为±2℃。

（2）弯折仪

金属弯折装置有可调节的平行平板。

（3）温度计

量程为－50～0℃。

（4）氙弧灯老化试验箱。

（5）紫外线箱

500W 直管汞灯，灯管与箱底平行，与试件表面的距离为 47～50mm。

（6）检查工具

6 倍放大镜。

3）试验步骤

（1）无处理

① 裁取 3 个 100mm×25mm 矩形试件，沿长度方向弯曲试件，将端部固定在一起，例如用胶粘带，如此弯曲 3 个试件。调节弯折仪的两个平板间的距离为试件厚度的 3 倍。检测平板间 4 点的距离为 20mm。

② 放置弯曲试件在试验机上，胶带端对着平行于弯板的转轴。放置翻开的弯折试验机和试件于调好规定温度的低温箱中。在规定温度下放置 1h 后，在规定温度弯折试验机从超过 90°的垂直位置到水平位置，1s 内合上，保持该位置 1s，整个操作过程在低温箱中进行。从试验机取出试件，恢复到（23±5)℃，用 6 倍放大镜检查试件弯折区域的裂纹或断裂。

（2）热处理

按第 1.2 节第 7 条 3）项“（2）热处理”处理后，按第 8 条 3）项“（1）无处理”试验。

（3）碱处理

按第 1.2 节第 7 条 3）项“（3）碱处理”处理后，按第 8 条 3）项“（1）无处理”试验。

（4）酸处理

按第 1.2 节第 7 条 3）项“（4）酸处理”处理后，按第 8 条 3）项“（1）无处理”试验。

（5）紫外线处理

按第 1.2 节第 7 条 3）项“（5）紫外线处理”处理后，按第 8 条 3）项“（1）无处理”试验。

（6）人工气候老化处理

按第 1.2 条第 7 条 3）项“（6）人工气候老化处理”处理后，按第 8 条 3）项“（1）无处理”试验。

4）数据处理

用 6 倍放大镜检查试件弯折区域的试件有无裂纹或断裂。

5）注意事项

整个操作过程在低温箱中进行。

9. 不透水性

1）方法原理

将试件放置在透水盘上，再在试件上加一相同尺寸的金属网，盖上 7 孔圆盘保持规定水压 30min 或 120min，观测试件是否保持不渗水。

2）仪器设备

（1）不透水仪

量程：0～0.6MPa。

（2）金属网

孔径为 0.2mm。

3）试验步骤

（1）裁取 3 个约 150mm×150mm 试件，在标准试验条件下放置 2h，试验在（23±5）℃进行，将装置中充水直至溢出，彻底排出装置中的空气。

（2）将试件放置在透水盘上，再在试件上加一相同尺寸的金属网，盖上 7 孔圆盘，慢慢夹紧直到试件夹紧在盘上，用布或压缩空气干燥试件的非迎水面，慢慢加压到规定的压力。

（3）达到规定压力后，保持压力（30±2）min。试验时观察试件的透水情况（水压突然下降或试件的非迎水面有水）。

4）数据计算

所有试件在规定时间应无透水现象。

5）注意事项

不透水仪加水结束后应拧紧阀门。

10. 固体含量

1）方法原理

将样品按生产商指定的比例（对于固体含量试验不能添加稀释剂）搅匀后，取规定的样品称量、热烘、养护及计算。

2）仪器设备

（1）天平

感量不大于 0.001g。

（2）电热鼓风干燥箱

控温精度±2℃。

（3）培养皿

直径为 60～75mm。

（4）干燥器

内放变色硅胶或无水氯化钙。

3）试验步骤

（1）将样品（对于固体含量试验不能添加稀释剂）搅匀后，取（6±1）g 水乳型沥青防水涂料，先将（3±0.5）g 的样品倒入已干燥称量的培养皿中并铺平底部，立即称量，再放入加热到表 1-6 规定温度的烘箱中，恒温 3h，取出放入干燥器中，在标准试验条件下冷却 2h，然后称量。

（2）对于反应型涂料，应在称量后在标准试验条件下放置 24h，再放入烘箱。

表 1-6　涂料加热温度

涂料种类	水性	溶剂型、反应型
加热温度（℃）	105±2	120±2

4）数据处理

固体含量按式（1-13）计算，结果计算精确到 1%。

$$X = \frac{m_2 - m_0}{m_1 - m_0} \times 100 \tag{1-13}$$

式中　X——固体含量（质量分数）（%）；

m_0——培养皿质量（g）；

m_1——干燥前试样和培养皿的质量（g）；

m_2——干燥后试样和培养皿的质量（g）。

试验结果取两次平行试验的平均值。

5）注意事项

为了避免培养皿有水分，试验前应烘干。

11. 干燥时间

1）方法原理

在标准试验条件下，用线棒涂布器按生产厂要求混合搅拌均匀的样品涂布在铝板上制备涂膜，记录涂布结束时间，对于多组分涂料从混合开始记录时间。

2）仪器设备

（1）计时器

分度至少为 1min。

（2）铝板

规格为 120mm×50mm×（1～3）mm。

（3）线棒涂布器

200μm。

3）试验步骤

（1）表干时间

① 试验前铝板、工具、涂料应在标准试验条件下放置 24h 以上。

② 在标准试验条件下，用线棒涂布器按生产厂要求混合搅拌均匀的样品涂布在铝板上制备涂膜，涂布面积为 100mm×50mm，记录涂布结束时间，对于多组分涂料从混合开始记录时间。

③ 静置一段时间后，用无水乙醇擦净手指，在距试件边缘不小于 10mm 范围内用手指轻触涂膜表面，若无涂料黏附在手指上即为表干，记录时间，试验开始到结束的时间即为表干时间。

（2）实干时间

按要求制备试件，静置一段时间后，用刀片在距试件边缘不小于 10mm 范围内切割涂膜，若底层及膜内均无黏附手指现象，则为实干，记录时间，试验开始到结束的时间即为实干时间。

4）数据计算

平行试验两次，以两次结果的平均值作为最终结果，有效数字应精确到实干时间的 10%。

5）注意事项

聚氨酯防水涂料表干时间湿膜厚度为（0.5±0.1）mm。对于表面组分渗出的试件，以实干时间作为表干时间的实验结果。表干时间不超过 2h 的，精确到 0.5h，表干时间大于 2h 的，精确到 1h。

聚氨酯防水涂料实干时间湿膜厚度为（0.5±0.1）mm。实干时间不超过 2h 的，精确到 0.5h，实干时间大于 2h 的，精确到 1h。

12. 粘结强度

1）方法原理

将制备好的试件置入拉力机夹具内拉伸至试件破坏，记录最大力。

2）仪器设备

（1）拉伸试验机

测量值在量程的15%～85%之间，示值精度不低于1%，拉伸速度（5±1）mm/min。

（2）电热鼓风干燥箱

控温精度±2℃。

（3）拉伸专用金属夹具。

3）试验步骤

（1）试验前制备好的砂浆块、工具、涂料应在标准试验条件下放置24h以上。

（2）取5块养护好的水泥砂浆块，用2号砂纸清除表面浮浆，必要时按生产厂要求在砂浆块的成型面70mm×70mm上涂刷底涂料，干燥后按生产厂要求的比例将样品混合后搅拌5min（单组分防水涂料样品直接使用）涂抹在成型面上，涂膜的厚度0.5～1.0mm（可分两次涂覆，间隔不超过24h）。然后将制得的试件按标准要求养护，不需要脱模，制备5个试件。

（3）将养护后的试件用高强度胶粘剂，将拉伸用上夹具与涂料面粘贴在一起，小心地除去周围溢出的胶粘剂，在标准试验条件下水平放置养护24h。然后沿上夹具边缘一圈用刀切割涂膜至基层，使试验面积为40mm×40mm。

（4）将粘有拉伸用上夹具的试件安装在试验机上，保持试件表面垂直方向的中线与试验机夹具中心在一条线上，以（5±1）mm/min的速度拉伸至试件破坏，记录试件的最大拉力。

4）数据处理

粘结强度按式（1-14）计算，结果精确到0.01MPa。

$$\delta = F/(a \times b) \tag{1-14}$$

式中　δ——粘结强度（MPa）；

F——试件的最大拉力（N）；

a——试件粘结面的长度（mm）；

b——试件粘结面的宽度（mm）。

去除表面未被粘住面积超过20%的试件，粘结强度以剩下的不少于3个试件的算术平均值表示，不足3个试件应重新试验。

5）注意事项

高强度胶粘剂：难以渗透涂膜的高强度胶粘剂，推荐无溶剂环氧树脂。

13. 抗渗性

1）方法原理

在砂浆试件上涂上聚合物水泥防水涂料，制成抗渗试件，进行抗渗试验。

2）试件制备

（1）砂浆试件按照GB/T 2419—2005第4章的规定确定砂浆的配比和用量，并以砂浆试件在0.3～0.4MPa压力下透水为准，确定水灰比。每组试验制备3个试件，脱模后放入(20±2)℃的水中养护7d。取出待表面干燥后，用密封材料密封装入渗透仪中进行砂浆试件的抗渗试验。水压从0.2MPa开始，恒压2h后增至0.3MPa，以后每隔1h增加0.1MPa，直至试件透水。

（2）从渗透仪上取下已透水的砂浆试件，擦干试件上口表面水渍，将待测涂料样品按生产厂指定的比例分别称取适量液体和固体组分，混合后机械搅拌5min。在3个试件的上口表面（背水面）均匀地涂抹混合好的试样，第一道0.5～0.6mm厚。待涂膜表面干燥后再涂第二道，使涂膜总厚度为1.0～1.2mm。待第二道涂膜表干后，将制备好的抗渗试件放入水泥标准养护箱中放置168h，养护条件为(20±1)℃，相对湿度不小于90%。

3）仪器设备

（1）砂浆渗透试验仪

由机架试模、水泵、压力容器、控制阀压力表和电气控制等装置部分组成。可在0.1～1.5MPa范围内恒压试验。其外形如图1-18所示。

图1-18 砂浆渗透试验仪外形

（2）水泥标准养护箱（室）

控温范围(20±1)℃，相对湿度不小于90%。

（3）金属试模

截锥带底圆模，上口直径为70mm，下口直径为80mm，高为30mm。

（4）捣棒

直径为10mm，长为350mm，端部磨圆。

（5）辅助工具

抹刀。

4）试验步骤

（1）将抗渗试件从养护箱中取出，在标准条件下放置2h，待表面干燥后装入渗透仪，水压从0.2MPa开始，恒压2h后增至0.3MPa，以后每隔1h增加0.1MPa，直至试件透水。

（2）当3个抗渗试件中有2个试件上表面出现透水现象时，即可停止该组试验，记录当时水压（MPa）。

(3) 当抗渗试件加压至1.5MPa、恒压1h还未透水，应停止试验。

5) 数据处理

涂膜抗渗性试验结果应报告3个试件中2个未出现透水时的最大水压力。

6) 注意事项

试件养护结束后用密封材料密封装入试验仪中。

14. 结果判定

聚氨酯防水涂料的各项检验结果符合《聚氨酯防水涂料》GB/T 19250—2013的规定时，则判该批产品性能合格。若有一项指标不符合标准规定，则用备用样对不合格项进行单项复验。若符合标准规定时，则判该批产品性能合格，否则判定为不合格。

15. 相关标准

《硫化橡胶或热塑性橡胶撕裂强度的测定（裤形、直角形和新月形试样）》GB/T 529—2008。

《水泥胶砂流动度测定方法》GB/T 2419—2005。

《建筑防水材料老化试验方法》GB/T 18244—2000。

1.3　止水带

1. 概述

本规程适用于全部或部分浇捣于混凝土中或外贴于混凝土表面的橡胶止水带、遇水膨胀橡胶复合止水带、具有钢边的橡胶止水带以及沉管隧道接头缝用橡胶止水带和橡胶复合止水带等高分子防水材料止水带。

高分子防水材料止水带利用橡胶本身具有的高弹性和压缩变形性的特性，在各种载荷下产生弹性变形，从而起到有效紧固密封，防止建筑构造的漏水、渗水及减震缓冲作用，其代号及分类见表1-7。

表 1-7　高分子防水材料止水带代号及分类

品种	分类	代号
高分子防水材料止水带	变型缝用止水带	B
	施工缝用止水带	S
	沉管隧道接头缝用止水带 (1) 可卸式止水带 (2) 压缩式止水带	J (1) JX (2) JY
	普通止水带	P
	复合止水带 (1) 与钢边复合的止水带 (2) 与遇水膨胀橡胶复合的止水带 (3) 与帘布复合的止水带	F (1) FG (2) FP (3) FL

2. 检测项目

高分子防水材料止水带的检测项目主要包括：拉伸性能、撕裂强度。

3. 依据标准

《高分子防水材料 第 2 部分：止水带》GB/T 18173.2—2014。

《硫化橡胶或热塑性橡胶 拉伸应力 应变性能的测定》GB/T 528—2009。

《硫化橡胶或热塑性橡胶撕裂强度的测定（裤形、直角形和新月形试样）》GB/T 529—2008。

4. 拉伸性能

1）方法原理

将哑铃型试件在恒速移动拉力机上进行拉伸。按要求记录试件在不断拉伸过程中和当断裂时所需的力和伸长率的值。

2）仪器设备

(1) 拉伸试验机

拉伸试验机应符合 ISO 5893 的规定，具有 2 级测力精度，引伸计具有 D 级精度，应能在（500±50）mm/min 移动速度下进行操作。

（2）冲片机

哑铃Ⅱ型裁刀、直角撕裂裁刀。

（3）厚度计

接触面直径为6mm，单位面积压力为0.02MPa，分度值不大于0.01mm。

3）环境条件

实验室标准试验条件为：室温（23±2）℃，相对湿度（50±10）%。

4）试验步骤

（1）将试件对称地夹在试验机的上下夹持器上，使拉力均匀地分布在横截面上。根据需要，装配一个伸长测量装置。

（2）启动试验机，在整个试验过程中连续监测试验长度和力的变化，精度在±2%之内。夹持器移动速度为500mm/min。

5）数据处理

试件的拉伸强度按式（1-15）计算。

$$TS = F_m / Wt \tag{1-15}$$

式中　TS——拉伸强度（MPa）；

F_m——记录的最大力（N）；

W——裁刀狭窄部分的宽度（mm）；

t——试验长度部分厚度（mm）。

取5个试件的中位数作为试验结果。

试件的断裂伸长率按式（1-16）计算：

$$E_b = \frac{L_b - L_0}{L_b} \times 100\% \tag{1-16}$$

式中　E_b——拉断伸长率（%）；

L_0——初始试验长度（mm）；

L_b——断裂时的试验长度（mm）。

取5个试件的中位数作为试验结果。

6）注意事项

（1）用厚度计测量试件的厚度应测量试验长度的中间和两端，取其中位数作为试件厚度。

（2）试件接头部位应保证使其位于两条标线之内。

5. 撕裂强度

1）方法原理

用拉力试验机，对无割口的试件在规定的速度下进行连续拉伸，直至试件撕断。将测

定的力值按规定的计算方法求出撕裂强度。

2）仪器设备

（1）裁刀

直角形试件裁刀。

（2）测厚仪

精度不大于0.01mm，压足直径为10mm，施加在试件表面的压力为20kPa。

（3）拉力试验机

拉力试验机应符合ISO 5893的规定，其测力精度达到B级。

作用力误差应控制在2%以内，试验过程中夹持器移动速度要保持规定的恒速，拉伸速度为（100±10）mm/min或（500±50）mm/min。

（4）夹持器

夹持器应在两端平行边部位内将试件充分夹紧。

3）环境条件

试验应在（23±2)℃或（27±2)℃标准温度下进行。

4）试验步骤

（1）测量试样撕裂区域的厚度不得少于3点，取中位数。厚度值不得偏离所取中位数的2%。

（2）如果多组试样进行比较，则每组试样厚度中位数应在所有组中试样厚度总中位数的7.5%范围内。

（3）试验时将试样延轴向对准拉伸方向分别夹入上下夹持器一定深度，以保证在平行的位置上充分均匀地夹紧。然后按规定的速度对试样进行拉伸，直至试样撕裂，记录其最大值。

5）数据处理

撕裂强度按式（1-17）计算。

$$T_s = \frac{F}{d} \tag{1-17}$$

式中　T_s——撕裂强度（kN/mm）；

F——试样撕裂时所需的力（N）；

d——试样厚度中位数（mm）。

试验5个试件，实验结果取5个试件的平均值。若试验数据与平均值的偏差超过15%，则剔除该数据，以剩下的至少3个试件的平均值作为试验结果。若有效试验数据少于3个，则需重新试验。

6）注意事项

试件制备时应一次成型。

6. 结果判定

橡胶材料物理性能若有一项指标不符合技术要求，则应在同批次产品中另取双倍试样进行该项复试，复试结果若仍不合格，则该批产品为不合格品。

7. 相关标准

《硫化橡胶或热塑性橡胶撕裂强度的测定（裤形、直角形和新月形试样）》GB/T 529—2008。

《橡胶物理试验方法试样制备和调节通用程序》GB/T 2941—2006。

1.4　遇水膨胀橡胶

1. 概述

遇水膨胀橡胶适用于以水溶性聚氨酯预聚体、丙烯酸钠高分子吸水性树脂等吸水性材料与天然橡胶、氯丁橡胶等制得的遇水膨胀性防水橡胶。其主要用于各种隧道、顶管、人防等地下工程、基础工程的接缝、防水密封和船舶、机车等工业设备的防水密封，其分类、代号见表1-8。

表1-8　遇水膨胀橡胶分类及代号

品种	分类	代号
遇水膨胀橡胶	制品型	PZ
	腻子型	PN

2. 检测项目

遇水膨胀橡胶的检测项目主要包括：拉伸性能、体积膨胀倍率、低温性能、高温流淌性。

3. 依据标准

《高分子防水材料 第3部分：遇水膨胀橡胶》GB/T 18173.3—2014。

《硫化橡胶或热塑性橡胶 拉伸应力 应变性能的测定》GB/T 528—2009。

4. 拉伸性能

1）方法原理

将哑铃型试件在恒速移动拉力机上进行拉伸。按要求记录试件在不断拉伸过程中和当断裂时所需的力和伸长率的值。

2）仪器设备

（1）拉伸试验机

测量值在量程15%～85%之间，精度不低于1%，伸长大于500mm。

（2）冲片机

哑铃Ⅱ型裁刀、直角撕裂裁刀。

（3）厚度计

接触面直径为6mm，单位面积压力为0.02MPa，分度值不大于0.01mm。

3）环境条件

实验室标准试验条件为：室温（23±2)℃，相对湿度（50±10)%。

4）试验步骤

（1）将试件对称地夹在试验机的上下夹持器上，使拉力均匀地分布在横截面上。根据需要，装配一个伸长测量装置。

（2）启动试验机，在整个试验过程中连续监测试验长度和力的变化，精度在±2%之内。夹持器移动速度为500mm/min。

5）数据处理

（1）试件的拉伸强度按式（1-18）计算。

$$TS = F_m / Wt \tag{1-18}$$

式中　TS——拉伸强度（MPa)；

F_m——记录的最大力（N)；

W——裁刀狭窄部分的宽度（mm)；

t——试验长度部分厚度（mm)。

取5个试件的中位数作为试验结果。

（2）试件的断裂伸长率按式（1-19）计算。

$$E_b = \frac{L_b - L_0}{L_b} \times 100\% \tag{1-19}$$

式中　E_b——拉断伸长率（%）；

L_0——初始试验长度（mm）；

L_b——断裂时的试验长度（mm）。

取 5 个试件的中位数作为试验结果。

6）注意事项

用厚度计测量试件的厚度应测量试验长度的中间和两端，取其中位数作为试件厚度。

5. 体积膨胀倍率

1）方法原理

体积膨胀倍率是浸泡后试样与浸泡前试样的体积比率。

2）仪器设备

精度不低于 0.001g 的天平。

3）环境条件

实验室标准试验条件为：室温（23±2)℃，相对湿度（50±10)%。

4）试验步骤

（1）将制作好的试样先用天平称出在空气中的质量，然后称出试样悬挂在蒸馏水中的质量。

（2）将试样浸泡在室温（23±5)℃的 300mL 蒸馏水中，试验过程中，应避免试样重叠及水分的挥发。

（3）试验浸泡 72h 后，先用天平称出其在蒸馏水中的质量，然后用滤纸轻轻吸干试样表面的水分，称出试样在空气中的质量。

（4）试样应悬挂坠子使试样完全浸没于蒸馏水中。

5）数据计算

体积膨胀倍率按照式（1-20）计算。

$$\Delta V = \frac{m_3 - m_4 + m_5}{m_1 - m_2 + m_5} \times 100\% \tag{1-20}$$

式中　ΔV——体积膨胀倍率（%）；

m_1——浸泡前试样在空气中的质量（g）；

m_2——浸泡前试样在蒸馏水中的质量（g）；

m_3——浸泡后试样在空气中的质量（g）；

m_4——浸泡后试样在蒸馏水中的质量（g）；

m_5——坠子在蒸馏水中的质量（g）（如无坠子用发丝等特轻细丝悬挂可忽略不计）。

试验结果取 3 个试样的算数平均值。

6）注意事项

用成品制作试样时，应去掉表层。

6. 低温性能

1）方法原理

（1）低温试验

从试样裁取试件，放入低温试验箱中冷冻到规定时间后弯曲试件，观察其是否脆裂。

（2）低温弯折性

试验的原理是放置已弯曲的试件在合适的弯折装置上，将弯曲试件在规定的低温温度放置 2h。迅速压下上平板，保持在该位置 1s。取出试件，在室温下用 8 倍放大镜检查弯折区域。

2）仪器设备

（1）低温试验箱

控制温度为－45～20℃；精度为±2℃。

（2）弯折棒

直径为 10mm。

（3）弯折板

金属弯折装置有可调节的平行平板。

（4）检查工具

8 倍放大镜。

3）环境条件

实验室标准试验条件为：室温（23±2)℃，相对湿度（50±10)％。

4）低温柔性试验步骤

将 3 个 50mm×100mm×2mm 的试样在（－20±2)℃低温箱中停放 2h，取出后立即在 ϕ10mm 的弯折棒上缠绕一圈，观察其是否脆裂。

5）低温弯折性试验步骤

（1）将试样裁成 20mm×100mm×2mm 的长方体弯曲 180°，使试样边缘重合、齐平，并用定位夹或 10mm 宽的胶布将边缘固定保证其在试验中不发生错位；并将弯折板的两平板间距离调到试样厚度的 3 倍。

（2）将弯折板上平板打开，把厚度相同的两块试样平放在底板上，重合的一遍朝向转轴，且距转轴 20mm；在规定温度下保持 2h，之后迅速压下上平板，达到所调间距位置，保持 1s 后将试样取出。

（3）待恢复到室温后观察试样弯折处是否断裂，或用放大镜观察试样弯折处受拉面有无裂纹。

6）数据计算

所有试件均无裂纹或脆裂为合格。

7. 高温流淌性

1）方法原理

将 3 个制备好的试样分别置于水平夹角 15°的带凹槽木架上，使试样厚度的 2mm 在槽内，2mm 在槽外；一并放入规定的干燥箱内，达到规定时间后取出，观察试样现象。

2）仪器设备

（1）电热鼓风干燥箱

控温精度为±2℃。

（2）辅助工具

水平夹角为 15°的带凹槽木架。

3）环境条件

实验室标准试验条件为：室温（23±2）℃，相对湿度（50±10）%。

4）试验步骤

将 3 个 20mm×20mm×4mm 的试样分别置于水平夹角 15°的带凹槽木架上，使试样厚度的 2mm 在槽内，2mm 在槽外；一并放入（80±2）℃的干燥箱内，5h 后取出，观察试样有无流淌，以不超过凹槽边线 1mm 为无流淌。

5）数据处理

3 个试样均不超过凹槽边线 1mm 为无流淌判为合格。

8. 结果判定

遇水膨胀橡胶的各项物理性能检验结果符合《高分子防水材料 第 3 部分：遇水膨胀橡胶》GB/T 18173.3—2014 规定时，该批遇水膨胀橡胶判为合格品，若有一项指标不符合技术要求，应另取双倍试样进行该项复试，复试结果如仍不合格，则该批产品为不合格品。

9. 相关标准

《硫化橡胶或热塑性橡胶撕裂强度的测定（裤形、直角形和新月形试样）》GB/T 529—2008。

《橡胶物理试验方法试样制备和调节通用程序》GB/T 2941—2006。

第 2 章　建筑用管道材料

2.1　管材

1. 概述

建筑用管材按所用材料可分为钢管、铸铁管、有色金属管、橡胶管、混凝土管和石棉水泥管、陶管、塑料管及复合管等。新型管材主要是指塑料管材，作为一种新型管道材料和传统的金属管相比，其具有独特的优良性能，因此得到了广泛应用。

1）与传统的金属管和水泥管相比，塑料管材具有以下优点：

（1）质量轻。一般仅为金属管的 1/6～1/10。

（2）有较好的耐腐蚀性、抗冲击性和抗拉强度。

（3）塑料内表面比铸铁管要光洁得多，不易结垢，摩擦系数小，水流阻力小，可降低输水能耗 5%以上。

（4）生产成本低，制造能耗可降低 75%。

（5）运输方便，安装简单。

（6）使用寿命长达 30～50 年。

2）塑料管材的生产工艺

塑料是在树脂中添加助剂制成的材料。

树脂由高分子物质所组成，它是通过聚合反应而制成的，所以又叫聚合物或称高聚物。

大部分塑料管材是采用挤出成型工艺加工制成的，挤出成型工艺是塑料加工工业中应用最早的成型方法之一，应用最广泛。目前塑料制品的三分之一是用挤出方法生产的。挤出成型可用于管材、型材、板材、片材、薄膜、单丝、扁丝、电线电缆的包覆等的成型。挤出成型是高分子材料在挤出成型机中通过加热、加压而使塑料以流动状态通过口模变成连续成型制品的方法，如图 2-1 所示。

3）塑料管材的分类

（1）按照塑料材料的品种分类

按受热呈现的基本行为，塑料可分为热固性塑料和热塑性塑料。

① 热固性塑料：是指因受热或在其他条件下能固化成不熔不溶性物料的塑料材料。

热固性塑料管材包括：玻璃钢管、交联聚乙烯（PE-X）管材等。

图 2-1　塑料管材挤出成型工艺示意图

② 热塑性塑料：是指在特定温度范围内，能反复加热软化和冷却硬化的塑料。

热塑性塑料管材包括：硬聚氯乙烯（PVC-U）管材、聚丙烯管材（PP-R、PP-H、PP-B）、聚乙烯管材（PE-RT）、PE 管材等。

（2）按结构特征分类

分为圆管和异型管。

异型管包括矩形管、卵形管。

圆形管包括实壁管和结构壁管；结构壁管包括芯层发泡管、波纹管、径向加肋管、螺旋卷绕管。

（3）按材质分类

分为塑塑复合管、钢塑复合管、孔网钢带塑料复合管、钢骨架塑料复合管、其他复合管。

（4）按照管内运行介质是否带压运行分类

分为压力管和非压力管。

2. 检测项目

建筑用塑料管材的检测项目主要包括：规格尺寸、维卡软化温度、纵向回缩率、拉伸屈服强度、冲击性能、液压试验、环刚度、环柔性、简支梁冲击、密度。

3. 依据标准

《塑料管道系统 塑料部件尺寸的测定》GB/T 8806—2008。

《热塑性塑料管材、管件维卡软化温度的测定》GB/T 8802—2001。

《热塑性塑料管材 纵向回缩率的测定》GB/T 6671—2001。

《热塑性塑料管材 拉伸性能测定 第 1 部分：试验方法总则》GB/T 8804.1—2003。

《热塑性塑料管材 拉伸性能测定 第 2 部分：硬聚氯乙烯（PVC-U）、氯化聚氯乙烯（PVC-C）和高抗冲聚氯乙烯（PVC-HI）管材》GB/T 8804.2—2003。

《热塑性塑料管材耐性外冲击性能试验方法 时针旋转法》GB/T 14152—2001。

《流体输送用热塑性塑料管材 耐内压试验方法》GB/T 6111—2003。

《热塑性塑料管材 环刚度的测定》GB/T 9647—2015。

《流体输送用热塑性塑料管材 简支梁冲击试验方法》GB/T 18743—2002。

《塑料 非泡沫塑料密度的测定 第 1 部分：浸渍法、液体比重瓶法和滴定法》GB/T 1033.1—2008。

4. 规格尺寸

1）方法原理

利用测量仪器检测试样相关标准规定的外形尺寸是否符合要求。

2）仪器设备

（1）一般要求

在测量仪器的使用中，不应有可能引起试样表面产生局部变形的作用力。

与试样的一个或多个表面相接触的测量量具，应符合下列要求：

（1）与部件内表面相接触的测量仪器的接触面，其半径应小于试样表面的半径。

（2）与部件外表面相接触的测量仪器的接触面应为平面或半圆形。

（3）与试样接触的测量仪器表面的硬度不应低于 500HV。

（2）π 尺

π 尺如图 2-2 所示，其测量精度应按相关产品标准规定，如果相关产品标准没有规定时，π 尺的两端沿长度方向施加 2.5N 的作用力时，其伸长不应超过 0.05mm/m。测量精度应符合表 2-1 规定。

图 2-2　π 尺

表 2-1　直径测量量具的精度

公称直径（mm）	量具和仪器精度（mm）
≤600	0.02
>600 且≤1600	0.05
>1600	≤0.1

（3）游标卡尺

测量精度应按相关产品标准规定，如果相关产品标准没有规定时，测量精度应符合表 2-2、表 2-3 的规定。

表 2-2　壁厚测量量具的精度

壁厚（mm）	量具和仪器精度（mm）
≤30	0.01 或 0.02
＞30	≤0.02

表 2-3　不圆度测量量具的精度

壁厚（mm）	量具和仪器精度（mm）
≤315	0.02
＞315 且≤600	0.05
＞600	≤0.1

（4）壁厚测量仪

壁厚测量仪，应符合标准《指示表》GB/T 1219—2008 的规定，如图 2-3 所示固定杆长度 L 应不小于 25mm。测量精度应按相关产品标准规定，如果相关产品标准没有规定时，测量精度应符合表 2-2 的规定。

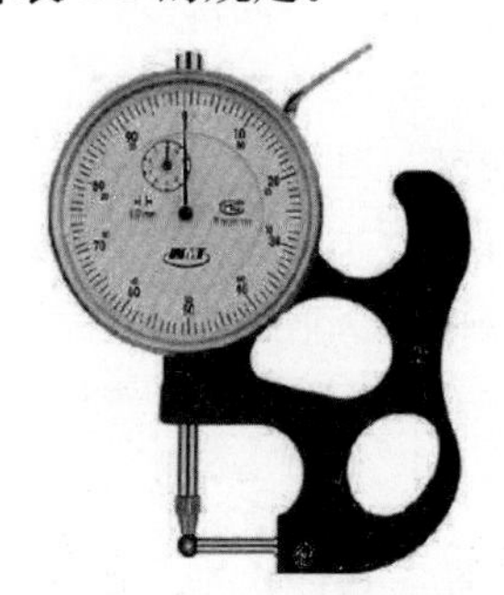

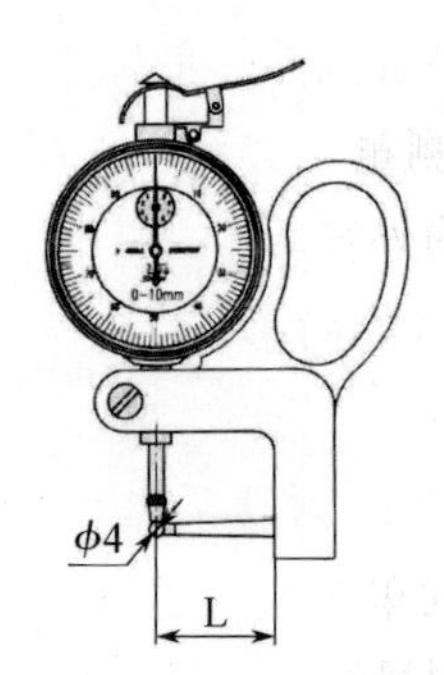

图 2-3　壁厚测量仪

（5）钢直尺

测量精度应按相关产品标准规定，如果相关产品标准没有规定时，测量精度应符合表 2-4的规定。

（6）卷尺

测量精度应按相关产品标准规定，如果相关产品标准没有规定时，测量精度应符合表 2-4的规定。

表 2-4　长度测量量具的精度

壁厚（mm）	量具和仪器精度（mm）
≤1000	0.1
＞1000	≤1

3）环境条件

试样应放置在室温（23±2)℃，相对湿度（50±10)％的环境调节至少 24h，并在该条件下进行试验。

4）试验步骤

（1）外径

① 最大外径、最小外径

在试样选定的被测截面上移动测量仪器，直至找出直径的极值（最大值、最小值）并记录测量值。

单个测量结果的准确度应符合表 2-5 的规定。

表 2-5　直径测量

公称直径（mm）	单个结果要求的准确度（mm）	算数平均值修约至（mm）
≤600	0.1	0.1
＞600 且≤1600	0.2	0.2
＞1600	1	1

② 平均外径

可用以下方法测量试样的平均外径：

a. 用 π 尺直接测量，如图 2-4 所示（推荐使用 π 尺测量试样平均外径）。

b. 用测量仪器（如游标卡尺、千分尺）对每个选定截面上沿环向均匀间隔测量一系列单个值，选定截面要求单个直径测量的数量应符合表 2-6 的规定，计算一系列单个值的算术平均值为试样的平均外径。单个测量结果的准确度应符合表 2-5 的规定，算数平均值按 2-5 规定修约。

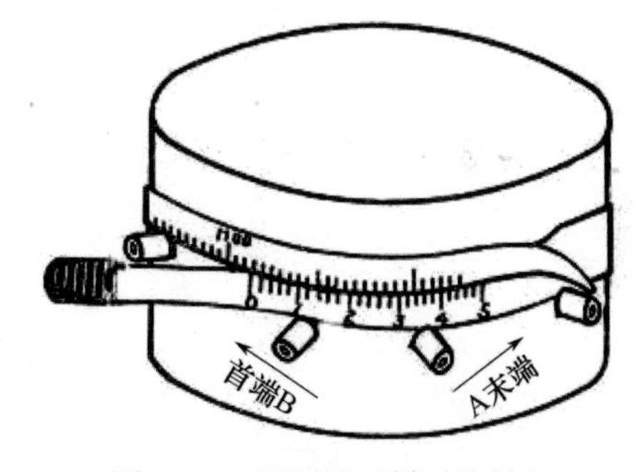

图 2-4　π 尺测量试样平均外径

表 2-6　给定公称尺寸的单个直径测量的数量。

管材或管件的公称直径尺寸（mm）	给定截面要求单个直径测量的数量（个）
≤40	4
＞40 且≤600	6
＞600 且≤1600	8
＞1600	12

（2）壁厚

① 最大壁厚、最小壁厚

在试样选定的每个被测截面上移动测量仪器，直至找出壁厚最大值与最小值的极值并记录测量值。测量时应采用针式测厚规。

单个测量结果的准确度应符合表 2-7 的规定。

表 2-7　壁厚测量

公称直径（mm）	单个结果要求的准确度（mm）	算数平均值修约至（mm）
≤10	0.03	0.05
>10 且≤30	0.03	0.1
>30	0.1	0.1

② 平均壁厚

在试样每个选定的被测截面上，沿环向均匀间隔至少 6 点进行壁厚测量，由测量值计算算术平均值。

单个测量结果的准确度见表 2-7，算数平均值按表 2-7 规定修约。

（3）不圆度

在试样选定的每个被测截面上移动测量仪器，直至找出外径的极值（最大值、最小值）并记录测量值。

单个测量结果的准确度应符合表 2-8 的规定。

按相关产品标准的规定计算试样的不圆度，如产品标准没有规定，试样的不圆度等于外径最大值与最小值之差。

表 2-8　不圆度测量的准确度

公称直径（mm）	单个结果要求的准确度（mm）
≤315	0.1
>315 且≤600	0.5
>600	1

5）注意事项

（1）检查试样表面是否有影响尺寸测量的现象，如标志、合模线、气泡或杂质。如果存在，在测量时记录这些现象和影响。

（2）选择测量的截面时，应满足以下一条或多条的要求：

① 按相关产品标准的要求。

② 距试样的边缘不小于 25mm 或按照制造商的规定。

③ 当某一尺寸的测量与另外的尺寸有关，如通过计算而得到下一步的尺寸，其截面的选取应适合于进行计算。

（3）壁厚的测量应使用管壁测厚仪或其他具有相同精度等级的测量仪器，不宜使用游标卡尺，以避免因端口不规整造成误差。

（4）管壁的测量不能在管口处进行，尽量将管壁测厚仪的固定杆伸入管材内部，距离试样的边缘不小于 25mm。

（5）测量前将测厚仪调至零点。

（6）使用壁厚测量仪测量壁厚时，测量过程中要保持壁厚测量仪的固定杆与管材轴线平行，动杆保持与管材外表面轻微接触。

（7）测量管材平均外径时一般选用 π 尺进行测量。

5. 维卡软化温度

1）方法原理

将试样放置在液体介质或加热箱中，在等速升温条件下测定标准压针在（50±1）N 力的作用下，压入从管材或管件上切取的试样内（1±0.01）mm 时的温度，此时的温度即为试样的维卡软化温度（VST），单位为℃。推荐使用液体介质，浴槽内的温度稳定性和均匀性更好。

2）仪器设备

（1）维卡软化温度测定仪

维卡软化温度测定仪主要由试样支架、负载杆、压针、百分表、载荷盘、砝码、加热浴槽、测温装置构成，其外形图如图 2-5 所示，其内部原理图如图 2-6 所示。

① 试样支架：支架底座用于放置试样，并可方便将试样浸入到保温浴槽中。

② 负载杆：能自由垂直移动，有足够的刚度，保证在标准规定的负载下不会变形。上部连接载荷盘，压针固定在负载杆的末端。

③ 压针：最好选用硬质钢，保证在标准规定的负载下不会变形。压针长 3mm 且横截圆面积为（1±0.015）mm^2，压针端部应是平面并且与负载杆轴向成直角，压针不允许带有毛刺等缺陷。

④ 百分表：用来测量压针压入试样的深度，精度应不大于 0.01mm。

⑤ 载荷盘：安装在负载杆上，质量负载应在载荷盘的中心，以便使作用于试样上的总压力控制在（50±1）N。

⑥ 砝码：用于提供试样所承受的静负载，试样承受的静负载为（50±1）N。该静负载由砝码、压针、负载杆、载荷盘的质量及百分表附加的压力提供，见式（2-1），其中压针、负载杆、载荷盘的质量和百分表附加的压力由仪器生产厂家提供，砝码的质量由式（2-2）计算。

$$G = W + R + T = 50 \quad (2\text{-}1)$$

$$W = 50 - R - T \quad (2\text{-}2)$$

式中　W——砝码质量（N）；

R——压针、负载杆和载荷盘的质量（N）；

T——百分表附加的压力（N）。

图 2-5　维卡软化温度测定仪外形图

⑦ 加热浴槽：放一种合格的液体在浴槽中，使

试验装置浸入液体中，试样至少在液体介质表面 35mm 以下。浴槽中应具有搅拌器及加热装置，使液体可按每小时（50±5)℃等速升温。试验过程中，每 6min 间隔内温度变化应在（5±0.5)℃范围内。浴槽内液体推荐使用甲基硅油。

测温装置用于测量加热浴槽的温度，应尽可能地布置在试样附近，分度值不大于 0.5℃。

（2）游标卡尺

测量精度不大于 0.02mm。

（3）壁厚测量仪

同（4.2)（4)，测量精度不大于 0.01mm。

3）环境条件

试样调节环境条件：室温（23±2)℃，相对湿度（50±10)%。

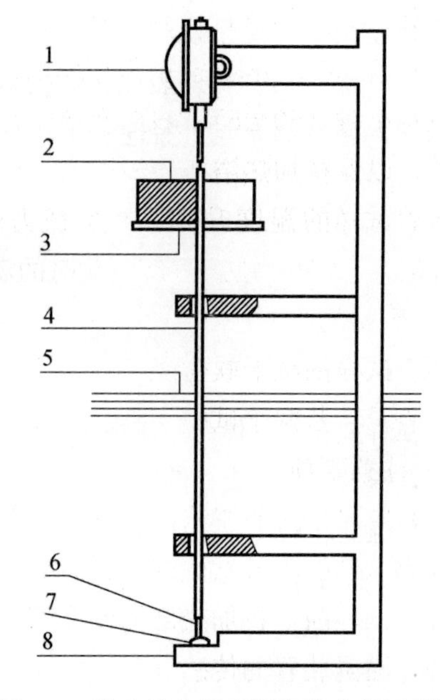

图 2-6　维卡软化温度测定仪内部原理图

1—百分表；2—砝码；3—载荷盘；4—负载杆；5—液面；6—压针；7—试样；8—试样支架

4）试样制备

（1）取样

试样应从管材上沿轴向裁下的弧形管段，长度约 50mm，宽度为 10～20mm。

（2）使用量具测量试样的壁厚。

（3）试样制备

试样壁厚大于 6mm：采用适宜的方法加工试样外表面，使试样壁厚减至 4mm 及以下。

试样壁厚在 2.4～6mm（包括 6mm）范围内：可直接进行测试。

试样壁厚小于 2.4mm：应将两个弧形管段叠加在一起，使其总厚度不小于 2.4mm，再进行试验。作为垫层的下层试样应进行压平处理，使用烘箱或者液浴箱将下层试样加热到 140℃，并在此温度下保持 15min，再将试样置于两块光滑平板之间压平，上层弧段应保持其原样不变。

（4）试样数量

每次试验用两个试样，但在裁制试样时，应多制备几个试样，以备试验结果无效时，做补充试验用。

5）试验步骤

将加热浴槽温度调至约低于试样维卡软化温度 50℃并保持恒温。

将试样在低于预期维卡软化温度（VST）50℃的室温环境下预处理至少 5min。

将试样凹面向上，水平放置在未添加负载（砝码和百分表）的负载杆压针下面。试样和仪器底座的接触面应是平的，压针端部距试样边缘不小于 3mm。对于壁厚小于 2.4mm 的试样，压针端部应置于未压平试样的凹面上，下面放置压平的试样。

将压针定位的试样放入加热浴槽中，压针定位不少于 5min。

在载荷盘上加砝码［质量由式（2-2）计算得来］，以使试样所承受的总轴向压力为（50±1）N。将百分表（或其他测量仪器）的读数调至零点。

以每小时（50±5)℃的速度等速升温，提高加热浴槽温度。在整个试验过程中应开动搅拌器，以保持加热浴槽内液体温度均匀。

随着试样的温度升高，在负载力的作用下压针慢慢压入试样。当压针压入试样内（1±0.01)mm 时，迅速记录下此时的温度，此温度即为该试样的维卡软化温度（VST)。

6）数据处理

两个试样的维卡软化温度的算术平均值，即为所测试样的维卡软化温度（VST)，单位以℃表示。若两个试样结果相差大于 2℃时，应重新取不少于两个试样重新进行试验。

7）注意事项

（1）应严格按照规定制备试样，以免因尺寸不符合要求而损坏设备或造成偏差，应多制备几个试样，以备试验结果无效时，做补充试验用。

（2）试验前，将加热浴槽温度调节至约低于试样维卡软化温度 50℃并保持恒温。

（3）测温装置的传感器与试样在同一水平面，并尽可能靠近试样。

（4）压针定位 5min 后，再加上砝码，不要将试样放在压针下面就开始试验。

（5）若两个试样结果相差大于 2℃时，应重新取不少于两个试样重新进行试验。

6. 纵向回缩率

1）方法原理

将标准规定长度的试样，置于给定温度下的加热介质中保持一定的时间。测量加热前后试样标线间的距离，以相对原始长度变化百分率来表示管材的纵向回缩率。

2）仪器设备

（1）恒温浴槽

恒温浴槽应保证试样置入后，在相关标准规定的时间内使试样保持相关标准规定的温度。仪器设定温度不应小于 180℃，测温装置精度不大于 0.5℃。

（2）烘箱

烘箱应保证当试样置入后，烘箱温度应在 15min 内重新回升到相关标准规定的温度范围，并保证在相关标准规定的时间内使试样保持相关标准规定的温度。仪器设定温度不应小于 180℃，测温装置精度不大于 0.5℃。

（3）管材画线器

管材画线器可以在试样中部沿管材轴向画两条等距的标线，该设备可以保证所画两标线间距

图 2-7　管材画线器

为 100mm，如图 2-7 所示。

（4）游标卡尺

测量精度为不大于 0.02mm。

（5）壁厚测量仪

同“2.1 节第 4. 规格尺寸”，测量精度不大于 0.01mm。

3）环境条件

试样调节环境：室温（23±2)℃，相对湿度（50±10)%。

烘箱恒温温度按相关标准规定。

4）试样制备

从一根管材上截取 3 个试样，对于公称直径大于或等于 400mm 的管材，可沿轴线向均匀切成 4 片进行试验，试样长度约为（200±20）mm。在（23±2)℃下，使用画线器，在试样上画两条相距 100mm 的圆周标线，并使其一标线距任一端至少 10mm。测量标线间距 L_0，精确到 0.25mm。

5）预处理

将试样放置在室温（23±2)℃，相对湿度（50±10)%的环境下至少放置 2h。

6）液浴法试验步骤

将恒温浴槽温度调节至相关标准规定的温度，使温度保持恒定。

把试样完全浸入液浴中并保持标准规定时间，试样浸入浴槽时应注意试样既不能触槽壁也不能碰槽底，保持试样的上端距液面至少为 30mm。

到达标准规定的时间，从液浴中取出试样，平放于一光滑平面上，待完全冷却至（23±2)℃时，在试样表面沿母线测量标线间最大或最小距离 L_i，精确至 0.25mm。

7）烘箱法试验步骤

将烘箱温度调节至相关标准规定的温度，使温度保持恒定后，再将试样放入烘箱内，样品不能触及烘箱底部和壁。

若试样悬挂于烘箱内，则悬挂点应在距标线最远的一端。

若把试样平放于烘箱内，则应将试样放置于垫有一层滑石粉的平板上。切片试样，应使凸面朝下放置。

等烘箱温度重新回升到相关标准规定的温度范围时开始计时，试样在烘箱内并保持标准规定时间。

标准规定的时间到后，从烘箱中取出试样，平放于一光滑平面上，置于室温（23±2)℃，相对湿度（50±10)%的环境下进行冷却。待试样完全冷却至室温时，使用游标卡尺在试样表面沿母线测量标线间最大或最小距离为 L_i，精确至 0.25mm。

8）数据处理

按式（2-3）计算每一试样的纵向回缩率 R_{Li} 以百分率表示。

$$R_{Li}=\frac{\Delta L}{L_0}\times 100 \tag{2-3}$$

式中　ΔL——$|L_0-L_i|$；

L_0——放入烘箱前试样两标线间的距离（mm）；

L_i——试样后沿母线测量的两标线间的距离（mm）。

选择 L_i 使 ΔL 的值最大。

计算 3 个试样 R_{Li} 的算术平均值，其结果作为管材的纵向回缩率 R_L。

9）注意事项

（1）使用画线器画线时，两标线均应离试样端部至少 10mm。

（2）切片试样，每一管段所切的四片应作为一个试样，测得 L_i，且切片在测量时，应避开切口边缘的影响。

（3）试样浸入液浴槽中时不能与液浴槽壁接触。

（4）试样从液浴槽中取出后，应竖直悬挂。

（5）试样在烘箱中加热时不能接触烘箱底部和壁，条件允许时，应尽量选择平放，平板上应垫有一层滑石粉，若为切片，应使凸面向下。

（6）在烘箱温度升到 T_R 时，快速将试样放入，以免温度下降过大。

（7）烘箱放入试样后，要等烘箱温度回升到相关标准规定的温度时开始计时。

7. 拉伸屈服强度

1）方法原理

沿热塑性塑料管材的纵向裁切或机械加工制取规定形状和尺寸的试样，通过拉力试验机在规定条件下测得管材的拉伸性能。

2）仪器设备

（1）拉力试验机

① 负载显示器

准确度应符合标准《橡胶塑料拉力、压力和弯曲试验机（恒速驱动）技术规范》GB/T 17200—2008 规定，应控制在实际值的±1%的范围内。

② 引伸计

测量试样在试验过程中任一时刻的长度变化。

此仪表在一定试验速度时必须不受惯性滞后的影响且能测量误差范围在 1%内的形变。试验时，此仪表应安置在使试样经受最小的伤害和变形的位置，且它与试样之间不发生相对滑移。

（2）夹具

用于挟持试样夹具连在试验机上，使试样的长轴与通过夹具中心线的拉力方向重合。试样应加紧，使它相对于夹具尽可能不发生位移。夹具装置系统不得引起试样在夹具处过早断裂。

（3）冲裁制样机和裁刀

应符合本节“4）试样制备”的要求，冲裁制样机如图 2-8 所示、裁刀如图 2-9 所示。

图 2-8　冲裁制样机

图 2-9　哑铃试样裁刀

（4）机械加工制样机（铣刀）、哑铃靠模

应符合本节“4）试样制备”的要求，机械加工制样机（铣刀）、哑铃靠模如图 2-10 所示。

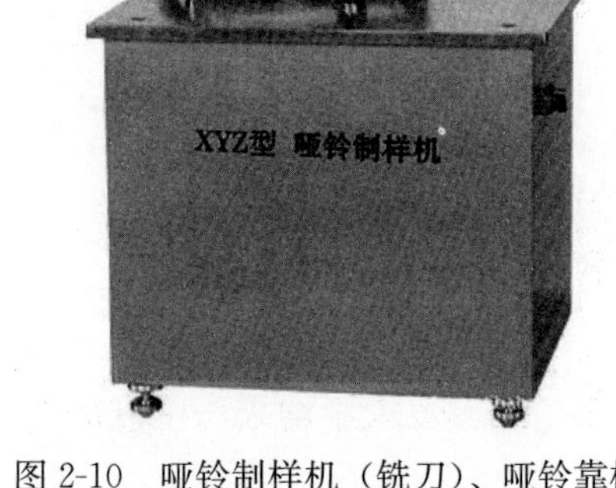

图 2-10　哑铃制样机（铣刀）、哑铃靠模

（5）壁厚测量仪

同“4. 规格尺寸”，测量精度不大于 0.01mm。

（6）游标卡尺

测量精度不大于 0.01mm。

3）环境条件

室温（23±2)℃，相对湿度（50±10)%。

4）试样制备

（1）从管材上取样条

从管材上取样条时不应加热或压平，样条应纵向平行于管材的轴线，取样位置应符合以下要求：

取长度约 150mm 的管段，以一条任意直线为参考线，沿圆周方向取样如图 2-11 所示，样条数量见表 2-9。

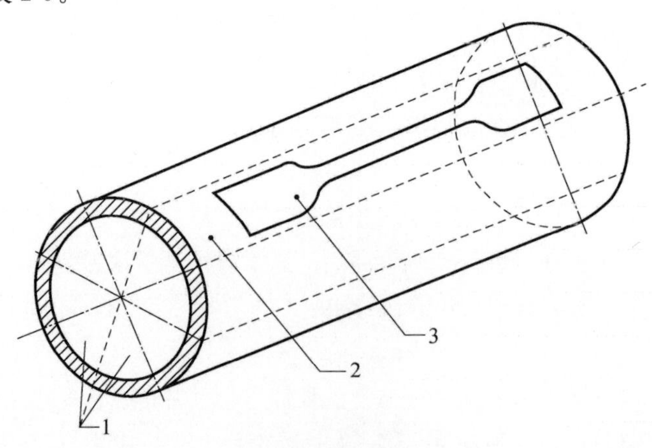

图 2-11　试样制备

1—扇形块；2—样条；3—试样

表 2-9　试样数量

公称外径 d_n（mm）	$15 \leqslant d_n < 75$	$75 \leqslant d_n < 280$	$280 \leqslant d_n < 450$	$d_n \geqslant 450$
样条数（个）	3	5	5	8

（2）试样类型的选择

根据相关标准规定的要求，选择采用冲裁法或机械加工方法从样条中间部位制取哑铃试样。

冲裁法：选择合适的没有刻痕、刀口干净的裁刀，从样条上冲裁哑铃试样，如图 2-9 所示。

机械加工方法：采用铣削的方法，从样条上制备哑铃试样。

不同材质塑料管材试样制备方式及类型的选择应按如下要求：

① 硬聚氯乙烯（PVC-U）和高抗冲聚氯乙烯（PVC-HI）管材

管材壁厚小于或等于 12mm 采用冲裁或机械加工方法制样，冲裁试样如图 2-13、尺寸见表 2-11，机械加工试样如图 2-12、尺寸见表 2-10。实验室间比对和仲裁试验采用机械加工的方法制样。

管材壁厚大于 12mm 采用机械加工方法制样。

② 氯化聚氯乙烯（PVC-C）管材或（PVC-U/PVC-C）共混料制作的管材

不论其厚度大小均采用机械加工方法制样，机械加工试样如图 2-12、表 2-10 所示。

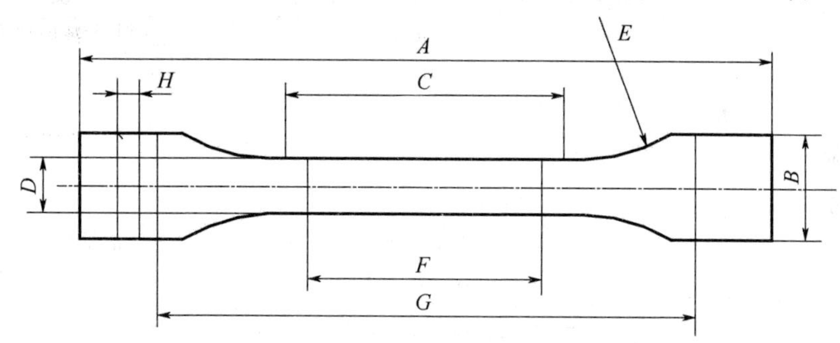

图 2-12　机械加工试样

表 2-10　机械加工试样尺寸

符　　号	说　　明	尺寸（mm）
A	最小总长度	115
B	端部长度	≥15
C	平行部分长度	33±2
D	平行部分宽度	60+0.4
E	半径	14±1
F	标线间长度	25±1
G	夹具间距离	80±5
H	厚度	管材实际厚度

（3）样条处理

① 采用冲裁法

将样条放置于125～130℃的烘箱中加热，加热时间按每毫米壁厚加热1min计算。加热结束取出样条，快速地将裁刀置于样条内表面，均匀地一次施压裁切得试样。然后将试样放置于室温（23±2)℃，相对湿度（50±10)％的环境下冷却至室温。必要时可加热裁刀。

② 采用机械加工方法

公称外径大于110mm规格的管材，直接采用机械加工方法制样。

公称外径小于或等于110mm规格的管材，应将截取的样条放于烘箱内加热。加热后应立即将样条放于平板面压平。试样加热压平应符合如下要求：

温度：PVC-U或PVC-C管加热温度为125～130℃；PVC-C或PVC-U/PVC-C共混料管材加热温度为135～140℃。

加热时间：按1min/mm计算。

平面压力：施加的压力不应使样条的壁厚发生减小。压平后在空气中冷却至室温，试样放置于室温（23±2)℃、相对湿度（50±10)％的环境下冷却至室温。然后用机械加工方法制样。

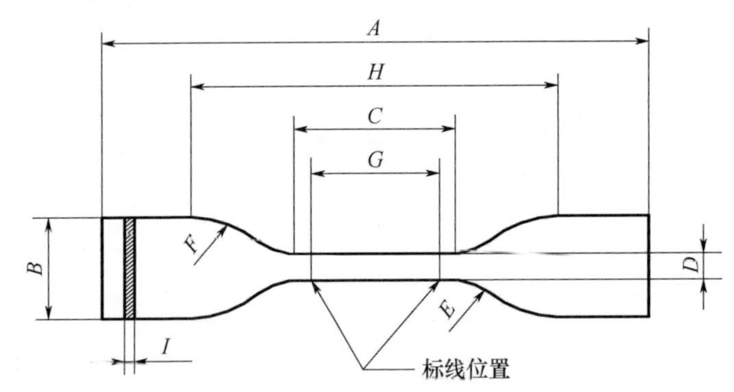

图2-13　冲裁试样

表2-11　冲裁试样尺寸

符　　号	说　　明	尺寸（mm）
A	最小总长度	115
B	端部长度	25±1
C	平行部分长度	33±2
D	平行部分宽度	60+0.4
E	小半径	14±1
F	大半径	25±2
G	标线间长度	25±1
H	夹具间距离	80±5
I	厚度	管材实际厚度

（4）加工试样

根据相关标准规定选择采用冲裁或机械加工方法从样条中间部位制取试样，如相关标准没有规定按 7 条“4）试样制备”的要求制取试样，试样数量见表 2-9。

（5）标线

从中心点近似等距离划分两条标线，标线间距离应精确到 1%，标线长度见表 2-10、表 2-11。

5）状态调节

除相关标准另有规定外，试样应在管材生产 15h 之后测试。试验前根据试样厚度，应将试样置于（23±2)℃的环境中进行状态调节，时间不少于表 2-12 规定。

表 2-12　状态调节时间

管材壁厚 e_{min}（mm）	状态调节时间
$e_{min}<3$	（60±5） min
$3\leqslant e_{min}<8$	（180±15） min
$8\leqslant e_{min}<16$	（306±30） min
$16\leqslant e_{min}<32$	（10±1） h
$32\leqslant e_{min}$	（16±1） h

6）试验步骤

试验应在温度（23±2)℃环境下按下列步骤进行：

（1）测量试样标距间中部的宽度和最小厚度，精确到 0.01mm，计算最小截面积，截面积为宽度和最小厚度的乘积，结果应至少保留 2 位小数。

（2）将试样安装在拉力试验机上并使其轴线与拉伸应力的方向一致，使夹具松紧适宜以防止试样滑脱。

（3）按相关标准要求选定试验速度进行试验，如相关标准没有规定，应按聚氯乙烯（PVC-U）、氯化聚氯乙烯（PVC-C）和高抗冲击聚氯乙烯（PVC-HI）管材试样，不论壁厚大小，试验速度均取（5±0.5）mm/min 进行试验。

（4）记录试样的应力一应变曲线直至试样断裂，并在此曲线上标出试样达到屈服点时的应力和断裂时标距间的长度；或直接记录屈服点处的应力值及断裂时标线间的长度。

（5）如试样从夹具滑脱或在平行部位之外渐宽处发生拉伸变形并断裂，应重新取相同数量的试样进行试验。

7）数据处理

对于每个试样，拉伸屈服应力以试样的初始截面积为基础，按式（2-4）计算，所得结果保留 3 位有效数字。

$$\delta=\frac{F}{A} \tag{2-4}$$

式中　σ——拉伸屈服应力（MPa）；

F——屈服点的拉力（N）；

A——试样的原始截面积（mm^2）。

8）注意事项

（1）夹具应避免滑移，以防止影响伸长率测量的精确性。

（2）应根据材料及相关的产品标准确定正确的试样类型及制样方式。

（3）采用制样机和铣刀制样时，应注意试样所铣断面平整，并保证试样尺寸在标准允许的偏差范围之内。

（4）采用机械加工制样铣削时，应尽量避免使试样发热，避免出现如裂痕、刮伤及其他使样品表面质量降低的可见缺陷。

（5）画标线时不得以任何方式刮伤、冲击或施压于试样，以避免试样受损伤。标线不应对被测试样产生不良影响，标注的线条应尽可能窄。

（6）试验过程中如试样发生从工作区之外处发生断裂，应重新取相同数量的新试样进行试验。

（7）如果所测得一个或多个试样的试验结果异常，应取双倍试样重新进行试验。

（8）屈服应力实际上应按屈服时的截面积计算，但为了方便，通常取试样的原始截面积计算。

8. 冲击性能

1）方法原理

以规定质量和尺寸的落锤从规定高度冲击试验样品规定的部位，即可测出该批（或连续挤出生产）产品的真实冲击率。

2）试验设备

（1）落锤冲击试验机

落锤冲击试验机由主机架和导轨、落锤、试样支架、释放装置、防止落锤二次冲击装置组成。

① 主机架和导轨：导轨垂直固定于主机架上，可以调节落锤高度，可以垂直自由释放落锤。校准时，落锤冲击管材的速度不能小于理论速度的 95%。

② 落锤：锤头应为钢制品，如图 2-14 所示。最小壁厚为 5mm，锤头的表面不应有凹痕、划伤等影响测试结果的可见缺陷。质量为 0.5kg 和 0.8kg 的落锤应具有 d 25 型的锤头，质量大于或等于 1kg 的落锤应具有 d 90 型的锤头。落锤质量的允许公差为±0.5%。

③ 试样支架：包括一个 120°V 形托板，其长度不应小于 200mm，其固定位置应使落锤冲击点的垂直投影在距 V 形托板中心线的 2.5mm 以内。

④ 释放装置：可以使落处从至少 2m 的任何高度落下，此高度指距离试样表面的高度，精确到±10mm。

⑤ 防止落锤二次冲击的装置：应有防止落锤二次冲击的装置，保证落锤会跳捕捉率 100%。

（2）恒温箱

能够提供恒定的温度，恒定温度范围为−5～25℃，精度为±1℃。

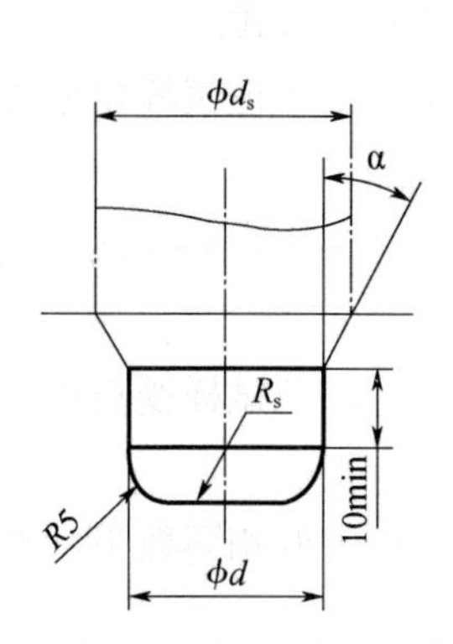

(a) d 25型（质量为0.5kg和0.8kg的落锤）

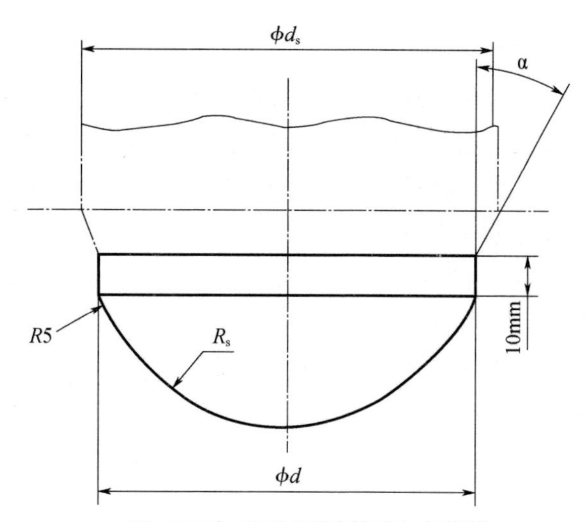

(b) d 90型（质量大于或等于1kg的落锤）

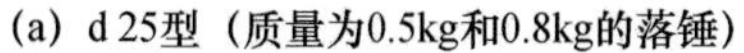

图 2-14　锤头尺寸

3）环境条件

按相关产品标准规定。

样品状态调节温度为（0±2)℃或（20±2)℃，按相关标准规定对试样进行调节。

4）试样制备

（1）试样制备

试样应从一批或连续生产的管材中随机抽取切割而成，其切割端面应与管材的轴线垂直，切割端应清洁、无损伤。试样长度为（200±10）mm。

（2）试样数量及标线

试验所需试样数量及标线可根据表 2-13 确定，外径大于 40mm 的试样应沿其长度方向画出等距离标线，并顺序标号。

表 2-13　不同外径管材试样应画线数

公称外径（mm）	应画线数（条）	公称外径（mm）	应画线数（条）
≤40	—	160	8
50	3	180	8
63	3	200	12
75	4	225	12
90	4	250	12
110	6	280	16
125	6	≥315	16
140	8	—	—

5）状态调节

根据相关标准规定，试样应在（0±1)℃或（20±2)℃的水浴或空气浴中进行状态调节，最短调节时间见表 2-14。仲裁时应使用水浴，推荐使用水浴调节试样。

表 2-14　不同壁厚管材状态调节时间表

壁厚 δ（mm）	调节时间（min）	
	水　浴	空气浴
δ≤8.6	15	60
8.6<δ≤14.1	30	120
δ>14.1	60	240

6）试验步骤

按照产品标准的规定确定落锤质量和冲击高度。

外径小于或等于 40mm 的试样，每个试样只承受一次冲击。

外径大于 40mm 的试样在进行冲击试验时，首先使落锤冲在 1 号标线上，若试样未破坏，则应将试样立即放回预处理装置，最少进行 5min 的预处理，再对 2 号标线进行冲击，直至试样破坏或全部标线都冲击一次。

壁厚小于或等于 8.6mm 的试样，应从空气浴中取出 10s 内或从水浴中取出 20s 内完成试验。壁厚大于 8.6mm 的试样，应从空气浴中取出 20s 内或从水浴中取出 30s 内完成试验。如果超过此时间间隔，应将试样立即放回预处理装置，最少进行 5min 的预处理。若试样状态调节温度为（20±2)℃，试验环境温度为（20±5)℃。则试样从取出至试验完毕的时间可放宽至 60s。

逐个对试样进行冲击，直至取得判定结果。

7）数据处理

（1）监督检查与出场检验的判定

若试样冲击破坏数在表 2-15 的 A 区，则判定该批的 TIR 值小于或等于 10%。若试样冲击破坏数在表 2-15 的 C 区，则判定该批的 TIR 值大于 10%。若试样冲击破坏数在表 2-15的 B 区，则应进一步取样试样，直至根据全部冲击试样的累计结果能够作出判定。

（2）验收检验的判定

若试样冲击破坏数在表 2-15 的 A 区，则判定该批的 TIR 值小于或等于 10%。若试样冲击破坏数在表 2-15 的 C 区，则判定该批的 TIR 大于 10%而不予接受。若试样冲击破坏数在表 2-15 的 B 区，而生产方在出场检验时已判定其 TIR 值小于或等于 10%，则可认为该批的 TIR 值不大于规定值。若验收方对该批量的 TIR 值是否满足要求持怀疑时，则仍按监督检查与出场检验的判定继续进行冲击试验。

8）注意事项

（1）对于内外壁光滑的管材，应测量管材部分壁厚，根据平均壁厚进行状态调节。对于波纹管或有加强筋的管材，根据管材截面最厚处壁厚进行状态调节。

（2）试验时，应尽量将状态调节装置置于冲击机旁边，以便在要求规定的时间内冲击完毕。

（3）当波纹管或加筋管的波纹间距或筋间距超过管材外径的 0.25 倍时，要保证被冲击点为波纹或筋顶部。

表 2-15　TIR 值为 10%时的判定表

冲击数	冲击破坏数			冲击数	冲击破坏数		
	A 区	B 区	C 区		A 区	B 区	C 区
25	0	1～3	4	66	2	3～9	10
26	0	1～4	5	67	3	4～8	10
27	0	1～4	5	68	3	4～9	10
28	0	1～4	5	69	3	4～9	10
29	0	1～4	5	70	3	4～9	10
30	0	1～4	5	71	3	4～9	10
31	0	1～4	5	72	3	4～9	10
32	0	1～4	5	73	3	4～10	11
33	0	1～5	6	74	3	4～10	11
34	0	1～5	6	75	3	4～10	11
35	0	1～5	6	76	3	4～10	11
36	0	1～5	6	77	3	4～10	11
37	0	1～5	6	78	3	4～10	11
38	0	1～5	6	79	3	4～10	11
39	0	1～5	6	80	4	5～10	11
40	1	2～6	7	81	4	5～11	12
41	1	2～6	7	82	4	5～11	12
42	1	2～6	7	83	4	5～11	12
43	1	2～6	7	84	4	5～11	12
44	1	2～6	7	85	4	5～11	12
45	1	2～6	7	86	4	5～11	12
46	1	2～6	7	87	4	5～11	12
47	1	2～6	7	88	4	5～11	12
48	1	2～6	7	89	4	6～12	13
49	1	2～7	8	90	4	6～12	13
50	1	2～7	8	91	4	6～12	13
51	1	2～7	8	92	5	6～12	13
52	1	2～7	8	93	5	6～12	13
53	2	2～7	8	94	5	6～12	13
54	2	2～7	8	95	5	6～12	13
55	2	2～7	8	96	5	6～12	13
56	2	2～7	8	97	5	6～12	13
57	2	3～8	9	98	5	6～13	14
58	2	3～8	9	99	5	6～13	14
59	2	3～8	9	100	5	6～13	14
60	2	3～8	9	101	5	6～13	14
61	2	3～8	9	102	5	6～13	14
62	2	3～8	9	103	5	6～13	14
63	2	3～8	9	104	5	6～13	14
64	2	3～8	9	105	6	6～13	14
65	2	3～9	10	106	6	7～14	15

9. 液压试验

1）方法原理

试样经状态调节后，在规定的恒定静液压下保持一个规定时间或直到试样破坏。

在整个试验过程中，试验应保持在规定的恒温环境下，这个恒温环境可以是水（水-水试验），其他液体（水-液试验）或者是空气（水-空气试验）。

2）仪器设备

（1）管材耐压试验机

管材耐压试验机由恒温箱、加压控制柜组成，如图 2-15 所示。

图 2-15　管材耐压试验机

① 恒温箱

根据相关标准规定，恒温箱内充满水或其他液体，保持恒定的温度，其平均温差为±1℃，最大偏差为±2℃。恒温箱为烘箱恒温时，保持恒定的温度，其平均温度差为−1～3℃，最大偏差为−2～4℃。

当试验在水以外的介质中进行时，用于相互比对的试验应在相同环境下进行。

由于温度对试验结果影响很大，应使试验温度偏差控制在规定范围内，并尽可能小。例如：采用流体强制循环系统。若试验介质为空气时，除测量空气的温度外还建议测量试样表面温度。

水中不得含有对试验结果有影响的杂质。

恒温箱内有温度计或测温装置，用于检查试验温度与规定温度的一致性。

② 加压控制柜

加压控制柜由加压装置、压力测量装置、计时器部分构成。

a. 加压装置

加压装置应能持续均匀地向试样施加试验所需的压力，在试验过程中，压力偏差应保持在要求值在−1%～2%范围内。

由于压力对试验结果影响很大，压力偏差应尽可能控制规定范围内的最小值。

b. 压力测量装置

能检测试验压力与规定压力的一致性，对于压力表或者类似的压力测量装置的测量范围是，要求压力的设定值应在所有测量装置的测量范围内。

压力测量装置不能污染试验液体。

建议用标准仪表来校准测量装置。

c. 计时器

计时器应能记录试样加压后直至试样破获或渗漏的时间。

（2）密封接头

密封接头装在试样两端。通过适当方法，密封接头应密封试样并与压力装置相连。密封接头应采用以下类型中的一种。

A 型：与试样刚性连接的密封接头，但两个密封接头彼此不相连接，因此静液压端部推力可以传递到试样中。对于大口径管材，可根据实际情况在试样与密封接头间连接法兰盘，当法兰、接头、堵头及法兰盘的材料与试样匹配时可以把它们焊接在一起。如图 2-16 所示。

图 2-16　密封接头

B 型：用于金属材料制造的承口接头，能确保与试样外表面密封，且密封接头通过连接件与另一密封接头相连，因此静液压端部推力不会作用在试样上。这种密封接头可由一根或多根金属拉杆组成，且试样两端在纵向能自由移动，以免试样由于受热膨胀而引起弯曲变形。

密封接头除夹紧试样的齿纹外，任何与试样表面接触的锐边都需修正。密封接头的组成材料不能对试样产生不良影响。

（3）壁厚测量仪

用于测量试样最小壁厚，同“4. 规格尺寸”，测量精度不大于 0.01mm。

（4）π 尺

用于测量试样平均壁厚，同“4. 规格尺寸”，精度不大于 0.05mm。

3）环境条件

恒温箱温度满足相关标准要求，并在规定试验期间保持恒定。

4）试样制备

（1）自由长度

当管材公称外径 $d_n \leqslant 315$mm 时，每个试样在两个密封接头之间的自由长度 L_0 应不小于试样外径的 3 倍，但最小不得小于 250mm；当管材 $d_0 > 315$mm 时，其最小自由长度 $L_0 \geqslant 1000$mm。

（2）总长度

对于 B 型密封接头，试样总长度应保证试样的端面在试验过程中不与密封接头底面发生接触。

（3）试样数量

除非在相关标准中有特殊规定，试验至少应准备 3 个试样。

试样数量取决于试验的目的（如性能试验、内部和外部质量控制试验）。

5）试验压力的计算

按标准的规定测定试样自由长度部分的平均外径和最小壁厚。

根据式（2-5）计算试验压力 P，结果取三位有效数字，单位为 MPa。

$$P = \sigma \frac{2e_{min}}{d_{em} - e_{min}} \quad (2-5)$$

式中　σ——由试验压力引起的环应力（MPa）；

d_{em}——测量得到的试样平均外径（mm）；

e_{min}——测量得到的试样自由长度部分壁厚的最小值（mm）。

6）试样状态调节

擦除试样表面的污渍、油渍、蜡或其他污染物以使其清洁干燥，然后选择密封接头与其连接起来，并向试样中注满接近试验温度的水，水温不能超过试验水温 5℃。

把注满水的试样，放入水箱或烘箱中，在试验温度条件下放置表 2-16 所规定的时间，如果状态调节温度超过 100℃，应施加一定压力，防止水蒸发。

表 2-16　试样状态调节时间

壁厚 e_{min}（mm）	状态调节时间
$e_{min}<3$	（60±5）min
$3\leqslant e_{min}<8$	（180±15）min
$8\leqslant e_{min}<16$	（360±30）min
$16\leqslant e_{min}<32$	（10±1）h
$32\leqslant e_{min}$	（16±1）h

除非在相关标准中对有关材料有相关规定，否则，管材在生产后 15h 内不能进行压力试验，但生产检验除外。

7）试验步骤

按相关标准要求，选择试验类型如水-水试验、水-空气试验或水-其他液体试验。

将经过状态调节后的试样与加压设备连接起来，排净试样内的空气，然后根据试样的材料、规格尺寸和加压设备情况，在 30s 到 1h 之间用尽可能短的时间，均匀平稳地施加试验压力至根据式（2-5）计算出的压力值，压力偏差为－1%～2%。

当达到试验压力时开始计时。

把试样悬放在恒温控制的环境中，整个试验过程中试验介质都应保持恒温，具体温度见相关标准，恒温环境为液体时，保持其平均温度差为±1℃，最大偏差为±2℃；恒温环境为烘箱时，保持其平均温度差为－1～3℃，最大偏差为－2～4℃，直至试验结束。

当达到规定时间或试样发生破坏、渗漏时，停止试验，记录时间。

8）数据处理

如果试样发生破坏，则应记录其破坏类型，是脆性破坏还是韧性破坏。

注：在破坏区域内，不出现“塑性破坏”，在破坏区域内，出现明显塑性变形的为“韧性破坏”。

如试验已经进行 1000 h 以上，试验过程中设备出现故障，若设备在 3d 内能恢复，则试验可继续进行；如试验已超过 5000 h，设备在 5d 内能恢复，则试验可继续进行，如果设备出现故障，试样通过电磁阀或其他方法保持试验压力，即使设备故障时间超过上述规定，试验还可继续进行；但在这种情况下，由于试样的持续蠕变，试验压力会逐渐下降，设备出现故障的这段时间不应计入试验时间内。

如果试样在距离密封接头小于 $0.1L_0$ 处出现破坏，则试验结果无效，应另取试样重新试验（L_0 为试样的自由长度）。

9）注意事项

（1）除非在相关标准中有特殊规定，否则应选用 A 型密封接头。

（2）仲裁试验采用 A 型密封接头。

（3）试样注满水后，应用加压设备将里面的空气排尽。

（4）试验过程中，试样应悬放于介质中，不得与介质周围试验设备内壁接触。

（5）试验完成之后，即使试样表面上未发生任何变化，也不得将其再进行其他试验。

10. 环刚度与环柔性

1）方法原理

（1）环刚度

以管材在恒速变形时所测得的负荷和变形量确定环刚度。

用两个相互平行的平板对一段水平放置的管材以恒定的速率在垂直方向进行压缩，该试验的速率由管材的直径确定，得到负荷-变形量的关系曲线，以管材直径方向变形量为 3%时的负荷计算环刚度。

（2）环柔性

用两个相互平行的平板对一段水平放置的管材以恒定的速率在垂直方向进行压缩，该试验的速率由管材的直径确定，达到相关标准规定的管材直径方向变形量时试样的状态是否符合相关标准规定。

2）试验仪器

（1）环刚度测试仪

环刚度测试仪如图 2-17 所示，应能按规定的压缩速率施加压力，压缩速率根据管材公称直径确定。

负荷测量装置能够测定试样在直径方向产生 1%～4%变形量时所需的负荷，精确到试验负荷的 2%。

能够通过试验机对试样施加规定的负荷 F。接触试样平板的表面应平整、光滑、洁净。

平板应具有足够的硬度和刚度，以防止在试验中发生弯曲和变形而影响试验结果。

每块平板的长度不应小于试样的长度，宽度应至少比试样在承受负荷时与压板的接触表面宽 25mm。

（2）量具

① 卷尺

用于测量试样长度，精确度不大于 1mm。

② 内径测量仪

用于测量试样内径，精确到内径的 0.5%。

在负荷方向上试样的内径变形量，精确到 0.1mm 或变形量的 1%，取较大值。

3）环境条件

环境条件为：室温（23±2)℃，相对湿度（50±10)%。

在该条件下调节试样并进行试验。

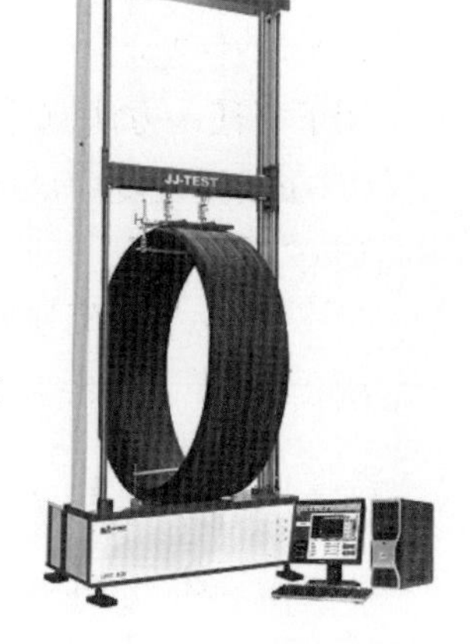

图 2-17　环刚度测试仪

4）试样制备

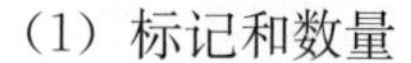
（1）标记和数量

按相关标准要求制样，如相关标准没有规定则应在待测管材外表面，沿轴向在全长画一条直线作为标记，对该段做过标记的管材分别截取 3 个试样 a、b、c，使试样的端面垂直于管材的轴线。

（2）试样的长度

① 公称直径小于或等于 1500mm 的管材，试样的平均长度应为（3000±10）mm。

② 公称直径大于 1500mm 的管材，试样的平均长度应不小 0.2*DN*。

③ 对有垂直的肋、波纹或其他规则结构的结构壁管材，切割试样时应至少包含一个完整的肋、波纹或其他的规则结构，切割部位应在肋、波纹或其他规则结构之间的中点。

④ 试样的长度应有最少的完整的肋、波纹或其他规则结构，其长度应不小于 290mm，对公称直径大于 1500mm 的管材，长度应不小于 0.2*DN*。

⑤ 对于有螺旋的肋、波纹或其他规则结构的结构壁管材，试样长度应等于 d_i ±20mm，但不小于 290mm，也不大于 1000mm。

5）试样的长度和内径测量

（1）长度测量

每个试样沿圆周方向等分测量 3～6 个长度值，表 2-17 计算其算数平均值作为试样的长度，测量应精确到 1mm。

表 2-17　长度测量数量

管材的公称直径 DN（mm）	长度测量的数量
DN≤200	3
200<*DN*≤500	4
DN≥500	5

对于每个试样，在所有的测量值中，最小值不应小于最大值的0.9倍。

（2）内径测量

用下列任一方法测定a、b、c三个试样的内径：

① 在试样长度中部的横截面处，间隔45°依次测量4次，取算数平均值，每次测量应精确到0.5%。

② 在试样长度中部的横截面处，用内径π尺按ISO 3126进行测量。

按式（2-6）计算测量得到的a、b、c三个试样的平均内径。

$$d_i = \frac{d_a + d_b + d_c}{3} \tag{2-6}$$

式中　d_i——试样的平均内径（mm）；

d_a、d_b、d_c——三个试样内径测量值的平均值（mm）。

6）状态调节

试样应在（23±2）℃环境温度下状态调节至少24h。

7）环刚度试验步骤

除非在其他标准中有特殊规定，试验应在（23±2）℃环境温度下进行。

如果能确定试样在某个位置的环刚度最小，将第一个试样a的该位置与试验机的上平板相接触。否则放置第一个试样a时，将其标线与上平板相接触。在负荷装置中对另两个试样b、c的放置位置应相对于第一个试样一次旋转120°和240°放置。

对于每一个试样，放置好变形测量仪并检查试验与上平板的角度位置。

放置试样时，应使试样的轴线平行于平板，其中点垂直于负荷传感器的轴线。

下降平板至接触到试样的上部。

施加一个包括平板质量的预负荷F_0，F_0用下列方法确定：

（1）$d_i \leqslant 100$mm的管材，$F_0 = 7.5$N。

（2）$d_i > 100$mm的管材，用式（2-7）计算F_0，结果修约至1N。

$$F_0 = 250 \times 10^{-6} \times DN \times L \tag{2-7}$$

式中　F_0——预负荷（N）

DN——管材的公称直径（mm）；

L——试样的实际长度（mm）。

试验中负荷传感器所显示的实际预负荷的准确度应在设定预负荷的95%～105%之间。

将变形测量仪和负荷传感器调节至零。

以表2-18规定的恒定速率压缩试样，连续记录负荷和变形值，直至达到至少$0.03d_i$的变形量。

通常，负荷和变形量的测量是通过一个平板的位移得到，但如果在试验的过程中，管材的结构壁厚度e_c（图2-18）的变化超过5%，则应通过测量试样的内径变化得到。在有争议的情况下，应测量试样的内径变化。

表 2-18　压缩速度

管材的公称直径 DN（mm）	压缩速率（mm/min）
$DN \leqslant 100$	2±0.1
$100 < DN \leqslant 200$	5±0.25
$200 < DN \leqslant 400$	10±0.5
$400 < DN \leqslant 710$	20±1
$DN > 710$	$(0.03 \times d_i)$ ±5%

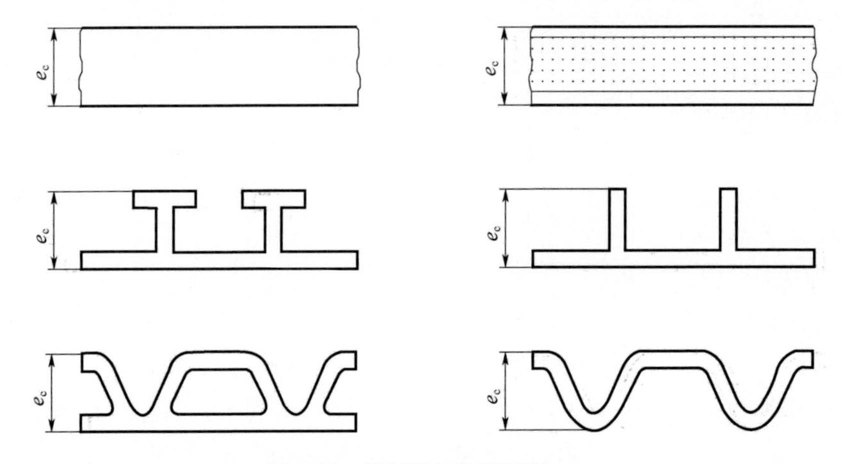

图 2-18　管材的结构壁厚度 e_c

8）数据处理

按式（2-8）、式（2-9）、式（2-10）、式（2-11）计算每个试样环刚度的 S_a、S_b、S_c，计算值保留小数点后 3 位数字。

$$S_a = \left(0.0186 + 0.025\frac{y_a}{d_i}\right)\frac{F_a}{L_a y_a} \times 10^6 \tag{2-8}$$

$$S_b = \left(0.0186 + 0.025\frac{y_b}{d_i}\right)\frac{F_b}{L_b y_b} \times 10^6 \tag{2-9}$$

$$S_c = \left(0.0186 + 0.025\frac{y_c}{d_i}\right)\frac{F_c}{L_c y_c} \times 10^6 \tag{2-10}$$

$$\frac{y}{d_i} = 0.03 \tag{2-11}$$

式中　S_a、S_b、S_c——试样 a、b、c 环刚度（kN/mm^2）；

F——相对于管材 3.0%变形时的负荷（kN）；

L——试样的长度（mm）；

y——相对于管材 3.0%变形时的变形量（mm）。

按式（2-12）计算环刚度的 S，保留小数点后 2 位数字。

$$S = \frac{S_a + S_b + S_c}{3} \tag{2-12}$$

9）环柔性试验步骤

同“7）环刚度试验步骤”，压缩试样直至达到相关标准规定的直径变形量。释放负载后，观察试样状态是否符合相关标准规定。

10）注意事项

（1）试样的端面应尽可能平齐。

（2）放置试样时，应使其轴线平行于压板，且位于试验机的中央位置。

（3）当试样要求测定环刚度、环柔性两个项目指标时，在到达环刚度要求的直径变化量后继续压缩试样直至达到环柔性所需要的变形量。

（4）通常，负荷和变形量的测量是通过一个平板的位移得到，但如果在试验的过程中，管材的结构壁厚度 e_c 的变化超过 5%，则应通过测量试样的内径变化得到。

11. 简支梁冲击

1）方法原理

一小段管材或机械加工制得的无缺口条件试样在规定的测试温度 T_C 下进行预处理。然后以规定的跨度将试样在水平方向呈简支梁式支撑，用具有给定冲击能量的摆锤在支撑中线处迅速冲击一次。

对规定数目的试样冲击后，以试样破坏数对被测试样总数的百分比表示试验结果。

2）仪器设备

（1）简支梁冲击试验机

简支梁冲击试验机应符合以下要求：

① 摆锤冲击速度为（3.8±0.38）m/s。

② 摆锤应能提供 15J 或 50J 的冲击能量，冲击刀刃夹角 30°±1°，端部圆弧半径（2±0.5）mm。

③ 纵向切割的试样的支撑方式如图 2-19、图 2-20 所示。

④ 环向切割的试样的支撑方式如图 2-21 所示。

（2）恒温箱

温度控制范围为−5～25℃，精度为±1℃。

（3）游标卡尺

测量精度不大于 0.1mm。

3）试验环境

环境条件为：室温（23±2）℃或（0±2）℃，相对湿度（50±10）%。

4）试样制备

（1）一般要求

① e 小于等于 10.5mm，保留试样厚度，试样无需加工。

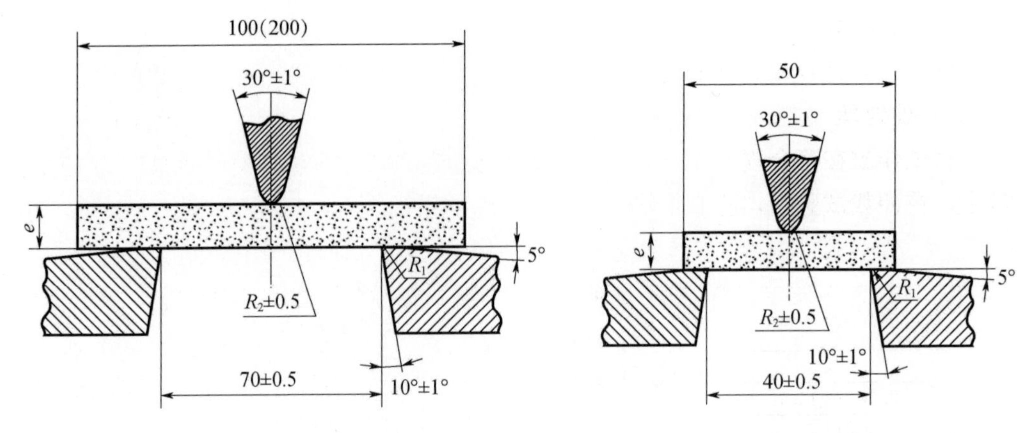

图 2-19 标准试样的冲击刀刃和支座

图 2-20 小试样的冲击刀刃和支座

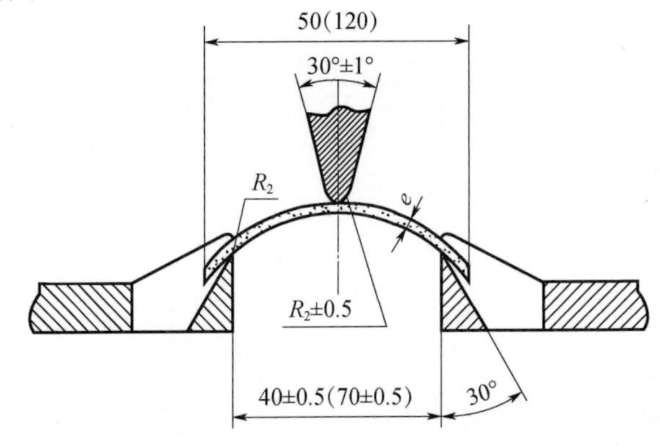

图 2-21 弧形试样的冲击刀刃和支座

② 如果壁厚 e 大于 10.5mm，则从外表面起加工至试样成薄片状，其厚度为（10±0.5）mm，加工过的表面用细砂纸（颗粒≥220 目）沿长度方向磨光。

试样表面应平整、光滑，无毛刺。

（2）切割和尺寸

① 外径小于 25mm 的管材其试样为（100±2）mm 长的整个管段。

② 外径大于等于 25mm 小于 75mm 的管材，试样沿纵向切割，其尺寸和形状符合表 2-19 的要求。

③ 外径大于等于 75mm 的管材，试样分别沿环向和纵向切割，其尺寸和形状符合表 2-19 的要求。

表 2-19 试样尺寸和支座间距

试样类型	试样尺寸（mm）			支座间距（mm）
	长	宽	厚	
1	100±2	整个管段		70±0.5
2	50±1	6±0.2	e	40±0.5
3	120±2	15±0.5	e	70±0.5

注：e 为管材的加工厚度。

（3）试样数量

试样数量符合相关标准的要求。

5）预处理

将试样放在符合规定测试温度 T_C 的水浴或空气浴中对试样进行处理，时间按表 2-20 规定。在仲裁试验时，应使用水浴。

表 2-20　预处理时间

试样厚度 e（mm）	预处理时间（min）	
	水浴	空气浴
$e≤8.6$	15	60
$8.6<e≤14.1$	30	120
$e>14.1$	60	240

6）试验条件

根据试样材质的不同，选择相应的试验条件，见表 2-21 至表 2-24。

表 2-21　均聚聚丙烯和共聚聚丙烯管材试验条件

管材尺寸		试样类型	试样的支撑方式	冲击能量（J）	测试温度 T_C（℃）	
外径 d_e（mm）	壁厚 e（mm）				均聚物	共聚物
$d_e<25$	全部	1	图 2-19	15	23±2	0±2
$25≤d_e<75$	$e≤4.2$	2	图 2-20	15	23±2	0±2
$25≤d_e<75$	$4.2<e≤10.5$	3	图 2-19	15	23±2	0±2
$d_e≥75$	$e≤4.2$	2	图 2-20 或图 2-21	15	23±2	0±2
$d_e≥75$	$4.2<e≤10.5$	3	图 2-20 或图 2-21	15	23±2	0±2

表 2-22　未增塑聚氯乙烯管材和高抗冲聚氯乙烯管材试验条件

管材尺寸		试样类型	试样的支撑方式	冲击能量（J）	测试温度 T_C（℃）	
外径 d_e（mm）	壁厚 e（mm）				均聚物	共聚物
$d_e<25$	全部	1	图 2-19	15	23±2	0±2
$25≤d_e<75$	全部	2	图 2-20	15	23±2	0±2
$d_e≥75$	$e≤9.5$	2	图 2-21	15	23±2	0±2
$d_e≥75$	$e>9.5$	3	图 2-21	15	23±2	0±2

表 2-23　氯化聚乙烯管材试验条件

管材尺寸		试样类型	试样的支撑方式	冲击能量（J）	测试温度 T_C（℃）	
外径 d_e（mm）	壁厚 e（mm）				均聚物	共聚物
$d_e<25$	全部	1	图 2-19	15	23±2	
$25≤d_e<75$	$e≤4.2$	2	图 2-20	15	23±2	
$25≤d_e<75$	$4.2<e≤9.5$	3	图 2-19	15	23±2	
$d_e≥75$	$e≤9.5$	2	图 2-21	15	23±2	
$d_e≥75$	$e>9.5$	3	图 2-21	15	23±2	

表 2-24　丙烯腈-丁二烯-苯乙烯和丙烯腈-苯乙烯-丙烯酸管材试验条件

管材尺寸		试样类型	试样的支撑方式	冲击能量（J）	测试温度 T_C（℃）	
外径 d_e（mm）	壁厚 e（mm）				均聚物	共聚物
$d_e<75$	$e<3$	2	图 2-20	15	23±2	
$d_e<75$	$e\geqslant3$	3	图 2-19	15	23±2	
$d_e\geqslant75$	$e<3$	2	图 2-21	15	23±2	
$d_e\geqslant75$	$e\geqslant3$	3	图 2-21	15	23±2	

7）试验步骤

将已测量尺寸的试样从预处理的环境中取出，置于相应的支座上，按标准规定的方式支撑，在规定时间内（时间取决于测试温度 T_C 和环境温度 T 之间的温差），用标准规定能量对试样外表面进行冲击。

试样冲击时间应符合如下要求：

（1）若温差小于或等于 5℃，试样从预处理环境中取出后，应在 60s 内完成冲击。

（2）若温差大于 5℃，试样从预处理环境中取出，应在 10s 内完成冲击。

（3）若超过上述规定的时间，但超过的时间不大于 60s，则可立即在预处理温度下对试样进行再处理至少 5min，并重新测试。否则应放弃该试样或标准规定对试样重新进行预处理。

冲击后检查试样破坏情况，记下断裂或龟裂情况。如果有需要可记录相关标准规定的其他破坏现象。

重复试验步骤，直到完成规定数目的试样。

8）结果表示

以试样破坏对被测试样总数的百分比来表示试验结果。

9）注意事项

（1）试样表面应平整、光滑，无毛刺。

（2）试样调节温度为（0±2）℃时，推荐使用水浴对试样进行调节。

12. 密度

1）方法原理

利用浸渍法、液体比重瓶法、滴定法三种方法的一种，测量试样的密度。

三种测量方法仅适用于模塑的或挤出的无孔非泡沫塑料，以及粉料、片料和颗粒状非泡沫塑料。三种检测方法具体适用的试样如下：

① 浸渍法：适用于除粉料外无气孔的固体塑料。

② 液体比重瓶法：适用于粉料、片料、粒料或制品部件的小切片。

③ 滴定法：适用于无孔的塑料。

塑料管材属于无气孔的固体塑料，因此推荐使用浸渍法测量密度，本章仅介绍浸渍法，以下仪器及试验方法仅适用于浸渍法。

浸渍法是分别测量试样在空气中的质量和在浸渍液中的质量，计算试样密度的方法。

2）仪器设备

（1）分析天平或密度天平

精确度不大于 0.1mg。

推荐使用密度天平，操作方便，密度可以直接计算得出，如图 2-22 所示。

图 2-22　密度天平

（2）浸渍容器

烧杯或其他适于盛放浸渍液的大口容器。

（3）固定支架

如容器支架，可将浸渍容器支放在水平面板上。

（4）温度计

分度值不大于 0.1℃，温度测量范围至少为 0～30℃。

（5）金属丝

具有耐腐蚀性，直径不大于 0.5mm，用于浸渍液中悬挂试样。

（6）重锤

具有适当的重量。当试样的密度小于浸渍液的密度时，可将重锤悬挂在试样托盘下端，使试样完全浸在浸渍液中。

（7）比重瓶

带侧壁式溢流毛细管，当浸渍液不是水时，用来测定浸渍液的密度。

（8）恒温水浴仪

在测定浸渍液的密度时，可以保持浸渍液恒温，精度为±0.5℃。

3）环境条件

环境条件为：室温（23±2)℃，相对湿度（50±10)%。

4）浸渍液的要求

推荐使用新鲜的蒸馏水或去离子水，或其他适宜的液体也可以使用。其他浸渍液应在测试过程中，试样与浸渍液接触时，对试样应无影响。使用除新鲜的蒸馏水或去离子水外其他浸渍液时，应用含有不大于 0.1%的润湿剂以除去浸渍液中的气泡。

如果除蒸馏水以外的其他浸渍液来源可靠且附有检验证书，则不必再进行密度测试，否则应按以下方法测量浸渍液的密度：

（1）使用计量合格的液体密度计直接测量浸渍液的密度。

（2）在室温（23±0.5)℃或（27±0.5)℃的环境下称量空比重瓶质量，然后在比重瓶中充满新鲜蒸馏水或去离子水后再称量比重瓶的质量。将比重瓶中的鲜蒸馏水或去离子水倒空并晾干（可用烘箱烘干，烘干后应将比重瓶置于（23±0.5)℃或（27±0.5)℃室温环境冷却）。在（23±0.5)℃或（27±0.5)℃的室温环境下，将比重瓶中充满浸渍液。

并在该温度下称量充满浸渍液比重瓶的质量。按式（2-13）计算23℃或27℃时浸渍液的密度：

$$\rho_{IL}=\frac{m_{IL}}{m_W}\times\rho_W \tag{2-13}$$

式中　ρ_{IL}——23℃或27℃时浸渍液的密度（g/cm^3）；
m_{IL}——浸渍液的质量（g）；
m_W——水的质量（g）；
ρ_W——23℃或27℃时水的密度（g/cm^3）。

5）试样制备

试样为除粉料以外的任何无气孔材料，试样尺寸应适宜，从而在样品和浸渍液容器之间产生足够的间隙，质量应至少为1g。

当从较大的样品中切取试样时，应使用合适的设备以确保材料性能不发生变化。试样表面应光滑，无凹陷，以减少浸渍液中试样表面凹陷处可能存留的气泡，否则就会引入误差。

6）测量试样在空气中的质量

在空气中称量由一直径不大于0.5mm的金属丝悬挂的试样质量。试样质量不大于10g，精确到0.1mg；试样质量大于10g，精确到1mg，并记录试样的质量。

7）测量试样在浸渍液中的质量

（1）试样密度大于浸渍液密度

将用细金属丝悬挂的试样浸入放在固定支架上装满浸渍液的烧杯里，浸渍液的温度应为（23±2）℃或（27±2）℃。用细金属丝除去黏附在试样上的气泡。称量试样在浸渍液中的质量，试样质量不大于10g，精确到0.1mg；试样质量大于10g，精确到1mg。

如果在温度控制的环境中测试，整个仪器的温度，包括浸渍液的温度都应控制在（23±2）℃或（27±2）℃范围内。

按式（2-14）计算23℃或27℃时试样的密度：

$$\rho_S=\frac{m_{S,A}\times\rho_{IL}}{m_{S,A}-m_{S,IL}} \tag{2-14}$$

式中　ρ_S——23℃或27℃时试样的密度（g/cm^3）；
$m_{S,A}$——试样在空气中的质量（g）；
$m_{S,IL}$——试样在浸渍液中的表观质量（g）；
ρ_{IL}——23℃或27℃时浸渍液的密度（g/cm^3），可由供货商提供或由（2-13）计算得出。

（2）试样密度小于浸渍液的密度

在浸渍期间，用重锤挂在细金属丝上，随试样一起沉在液面下。在浸渍时，重锤可以看作是悬挂金属丝的一部分。在这种情况下，浸渍液对重锤产生的向上的浮力是可以允许的。试样的密度用式（2-15）来计算。

$$\rho_S=\frac{m_{S,A}\times\rho_{IL}}{m_{S,A}+m_{K,IL}-m_{S+K,IL}} \tag{2-15}$$

式中　ρ_S ——23℃或 27℃时试样的密度（g/cm^3）；

$m_{S,A}$ ——试样在空气中的质量（g）；

$m_{K,IL}$ ——重锤在浸渍液中的表观质量（g）；

$m_{S+K,IL}$ ——试样加重锤在浸渍液中的表观质量（g）。

8）数据处理

对于每个试样的密度，至少进行 3 次测定，取平均值作为试样结果，结果保留到小数点后第三位。

9）注意事项

（1）通常，不需要将样品调节到恒定的温度，因为测试本身是在恒定的温度下进行的。

（2）如果测试过程中试样的密度发生变化，且变化范围超过了密度测量所要求的精密度，则在测试之前试样应按材料相关规定进行状态调节。如果测试的主要目的是密度随时间或大气环境条件的变化，试样应按材料相关标准规定进行状态调节。如果没有相关标准，则应按供需双方商定的方法对试样进行状态调节。

（3）天平开机后应预热 3h 后，再进行测量。

（4）测量试样质量时应等天平读数稳定后，再读取记录。

（5）测量除新鲜蒸馏水或去离子水外的浸渍液密度时，可使用恒温水浴仪来调节新鲜蒸馏水或去离子水或浸渍液的温度，以满足标准的要求。

13. 结果判定

建筑排水用硬聚氯乙烯（PVC-U）管材应符合《建筑排水用硬聚氯乙烯（PVC-U）管材》GB/T 5836.1—2006 规定，外观、规格尺寸中任意一项不符合评定要求时判为不合格；物理学性能中有一项达不到指标时，则在该批中随即抽取双倍的样品对该项进行复验，如仍不合格，则判该批不合格。

14. 相关标准

《给水用硬聚氯乙烯（PVC-U）管材》GB/T 10002.1—2006。

《给水用硬聚氯乙烯（PVC-U）管件》GB 10002.2—2003。

《给水用聚乙烯（PE）管材》GB/T 13663—200。

《冷热水用聚丙烯管道系统 第 2 部分：管材》GB/T 18742.2—2002。

《冷热水用聚丙烯管道系统 第 3 部分：管件》GB/T 18742.3—2002。

《埋地排水用硬聚氯乙烯（PVC-U）结构壁管道系统 第 1 部分：双壁波纹管材》GB/T 18477.1—2007。

《冷热水用交联聚乙烯（PE-X）管道系统 第2部分：管材》GB/T 18992.2—2003。

《埋地用聚乙烯（PE）结构壁管道系统 第1部分：聚乙烯双壁波纹管材》GB/T 19472.1—2004。

《埋地用聚乙烯（PE）结构壁管道系统 第2部分：聚乙烯缠绕结构壁管材》GB/T 19472.2—2004。

《冷热水用耐热聚乙烯（PE-RT）管道系统 第2部分：管材》GB/T 28799.2—2012。

《给水排水管道工程施工及验收规范》GB 50268—2008。

《建筑排水用硬聚氯乙烯（PVC-U）管材》GB/T 5836.1—2006。

《埋地塑料排水管道工程技术规程》CJJ 143—2010。

2.2　管件

1. 概述

管件是将管子连接成管路的零件，是管道系统中起连接、控制、变向、分流、密封、支撑等作用的零部件的统称。

管件作为管材的各种连接件，其作用是连接管道、改变管径、改变管道方向、接出支线管道和封闭管道等。管件种类很多，归纳有以下几种主要类型：

1）按连接方式分

（1）螺纹管件。

（2）卡套管件。

（3）带颈对焊钢制管法兰。

（4）卡箍管件。

（5）承插管件。

（6）粘接管件。

（7）热熔管件。

（8）胶圈连接式管件。

2）按材料分

（1）铸钢管件。

（2）铸铁管件。

（3）不锈钢管件。

（4）塑料管件。

（5）PVC管件。

（6）橡胶管件。

3）按用途分

（1）用于管子互相连接的管件：法兰、活接、管箍、卡套、喉箍等冷拔三通。

（2）改变管子方向的管件：弯头、弯管。

（3）改变管子管径的管件：变径（异径管）、异径弯头、支管台、补强管。

（4）增加管路分支的管件：三通、四通。

（5）用于管路密封的管件：垫片、生料带、线麻、法兰盲板、管堵、盲板、封头、焊接堵头。

（6）用于管路固定的管件：卡环、拖钩、吊环、支架、托架、管卡等。

2. 检测项目

建筑用塑料管件的检测项目主要包括：规格尺寸、维卡软化温度、液压试验、烘箱试验、坠落试验。

3. 依据标准

《塑料管道系统塑料部件 尺寸的测定》GB/T 8806—2008。

《热塑性塑料管材、管件维卡软化温度的测定》GB/T 8802—2001。

《流体输送用热塑性塑料管材 耐内压试验方法》GB/T 6111—2003。

《注射成型硬质聚氯乙烯（PVC-U）、氯化聚氯乙烯（PVC-C）、丙烯腈-丁二烯-苯乙烯三元共聚物（ABS）和丙烯腈-苯乙烯-丙烯酸盐三元共聚物（ASA）管件热烘箱试验方法》GB/T 8803—2001。

《硬聚氯乙烯（PVC-U）管件坠落试验方法》GB/T 8801—2007。

4. 规格尺寸

1）方法原理

利用测量仪器测量试样的标准规定的尺寸。

2）仪器设备

（1）壁厚测量仪

同第 1.1 节“4. 规格尺寸”，测量精度不大于 0.01mm。

（2）游标卡尺

精度不大于 0.02mm。

（3）内径表

精度不大于 0.01mm。

3）试验环境

环境条件为：室温（23±2)℃，相对湿度（50±10)%。

4）试验步骤

（1）最小壁厚

在选定的被测截面上移动测量仪器直至找出最大壁厚和最小壁厚。

（2）平均壁厚

使用测量仪器在每个选定的被测截面上，沿环向均匀间隔至少 6 点进行壁厚测量，由测量值计算算术平均值。

（3）平均承口（插口）内径

用内径表在被测截面测量两个互相垂直的内径，计算测量值的算数平均值。

（4）承口和插口的长度

用精度不大于 0.02mm 的游标卡尺测量。

5）注意事项

（1）测量壁厚时如有必要可将管件切开测量。

（2）检查试样表面是否有影响尺寸测量的现象，如标志、合模线、气泡或杂质。如果存在，在测量时记录这些现象和影响。

（3）当某一尺寸的测量与另外的尺寸有关，如通过计算而得到下一步的尺寸，其截面的选取应适合于进行计算。

5. 维卡软化温度

1）方法原理

同第 2.1 节 5 条“1）方法原理”。

2）仪器设备

同第 2.1 节 5 条“2）仪器设备”。

3）环境条件

同第 2.1 节 5 条“3）环境条件”。

4）试样制备

管件试验应是从管件的承口、插口或柱面上裁下的弧形片段，其长度为直径小于或等于 90mm 的管件，试样长度和承口长度相等；宽度为 10～20mm。试样应从没有合模线或

注射点的部位切取。

其他要求同第 2.1 节 5 条“4）试验制备”。

5）试验步骤

同第 2.1 节 5 条“5）试验步骤”。

6）数据处理

同第 2.1 节 5 条“6）数据处理”。

7）注意事项

同第 2.1 节 5 条“7）注意事项”。

6. 液压试验

1）方法原理

同第 2.1 节 9 条“1）方法原理”。

2）仪器设备

同第 2.1 节 9 条“2）仪器设备”。

3）试验环境

同第 2.1 节 9 条“3）试验环境”。

4）试样制备

试样为单个管件或由管件与管材组合而成。管件与管材相连作为试样时，应取相同或更小系列的管材与管件相连，如试验中管材破裂则试验应重做。所取管材的长度应符合表 2-25的规定。

表 2-25　所取管材的长度

管材公称外径 *DN*（mm）	管材长度 *L*（mm）
≤75	200
>75	300

5）试样状态调节

同第 2.1 节 9 条“6）试样状态调节”。

6）试验步骤

同第 2.1 节 9 条“7）试验步骤”。

7）注意事项

（1）管件与管材相连作为试样时，应取相同或更小系列的管材与管件相连。

（2）当连接管材破裂时，应重新取样进行试验。

7. 烘箱试验

1）方法原理

为了揭示管件在注射成型过程中所产生的内部应力大小，是否有冷料或未熔融部分以及熔接缝的溶解质量等，根据试样壁厚将试样置于150℃的空气循环烘箱中经受不同时间的加热，取出冷却后，检查试样出现的缺陷，测量所有开裂、气泡、脱层或熔接缝开裂等，并用试样壁厚的百分数形式表示。

2）试验仪器

（1）电热鼓风干燥箱

带温控器的温控空气循环烘箱，能使试验过程中的工作温度保持在（150±2)℃，并有足够的加热功率，试样放入烘箱后，能使温度在15min内重新达到设定的试验温度。

（2）游标卡尺

精度不大于0.05mm。

3）环境条件

环境条件为：室温（23±2)℃，相对湿度（50±10)%。

电热鼓风干燥箱在试验期间保持温度为（150±2)℃。

4）试样要求

试样为注射成型的完整管件。如管件带有弹性密封阀，试验前应去掉；如管件由一种以上注射成型部件组合而成，这些部件应彼此分开进行试验。

试样数量应按产品标准的规定，同批同类产品至少取3个试样。

5）试验步骤

试验前，应先测量试样壁厚，在管件主体上选取横切面，在圆周上测量间隔均匀的至少6点的壁厚，计算算术平均壁厚 e，精确到0.1mm。烘箱升温，使其达到（150±2)℃。将试样放入烘箱内，使其中一承口向下直立，试样不得与其他试样和烘箱壁接触，不易放置平稳或受热软压后易倾倒的试样可用支架支撑。待烘箱温度回升至标准规定的温度时开始计时，根据试样的平均壁厚确定试样在烘箱内恒温时间，见表2-26。

表2-26　恒温时间

平均壁厚 e（mm）	恒温时间 t（min）
$e \leqslant 3.0$	15
$3.0 < e \leqslant 10.0$	30
$10.0 < e \leqslant 20.0$	60
$20.0 < e \leqslant 30.0$	140
$30.0 < e \leqslant 40.0$	220
$e > 40.0$	240

恒温时间达到后，从烘箱中取出试样，小心不要损伤试样或使其变形。待试样在空气中冷却至室温，检查试样出现的缺陷，例如：试样的开裂、脱层、壁内变化（如气泡等）和熔接缝开裂，并确定这些缺陷的尺寸是否在规定的最小范围内。

6）数据处理

试样的开裂、脱层、气泡和熔接缝开裂等缺陷，应满足下面要求：

（1）在注射点周围：在以 15 倍壁厚为半径的范围内，开裂、脱层或气泡的深度应不大于该处壁厚的 50%。

（2）对于隔膜式浇口注射试样：任一开裂、脱层或气泡应在距隔膜区域 10 倍壁厚范围内，且深度应不大于该处壁厚的 50%。

（3）对于环形浇口注射试样：试样壁内任一开裂应在距离浇口 10 倍壁厚的范围内，如果开裂深入环形浇口的整个壁厚，其长度应不大于壁厚的 50%。

（4）对于有熔接缝的试样：任一熔接处部分开裂深度应不大于壁厚的 50%。

（5）对于注射试样的所有其他外表面，开裂与脱层深度应不大于壁厚的 30%，试样壁内气泡长度应不大于壁厚的 10 倍。

判定时，需将试样缺陷处剖开进行测量，3 个试样均通过判定为合格。

7）注意事项

（1）试样应快速放入烘箱，以免温度下降过低，造成回温时间过长。

（2）试样不能平置于烘箱内，应使其中一承口向下直立，同时试样不得与烘箱壁接触，如因尺寸加大等原因造成试样不易放置平稳或受热软化后易倾倒，可以使用合适的支撑。

（3）应从烘箱温度回升到设定温度时开始计时。

（4）试样如果出现缺陷，应将缺陷处剖开进行测量，3 个试样中如有一个试样不合格则判定该批试样不合格。

8. 坠落试验

1）方法原理

将管件在（0±1）℃下按规定时间进行预处理，在 10s 内从规定高度自由坠落到平坦的混凝土地面上，观察管件的破损情况。

2）试验设备

（1）秒表

分度值不大于 0.1s。

（2）低温箱

低温箱应恒温，试验期间保持温度为（0±1）℃，显示精度不大于 1℃。

（3）卷尺

分度值不大于 1mm。

3）环境条件

低温箱内或恒温水浴内保持温度为（0±1)℃。

坠落时环境为室温（23±2)℃。

4）样品制备

试样为注射成型的完整管件，如管件带有弹性密封圈，试验前应去掉。如管件由一种以上注射成型部件组成，这些部件应彼此分开试验。试样数量应按产品标准的规定，同一规格同批产品至少取 5 个试样。试样应无机械损伤。

5）试验步骤

（1）坠落高度

公称直径小于或等于 75mm 的管件，从距地面（2.00±0.05）m 处坠落；公称直径大于 75mm 小于 200mm 的管件，从距地面（1.00±0.05）m 处坠落；公称直径大于或等于 200mm 的管件，从距地面（0.50±0.05）m 处坠落。异径管件以最大口径为准。

（2）试验场地

平坦混凝土地面。

（3）将试样放入（0±1)℃的恒温水浴中进行预处理，最短处理时间根据壁厚确定(壁厚不大于 8.6mm 的管件，预处理时间为 15min；壁厚大于 8.6mm 且不大于 14.1mm 的管件，预处理时间为 30min；壁厚大于 14.1mm 的管件，预处理时间为 60min)。异径管件按最大壁厚确定预处理时间。恒温时间达到后，从恒温水浴中取出试样，迅速从规定高度自由坠落于混凝土地面，坠落时应使 5 个试样在 5 个不同位置接触地面。试样从离开恒温状态到完成坠落，应在 10s 之内进行完毕，检查试验后试样表面状况。

6）数据处理

检查试样破损情况，如其中一个或多个试样在任何部位产生裂纹或破裂，则该组试样为不合格。

7）注意事项

（1）若管件带有弹性密封圈，应将其取出后再进行试验。

（2）异径管件的坠落高度根据最大口径来确定，处理时间根据最大壁厚来确定。

（3）试样从恒温水浴或低温箱中取出后，应尽可能快地完成试验。

（4）试验时应使得 5 个试样在不同位置接触地面，并应观察尽量是接触点位易损点。

（5）5 个试样中一个或多个试样的任何部位产生裂纹和破裂，则判定改组试样不合格。

9. 结果判定

建筑排水用硬聚氯乙烯（PVC-U）管件应符合《建筑排水用硬聚氯乙烯（PVC-U）管件》GB/T 5836.2—2006 规定，外观、规格尺寸中任意一项不符合评定要求时判为不合格；物理化学性能中有一项达不到指标时，则在该批中随即抽取双倍的样品对该项进行复

验，如仍不合格，则判该批不合格。

10. 相关标准

《给水用硬聚氯乙烯（PVC-U）管件》GB/T 10002.2—2003。
《给水用聚乙烯（PE）管道系统 第 2 部分：管件》GB/T 13663.2—2005。
《冷热水用聚丙烯管道系统 第 3 部分：管件》GB/T 18742.3—2017。
《冷热水用聚丁烯（PB）管道系统 第 3 部分：管件》GB/T 19473.3—2004。
《冷热水用耐热聚乙烯（PE-RT）管道系统 第 3 部分：管件》GB/T 28799.3—2012。
《建筑排水用硬聚氯乙烯（PVC-U）管件》GB/T 5836.2—2006。
《给水衬塑可锻铸铁管件》CJ/T 137—2008。

2.3　水暖阀门

1. 概述

“阀”的定义是在流体系统中，用来控制流体的方向、压力、流量的装置。阀门是使配管和设备内的介质（液体、气体、粉末）流动或停止，并能控制其流量的装置。

阀门是管路流体输送系统中的控制部件，它是用来改变通路断面和介质流动方向，具有导流、截止、调节、节流、止回、分流或溢流卸压等功能。用于流体控制的阀门，从最简单的截止阀到极为复杂的自控系统中所用的各种阀门，其品种和规格繁多。

在供热系统中，使用的阀门有很多种。比如闸阀、截止阀、球阀、蝶阀、止回阀、安全阀、调节阀、平衡阀、自力式平衡阀等。

2. 检测项目

阀门主要检测项目有：壳体试验、上密封试验、密封试验。

3. 依据标准

《工业阀门压力试验》GB/T 13927—2008。

4. 壳体试验

1）方法原理

壳体试验是对阀门和阀盖等连接而成整个阀门壳体进行的冷态压力试验。目的是检验阀门壳体、包括固定连接处在内的整个壳体的结构强度、耐压能力和致密性。

2）仪器设备

阀门压力试验机包含试验平台和压力测量装置。

试验平台：使用端部对加紧试验装置时，阀门制造厂应能保证该试验装置不影响被试验阀门的密封性。对夹式止回阀和对夹式蝶阀等装配在法兰间的阀门，可用端部对加紧装置。

压力测量装置：用于测量试验介质压力的测量仪表的精度应不低于1.6级，并经校验合格。

3）环境条件

环境条件为室温5～40℃。

4）试验介质

液体介质可用含防锈剂的水、煤油或黏度不高于水的非腐蚀性液体；气体介质可用氮气、空气或其他惰性气体；奥氏体不锈钢材料的阀门进行试验时，所使用的水含氯化物量应不超过100mg/L。

试验介质的温度应在5～40℃之间。

用液体介质试验时，应保证壳体的内腔充满试验介质。

5）试验压力

试验压力的试验介质是液体时，试验压力至少是阀门在20℃时允许最大工作压力的1.5倍（1.5×CWP）。

试验压力的试验介质是气体时，试验压力至少是阀门在20℃时允许最大工作压力的1.1倍（1.1×CWP）。

如订货合同有气体介质壳体试验的要求时，试验压力应不大于上述试验压力的试验介质是气体时的规定，且必须先进行液体介质的壳体试验，在液体介质的试验合格后，才进行气体介质的壳体试验，并应采用相应的安全保护措施。

6）试验步骤

封闭阀门的进出各端口，阀门部分开启，向阀门壳体内冲入试验介质，排净阀门体腔内的空气，逐渐加压到试验压力，按表2-27的时间要求保持试验压力，然后检查阀门壳

体各处的情况（包括阀体、阀盖连接法兰、填料箱等各连接处）。

表 2-27　保持试验压力的持续时间

阀门公称尺寸（mm）	保持试验压力最短持续时间（s）			
	壳体试验	上密封试验	密封试验	
			其他类型阀门	止回阀
≤*DN*50	15	15	60	15
*DN*65～*DN*150	60	60	60	60
*DN*200～*DN*300	120	60	60	120
≥*DN*350	300	60	120	120

注：保持试验压力最短持续时间是指阀门内试验介质压力升至规定值后，保持该试验压力的最少时间。

壳体试验时，对可调阀杆密封结构的阀门，试验期间阀杆密封应能保持阀门的试验压力；对于不可调阀杆密封（如 O 形密封圈，固定的单圈等），试验期间不允许有可见的泄漏。

如订货合同有气体介质的壳体试验要求时，应先进行液体介质的试验，试验结果合格后，排净体腔内的液体，封闭阀门的进出各端口，阀门部分开启，将阀门浸入水中，并采用相应的安全保护措施。向阀门壳体内充入气体，逐渐加压到 1.1 倍的 CWP，按表 2-27 的时间要求并保持试验压力，观察水中有无气泡漏出。

7）结果评定

壳体试验时，不应有结构损伤，不允许有可见渗漏通过阀门壳壁和任何固定的阀体连接处（如：中口法兰）；如果试验介质为液体，则不得有明显可见的液滴或表面潮湿。如果试验介质是空气或其他气体，应无气泡漏出。

8）注意事项

（1）在壳体试验之前，不允许对阀门涂漆或使用其他防止渗漏的涂层。但允许进行无密封作用的化学防锈处理及给衬里阀门衬里。

（2）在施压过程中，不得对阀门施加影响试验结果的外力。试验压力在保压和检测期间应维持不变。用液体做试验时，应尽量排除阀门体腔内的气体。

在到达保压时间后，壳体（包括填料及阀体与阀盖的连接处）不得发生渗漏或引起结构损伤。

5. 上密封试验

1）方法原理

检验阀门启闭件和阀座密封副、阀体和阀座间的密封性能的试验。

2）仪器设备

阀门压力试验机包含试验平台和压力测量装置。

试验平台：使用端部对加紧试验装置时，阀门制造厂应能保证该试验装置不能被试验阀门的密封性。对夹式止回阀和对夹式蝶阀等装配在法兰间的阀门，可用端部对加紧装置。

压力测量装置：用于测量试验介质压力的测量仪表的精度应不低于1.6级，并经校验合格。

3）环境条件

环境条件为室温5～40℃。

4）试验介质

（1）液体介质可用含防锈剂的水、煤油或黏度不高于水的非腐蚀性液体；气体介质可用氮气、空气或其他惰性气体；奥氏体不锈钢材料的阀门进行试验时，所使用的水含氯化物量应不超过100mg/L。

（2）上密封试验应使用液体介质。

（3）试验介质的温度应在5～40℃之间。

（4）用液体介质试验时，应保证壳体的内腔充满试验介质。

5）试验步骤

对具有上密封结构的阀门，封闭阀门的进出各端口，向阀门壳体内充入液体的试验介质，排净阀门体腔内的空气，用阀门设计给定的操作机构开启阀门到全开位置，逐渐加压到1.1倍的CWP，按表2-27的时间要求保持试验压力。观察阀杆填料处的情况。

6）结果评定

不允许有可见的泄露。

7）注意事项

（1）为了保证试验的安全，规定凡需做耐压试验和气密性试验的水压件，必须在指定的安全场地进行，不得随意进行。

（2）试验前应对试验场地周围环境进行检查，必须符合安全规定，方可进行。

（3）试验环境温度不得低于规定试验温度，试验场地设置明显围栏和警示标牌并有现场监护。

（4）试验压力表必须在有效检验期。

（5）试验应严格执行耐压试验和气密性试验升压、降压的有关规定。

（6）进行压力试验的设备，不应有施加影响阀门的外力。

（7）注意做密封试验时，对规定了介质流通方向的阀门，如截止阀等应按规定介质流通方向引入介质和施加压力；没有规定介质流通方向的阀门，如闸阀、球阀、旋塞阀和蝶阀，应分别沿每端引入介质和施加压力；止回阀应沿使阀瓣关闭的方向引入介质和施加压力。

6. 密封试验

1）方法原理

检验阀门启闭件和阀座密封副、阀体和阀座间的密封性能的试验。

2）仪器设备

阀门压力试验机包含试验平台和压力测量装置。

试验平台：使用端部对加紧试验装置时，阀门制造厂应能保证该试验装置不能被试验阀门的密封性。对夹式止回阀和对夹式蝶阀等装配在法兰间的阀门，可用端部对加紧装置。

压力测量装置：用于测量试验介质压力的测量仪表的精度应不低于 1.6 级，并经校验合格。

3）环境条件

环境条件为室温 5～40℃。

4）试验介质

（1）液体介质可用含防锈剂的水、煤油或黏度不高于水的非腐蚀性液体；气体介质可用氮气、空气或其他惰性气体；奥氏体不锈钢材料的阀门进行试验时，所使用的水含氯化物量应不超过 100mg/L。

（2）试验介质的温度应在 5～40℃之间。

（3）用液体介质试验时，应保证壳体的内腔充满试验介质。

（4）高压密封试验介质为液体介质。

5）试验压力

试验压力的试验介质是液体时，试验压力至少是阀门在 20℃时允许最大工作压力的 1.1 倍（1.1×CWP）；如阀门铭牌标注对最大工作压差或阀门配带的操作机构不适宜进行高压密封试验时，试验压力按阀门铭牌标示的最大工作压差的 1.1 倍。

试验介质是气体时，试验压力为（0.6±0.1）MPa；当阀门的公称压力小于 *PN*10 时，试验压力按阀门在 20℃时允许最大工作压力的 1.1 倍。

试验压力应在试验持续时间内得到保持。

6）试验步骤

试验期间，除油封结构旋塞阀外，其他结构阀门的密封面应是清洁的。为防止密封面被划伤，可以涂一层黏度不超过煤油的润滑油。

有两个密封副、在阀体和阀盖有中腔结构的阀门（如闸阀、球阀、旋塞阀等），试验时，应将该中腔内充满试验压力的介质。

除止回阀外，对规定了介质流向的阀门，应按规定的流向施加试验压力，见表 2-28。

试验期间保持标准规定的压力、持续时间见表 2-27。

表 2-28　密封试验

阀门种类	试验方法
闸阀 球阀 旋塞阀	封闭阀门两端，阀门的启闭件处于部分开启状态，给阀门内腔充满试验介质，逐渐加压到规定的试验压力，关闭阀门的启闭件；按规定的时间保持一端的试验压力，释放另一端的压力，检查该端的泄露情况； 重复上述步骤和动作，将阀门换方向进行试验和检查
截止阀 隔膜阀	封闭阀门对阀座密封不利的一端，关闭阀门的启闭件，给阀门内腔充满试验介质，逐渐加压到规定试验压力，检查另一端的泄露情况

续表

阀门种类	试验方法
蝶阀	封闭阀门的一端，关闭阀门的启闭件，给阀门内腔充满试验介质，逐渐加压到规定的试验压力，在规定时间内保持试验压力不变，检查另一端的泄露情况； 重复上述步骤和动作，将阀门换方向进行试验和检查
止回阀	止回阀在阀瓣关闭状态，封闭止回阀出口端，给阀门内充满介质，逐渐加压到规定的试验压力，检查进口端的泄露情况
双截断与排放结构	关闭阀门的启闭件，在阀门的另一端充满试验介质，逐渐加压到标准规定的试验压力，在规定的时间内保持试验压力不变，检查两个阀座中腔的螺塞孔处的泄露情况； 重复上述步骤和动作，将阀门换方向进行试验和检查
单向密封结构	关闭阀门的启闭件，按阀门标记显示的流量方向封闭该端，充满试验介质，逐渐加压到规定的试验压力，在规定的时间内保持试验压力不变，检查另一端的泄露情况

7）注意事项

同本节 5 条“7）注意事项”。

7. 结果评定

按标准《建筑给水排水及采暖工程施工质量验收规范》GB 50242—2002 规定，阀门壳体、密封试验必须符合标准《工业阀门压力试验》GB/T 13927—2008 的规定。

8. 相关标准

《建筑给水排水及采暖工程施工质量验收规范》GB 50242—2002。

第3章　墙体材料

3.1　砌墙砖

1. 概述

砌墙砖是建筑用的人造小型块材，具有一定的强度，外形多为直角六面体，也有各种异型的，其长度不超过365mm，宽度不超过240mm，高度不超过115mm。

砌墙砖的种类很多，按制作工艺不同，分为烧结砖和非烧结砖两种；按原材料的不同，分为黏土砖和硅酸盐砖（煤渣砖、灰砂砖、粉煤灰砖等）两种；按密实程度的不同，分为普通砖（实心砖）、空心砖和多孔砖三种。常用的砌墙砖有烧结普通砖、烧结多孔砖、蒸压粉煤灰砖、混凝土实心砖、混凝土多孔砖等。

（1）烧结普通砖是以黏土、页岩、煤矸石、粉煤灰、建筑渣土、淤泥、污泥等为主要原料，经焙烧而成，主要用于建筑物承重部位的普通砖，其公称尺寸为：长240mm，宽115mm，高53mm。根据抗压强度分为MU30、MU25、MU20、MU15、MU10五个强度等级。

（2）烧结多孔砖是以黏土、页岩、煤矸石、粉煤灰、淤泥（江河湖淤泥）及其他固体废弃物等为主要原料，经焙烧制成的主要用于建筑物承重部位的多孔砖。根据抗压强度分为MU30、MU25、MU20、MU15、MU10五个强度等级，密度等级分为1000、1100、1200、1300四个等级，规格尺寸（mm）为290、240、190、180、140、115、90。

（3）蒸压粉煤灰砖是以粉煤灰、生石灰为主要原料，可掺加适量石膏等外加剂和其他骨料，经坯料制备、压制成型、高压蒸汽养护而成的砖，其公称尺寸为：长240mm，宽115mm，高53mm。强度等级分为MU30、MU25、MU20、MU15、MU10五个等级。

（4）混凝土实心砖是以水泥、骨料，以及根据需要加入的掺合料、外加剂等，经加水搅拌、成型、养护制成的混凝土实心砖。其主规格尺寸为：长度240mm、宽度115mm、高度 53mm。根据抗压强度分为 MU40、MU35、MU30、MU25、MU20、MU15 六个等级。按混凝土自身的密度分为 A 级（≥2100kg/m³）、B 级（1681～2099kg/m³）和 C 级（≤1680kg/m³）三个密度等级。

（5）混凝土多孔砖是以水泥、砂、石等为主要原材料，经配料、搅拌、成型、养护制成的多排孔混凝土砖，主要用于承重部位。其规格尺寸为：长度 360mm、290mm、240mm、190mm、140mm，宽度 240mm、190mm、115mm、90mm，高度 115mm、90mm。按强度等级分为 MU25、MU20、MU15 三个等级。

2. 检测项目

砖的检测项目主要包括：尺寸、外观质量、抗折强度、抗压强度、冻融、体积密度、吸水率和饱和系数、孔洞率及孔洞结构、干燥收缩、碳化系数、软化系数。

3. 依据标准

《砌墙砖试验方法》GB/T 2542—2012。

4. 尺寸

1）方法原理

利用砖用卡尺测量砖长度、宽度及高度的尺寸。

2）仪器设备

砖用卡尺，分度值不大于 0.5mm。砖用卡尺的外形如图 3-1 所示，示意图如图 3-2 所示。

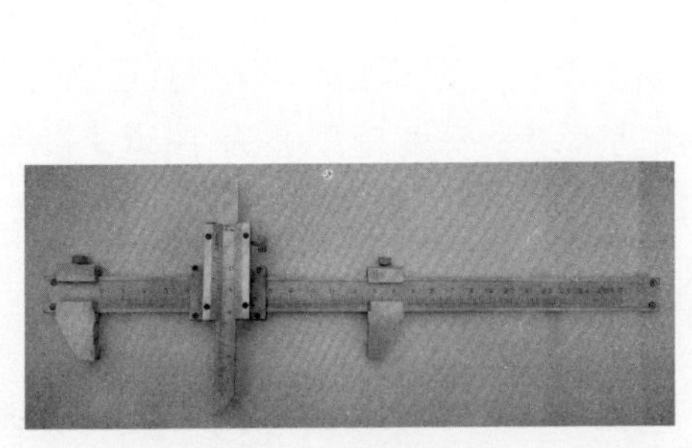

图 3-1　砖用卡尺外形

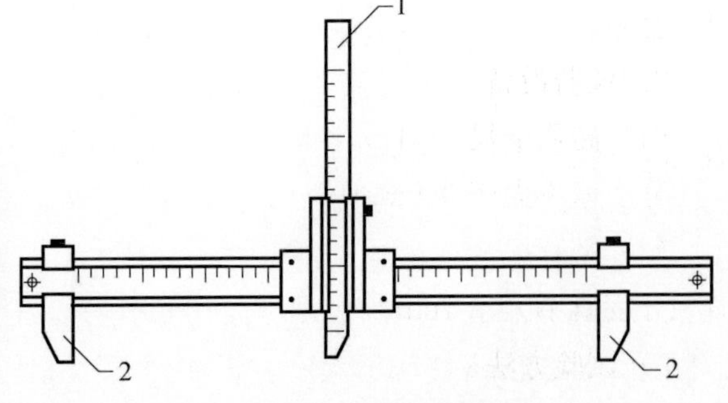

图 3-2　砖用卡尺示意图

1—垂直尺；2—支脚

3）试验方法

（1）长度应在砖的两个大面的中间处分别测量两个尺寸，精确至 0.5mm。

（2）宽度应在砖的两个大面的中间处分别测量两个尺寸，精确至 0.5mm。

（3）高度应在砖的两个条面的中间处分别测量两个尺寸，精确至 0.5mm。

尺寸量法如图 3-3 所示。

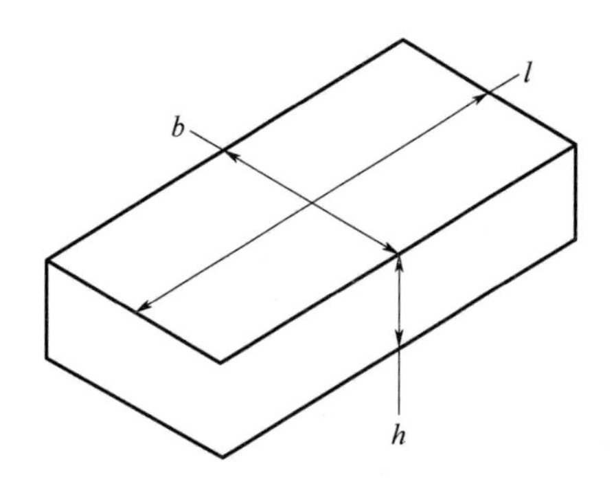

图 3-3　尺寸量法

l—长度；b—宽度；h—高度

4）数据处理

每一方向尺寸以两个测量值的算术平均值表示，精确至 0.5mm。

5）注意事项

（1）当被测处有缺损或凸出时，可在其旁边测量，但应选择不利的一侧。

（2）试样数量依据产品标准确定。

5. 外观质量

1）方法原理

利用砖用卡尺和钢直尺测量砖的缺损、裂纹、弯曲和杂质凸出高度，目测装饰砖装饰面的色差。

2）仪器设备

（1）砖用卡尺

分度值不大于 0.5mm。

（2）钢直尺

分度值不大于 1mm。

3）试验方法

（1）缺损

缺棱掉角在砖上造成的破坏程度，以破损部分对长、宽、高三个棱边的投影尺寸来度

量，称为破坏尺寸。缺棱掉角破坏尺寸量法如图 3-4 所示。

缺损造成的破坏面，系指缺损部分对条面、顶面（空心砖为条面、大面）的投影面积，空心砖内壁残缺及肋残缺尺寸，以长度方向的投影尺寸来度量。缺损在条面、顶面上造成破坏面量法如图 3-5 所示。

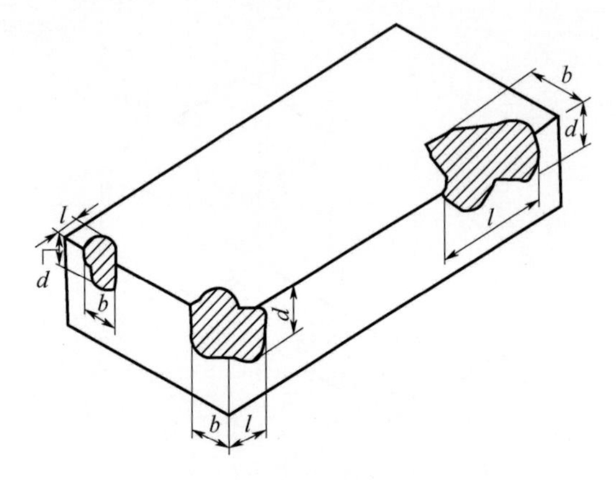

图 3-4　缺棱掉角破坏尺寸量法

l—长度方向的投影尺寸；b—宽度方向的投影尺寸；h—高度方向的投影尺寸

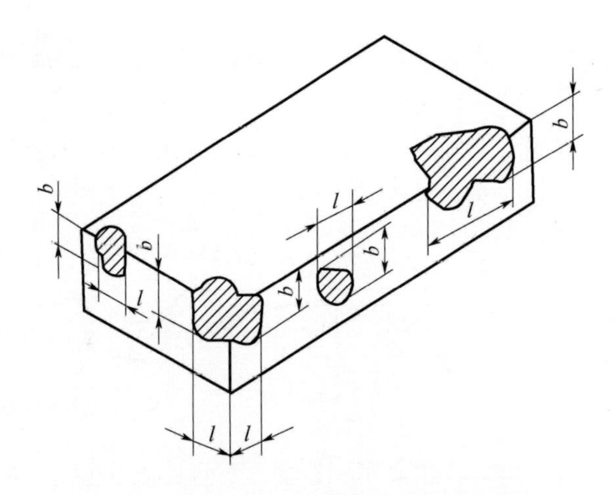

图 3-5　缺损在条面、顶面上造成破坏面量法

l—长度方向的投影尺寸；b—宽度方向的投影尺寸

（2）裂纹

裂纹分为长度方向、宽度方向和水平方向三种，以被测方向的投影长度表示。如果裂纹从一个方向延伸至其他面上时，则累计其延伸的投影长度。裂纹长度量法如图 3-6 所示。

多孔砖的孔洞与裂纹相通时，则将孔洞包括在裂纹内一并测量，量法如图 3-7 所示。

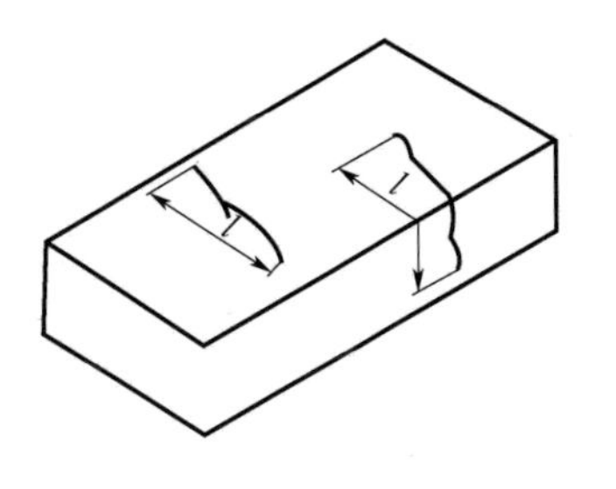

(a) 宽度方向裂纹长度量法

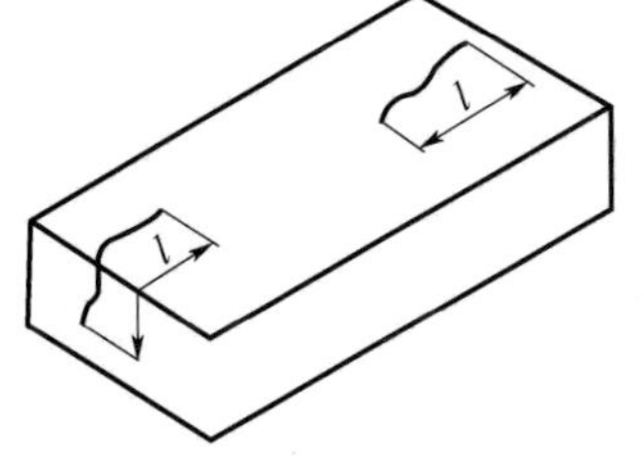

(b) 长度方向裂纹长度量法

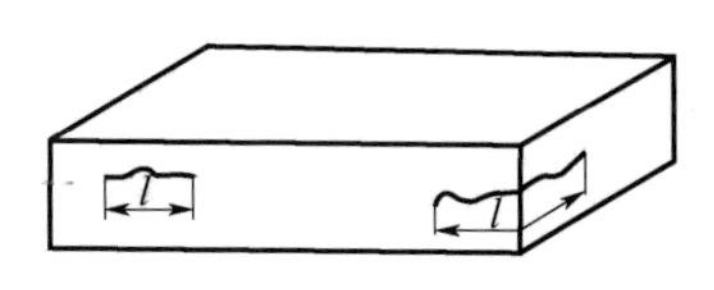

(c) 高度方向裂纹长度量法

图 3-6　裂纹长度量法

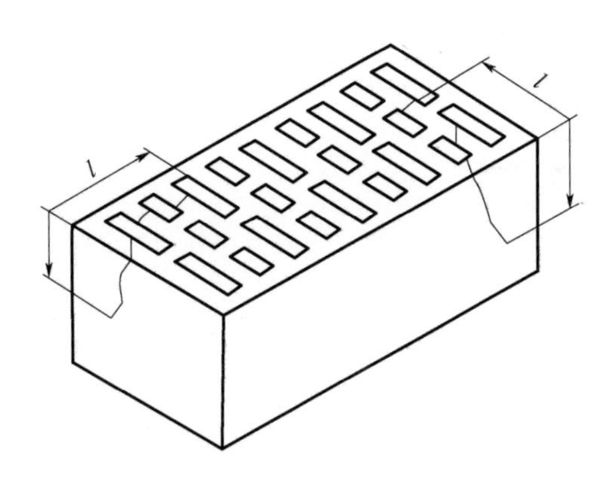

图 3-7　多孔砖裂纹通过孔洞时长度量法

裂纹长度以在三个方向上分别测得的最长裂纹作为测量结果。

(3) 弯曲

弯曲分别在大面和条面上测量，测量时将砖用卡尺的两支脚沿棱边两端放置，择其弯曲最大处将垂直尺推至砖面，以弯曲中测得的较大者作为测量结果。弯曲量法如图 3-8 所示。

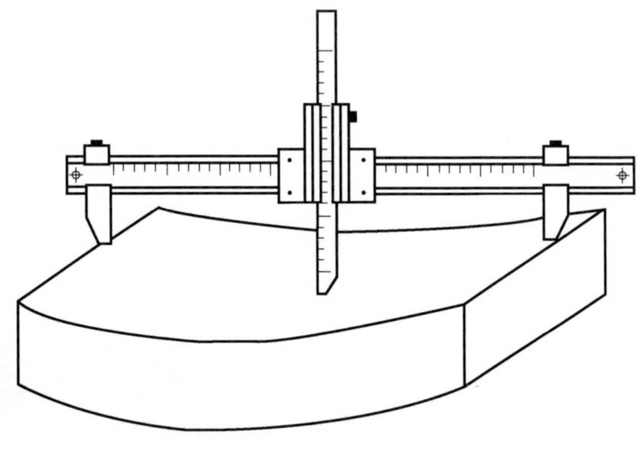

图 3-8　弯曲量法

（4）杂质凸出高度

杂质在砖面上造成的凸出高度，以杂质距砖面的最大距离表示。测量将砖用卡尺的两支脚置于凸出两边的砖平面上，以垂直尺测量，量法如图 3-9 所示。

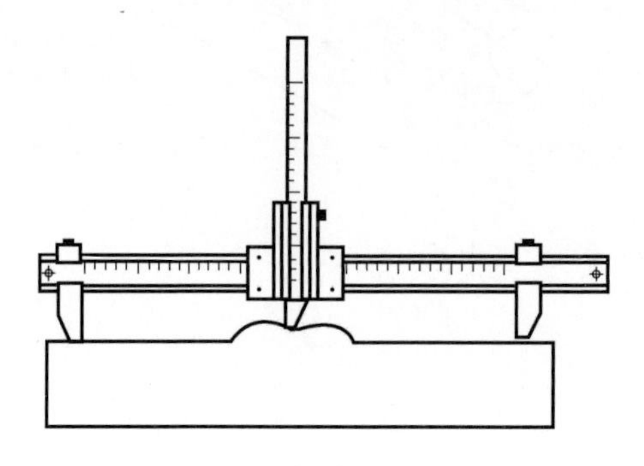

图 3-9　杂质凸出量法

（5）色差

装饰面朝上随机分为两排并列，在自然光下距离砖样 2m 处目测。

4）数据处理

外观测量结果以 mm 为单位，不足 1mm 者，按 1mm 计。

5）注意事项

（1）弯曲测量时不应将因杂质或碰伤造成的凹处计算在内。

（2）试样数量依据产品标准确定。

6. 抗折强度

1）方法原理

测定砖在受到弯曲负荷作用而破坏时的极限应力，计算单位面积承受的极限折断应力。

2）仪器设备

（1）材料试验机

示值相对误差不大于±1%，其下加压板应为球铰支座，预期最大破坏荷载应在量程的 20%～80%之间。

（2）抗折夹具

抗折试验的加荷形式为三点加荷，其上压辊和下支辊的曲率半径为 15mm，下支辊应有一个为铰接固定。砖抗折夹具外形如图 3-10 所示。

图 3-10　砖抗折夹具外形

(3) 钢直尺

分度值不应大于 1mm。

3) 试验步骤

(1) 按尺寸测量规定测量试样的宽度和高度尺寸各 2 个，分别取算术平均值，精确至 1mm。

(2) 调整抗折夹具下支辊的跨距为砖规格长度减去 40mm。

(3) 将试样大面平放在下支辊上，试样两端面与下支辊的距离应相同，以 50～150N/s 的速度均匀加荷，直至试样断裂，记录最大破坏荷载。

4) 数据处理

每块试样的抗折强度按式 (3-1) 计算，精确至 0.01MPa。

$$R_c = \frac{3PL}{2BH^2} \tag{3-1}$$

式中 R_c——抗折强度 (MPa)；

P——最大破坏荷载 (N)；

L——跨距 (mm)；

B——试样宽度 (mm)；

H——试样高度 (mm)。

试验结果以试样抗折强度的算术平均值和单块最小值表示。

5) 注意事项

(1) 非烧结类砖应放在温度为 (20±5)℃的水中浸泡 24h 后取出，用湿布拭去其表面水分后再进行抗折强度试验。

(2) 规格长度为 190mm 的砖，其抗折跨距应为 160mm。

(3) 当试样有裂缝或凹陷时，应使有裂缝或缺陷的大面朝下放置在抗折夹具上。

(4) 试样数量为 10 块。

7. 抗压强度

1) 方法原理

测定砖在受到压力负荷作用而破坏时的极限应力，计算单位面积承受的极限破坏应力。

2) 仪器设备

(1) 材料试验机

示值相对误差不大于±1%，其上、下加压板至少应有一个球铰支座，预期最大破坏荷载应在量程的 20%～80%之间。

(2) 钢直尺

分度值不大于 1mm。

（3）振动台

由台盘和使其跳动的凸轮组成，台盘上均匀排列安装有 12 个圆周形 ϕ100mm 的试验模具吸盘，吸盘吸引力为（750±10）N，振幅为 0.3～0.6mm，频率为 2600～3000 次/分，台面尺寸为 1000mm×1000mm。吸盘的工作面为圆形平面，与台面在同一水平面上。振动台外形如图 3-11 所示。

图 3-11　振动台外形

（4）制样模具

由侧板、端板、底板、紧固装置及定位密封装置组成，可根据试样大小任意调节成型尺寸，分为一次成型和二次成型两种形式，一次成型模具外形及示意图如图 3-12 所示，二次成型模具外形及示意图 3-13。

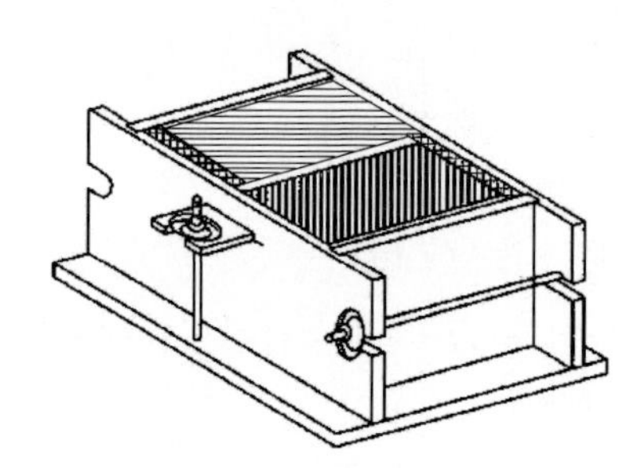

图 3-12　一次成型模具外形及示意图

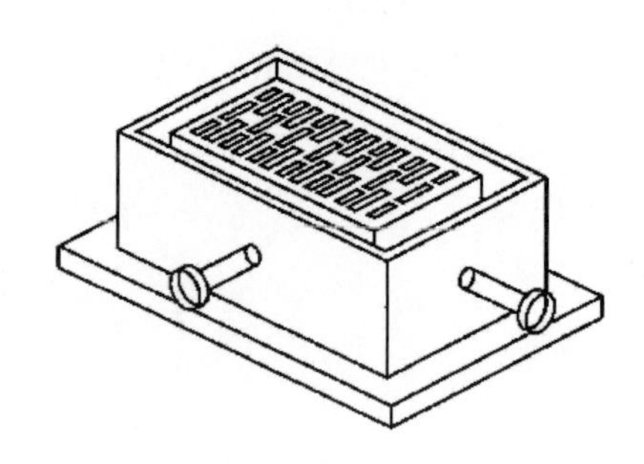

图 3-13　二次成型模具外形及示意图

（5）搅拌机

搅拌机采用立式结构，搅拌系统相对运动速度小于 75r/min，搅拌臂为主动轴，搅拌桶采用固定旋转式，使得搅拌臂和搅拌桶之间产生搅拌作用。搅拌桶应选用厚度不小于 6mm 的材料加工制作，深度不大于 350mm。搅拌机外形如图 3-14 所示。

（6）切割设备

能够将砖切割成两个半截砖。

（7）净浆材料

外观均匀，无明显色差，不含其他杂质，不应对试样表面及试样的强度性能造成有害影响，在温度为 10～30℃、相对湿度为 55%～75%的规定环境和有效期内，不得出现凝结现象。4h 抗压强度为 19.0～21.0MPa，流动度（提桶法）饼径为 160～164mm，初凝时间为 15～19min，终凝时间＜30min。

图 3-14　搅拌机外形

3）环境条件

养护室温度不低于 10℃，不通风。

4）试样制备

根据砖的不同种类，试样制备方法分成三种：一次成型制样、二次成型制样和非成型制样。

（1）一次成型制样

一次成型制样适用于采用样品中间部位子切割，交错叠加灌浆制成强度试验试样的方式。

① 将试样锯成两个半截砖，两个半截砖用于叠合部分的长度不得小于 100mm，如图 3-15 所示。如果不足 100mm，应另取备用试样补足。

② 将已切割开的半截砖放入室温的净水中浸泡 20～30min 后取出，在铁丝网架上滴水 20～30min，以断口相反方向装入制样模具中。用插板控制两个半砖间距不应大于 5mm，砖大面与模具间距不应大于 3mm，砖断面、顶面与模具间垫以橡胶垫或其他密封材料，模具内表面涂油或脱模剂。

图 3-15　半截砖长度示意图

（2）二次成型制样

二次成型制样适用于采用整块样品上下表面灌浆制成强度试验试样的方式。

① 将整块试样放入室温的净水中浸 20～30min 后取出，在铁丝网架上滴水 20～30min。

② 按照净浆材料配置要求，置于搅拌机中搅拌均匀。

③ 模具内表面涂油或脱模剂，加入适量搅拌均匀的净浆材料，将整块试样一个承压面与净浆接触，装入制样模具中，承压面找平层厚度不应大于 3mm。接通振动台电源，振动 0.5～1min，停止振动，静置至净浆材料初凝（15～19min）后拆模。按同样方法完成整块试样另一承压面的找平。

(3) 非成型制样

非成型制样适用于试样无需进行表面找平处理制样的方式。

① 将试样锯成两个半截砖，两个半截砖用于叠合部分的长度不得小于 100mm。如果不足 100mm，应另取备用试样补足。

② 两半截砖切断口相反叠放，叠合部分不得小于 100mm，即为抗压强度试样，半砖叠合示意图如图 3-16 所示。

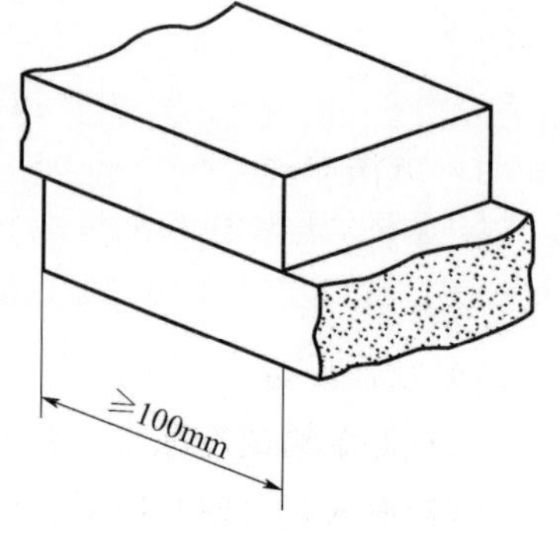

图 3-16　半砖叠合示意图

5) 试样养护

一次成型制样、二次成型制样在不低于 10℃的不通风室内养护 4h。

非成型制样不需养护，试样气干状态直接进行试验。

6) 试验步骤

(1) 测量每个试样连接面或受压面的长、宽尺寸各两个，分别取其平均值，精确至 1mm。

(2) 将试样平放在加压板的中央，垂直于受压面加荷，应均匀平稳，不得发生冲击或振动。加荷速度以 2～6kN/s 为宜，直至试样破坏为止，记录最大破坏荷载。

7) 数据处理

每块试样的抗压强度按式 (3-2) 计算，精确至 0.01MPa。

$$R_p = \frac{P}{L \times B} \tag{3-2}$$

式中　R_P——抗压强度 (MPa)；

P——最大破坏荷载 (N)；

L——受压面 (连接面) 的长度 (mm)；

B——受压面 (连接面) 的宽度 (mm)。

试验结果以试样抗压强度的算术平均值和标准值或单块最小值表示，精确至 0.1MPa。

8) 注意事项

(1) 一般情况下，烧结普通砖采用一次成型制样方式，多孔砖、空心砖采用二次成型制样方式，非烧结普通砖采用非成型制样方式。

(2) 强度标准值是指具有 95%保证概率的强度，样本是 $n=10$ 时的强度标准值按式 (3-3) 计算。

$$f_k = \bar{f} - 1.83S \tag{3-3}$$

式中　f_k——强度标准值 (MPa)；

$\bar{f}$——10 块试样的抗压强度平均值 (MPa)；

S——10 块试样的抗压强度标准差 (mm)。

(3) 试样数量为 10 块。

8. 冻融

1）方法原理

试样通过规定次数的冻融循环后，测定抗压强度、外观质量、质量损失率及抗压强度损失率。

2）仪器设备

（1）低温箱或冷冻室

试样放入箱（室）内温度可调至−20℃或−20℃以下。

（2）水槽

可保持槽中水温 10～20℃。

（3）台称

分度值不大于 5g。

（4）电热鼓风干燥箱

最高温度 200℃。

（5）抗压强度试验设备

同本节 7 条“2）仪器设备”。

3）试样步骤

（1）用毛刷清理试样表面，将试样放入鼓风干燥箱中在（105±5)℃下干燥至恒重，称其质量，并检查外观，将缺棱掉角和裂纹作标记。

（2）将试样浸在 10～20℃水中，24h 后取出，用湿布拭去表面水分，以大于 20mm 的间距大面侧向立放于预先降温至−15℃以下的冷冻箱中。

（3）当箱内温度再降至−15℃时开始计时，在−20～−15℃下冰冻：烧结砖冻 3h；非烧结砖冻 5h。然后取出放入 10～20℃的水中融化；烧结砖不少于 2h；非烧结砖不少于 3h。如此为一次冻融循环。

（4）每 5 次冻融循环，检查一次冻融过程中出现的破坏情况，如冻裂、缺棱、掉角、剥落等。

（5）冻融循环后，检查并记录试样在冻融过程中的冻裂长度、缺棱掉角和剥落等破坏情况。

（6）经冻融循环后的试样，放入鼓风干燥箱中在（105±5)℃下干燥至恒重，称其质量。

（7）干燥后的试样和未经冻融的对比试样按本节抗压强度试验的规定进行抗压强度试验。

4）数据处理

外观结果：冻融循环结束后，检查并记录试样在冻融过程中的冻裂长度、缺棱掉角和剥落等破坏情况。

强度损失率按式（3-4）计算，精确至 0.1％。

$$P_m = \frac{P_0 - P_1}{P_0} \times 100 \tag{3-4}$$

式中　P_m——强度损失率（%）；

P_0——未经冻融的强度对比试样强度（MPa）；

P_1——冻融后干燥试样强度（MPa）。

质量损失率按式（3-5）计算，精确至0.1%。

$$G_m = \frac{m_0 - m_1}{m_0} \times 100 \tag{3-5}$$

式中　G_m——质量损失率（%）；

m_0——试样冻融前的干质量（g）；

m_1——试样冻融后的干质量（g）。

试验结果以试样冻融后抗压强度或抗压强度损失率、冻融后外观质量或质量损失率表示与评定。

5）注意事项

（1）恒重（下同）是指在干燥过程中，前后两次称重时间间隔为2h的情况下，前后两次称量相差不超过0.2%。

（2）经冻融循环后的烧结砖若未发现冻坏现象，则可不进行干燥称量。

（3）试样数量为10块，其中5块用于冻融试验，5块用于未冻融强度对比试验。

9. 体积密度

1）方法原理

测定干燥试样的质量及体积，计算单位体积的质量即为体积密度。

2）仪器设备

（1）电热鼓风干燥箱

最高温度200℃。

（2）台秤

分度值不大于5g。

（3）钢直尺

分度值不大于1mm。

（4）砖用卡尺

分度值不大于0.5mm。

3）试验步骤

（1）清理试样表面，然后将试样置于（105±5）℃鼓风干燥箱中干燥至恒重，称其质量。

（2）将干燥后的试样按本节尺寸测量试验方法的规定测量其长、宽、高尺寸各两个，

分别取其平均值计算体积。

4）数据处理

每块试样的体积密度按式（3-6）计算，精确至 0.1kg/m³。

$$\rho=\frac{m}{V}\times 10^{9} \tag{3-6}$$

式中　ρ——体积密度（kg/m³）；

m——试样干质量（g）；

V——试样体积（mm³）。

试验结果以试样体积密度的算术平均值表示，精确至 1kg/m³。

5）注意事项

（1）用于测定体积密度的试样首先检查外观情况，不得有缺棱、掉角等破损，如有破损，须重新换取备用试样。

（2）试样数量为 5 块，所取试样应外观完整。

10. 吸水率和饱和系数

1）方法原理

通过测定试样的干燥质量、常温水浸泡 24h 湿质量及沸煮 3h 和 5h 的湿质量，计算吸水率和饱和系数。

2）仪器设备

（1）鼓风干燥箱

最高温度 200℃。

（2）台秤

分度值不大于 5g。

（3）蒸煮箱

最高沸煮温度为 100℃，其外形如图 3-17 所示。

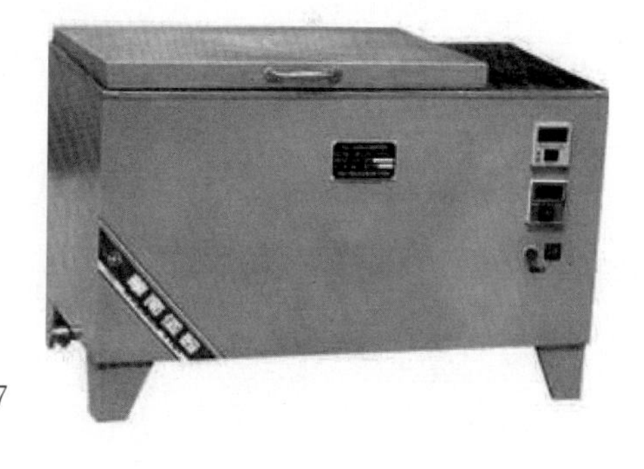

图 3-17　蒸煮箱外形

3）试验步骤

（1）清理试样表面，然后置于（105±5)℃鼓风干燥箱中干燥至恒重，除去粉尘后，称其干质量。

（2）将干燥试样浸入水温 10～30℃的水中 24h。

（3）取出试样，用湿毛巾拭去表面水分，立即称量。

（4）将浸泡 24h 后的湿试样侧立放入蒸煮箱的篦子板上，试样间距不得小于 10mm，注入清水，箱内水面应高于试样表面 50mm，加热至沸腾，沸煮 3h，饱和系数试验沸煮 5h，停止加热冷却至常温。

（5）按称量湿质量的方法称量沸煮3h的湿质量，饱和系数试验称量沸煮5h的湿质量。

4）数据处理

常温水浸泡24h的试样吸水率按式（3-7）计算，精确至0.1%。

$$W_{24}=\frac{m_{24}-m_0}{m_0}\times 100 \tag{3-7}$$

式中　W_{24}——常温水浸泡24h的试样吸水率（%）；

m_0——试样的干质量（g）；

m_{24}——试样浸水24h的湿质量（g）。

试样沸煮3h的吸水率按式3-8计算，精确至0.1%。

$$W_3=\frac{m_3-m_0}{m_0}\times 100 \tag{3-8}$$

式中　W_3——试样沸煮3h的吸水率（%）；

G_3——试样沸煮3h的湿质量（g）；

G_0——试样的干质量（g）。

每块试样的饱和系数按式（3-9）计算。

$$K=\frac{m_{24}-m_0}{m_5-m_0}\times 100 \tag{3-9}$$

式中　K——试样的饱和系数；

m_{24}——常温水浸泡24h的试样湿质量（g）；

m_0——试样的干质量（g）；

m_5——试样沸煮5h的湿质量（g）。

吸水率和饱和系数试验结果均以试样的算术平均值表示。

5）注意事项

（1）称量试样湿质量时，试样表面毛细孔渗出于秤盘中水的质量亦应计入吸水质量中，所得质量为试样的湿质量。

（2）试样数量：吸水率试验为5块，饱和系数试验为5块。所取试样尽可能用整块试样，如需制取应为整块砖样的1/2或1/4。

11. 孔洞率及孔洞结构

1）方法原理

通过测定试样的悬浸质量、面干潮湿状态的质量及体积，计算孔洞率；测量孔洞排数及壁厚、肋厚的最小尺寸，表示孔洞结构。

2）仪器设备

（1）台秤

分度值不大于5g。

（2）盛水容器

水池或水箱或水桶，容积不宜小于 0.02m^3。

（3）吊架

悬挂试样的装置，示意图如图 3-18 所示。

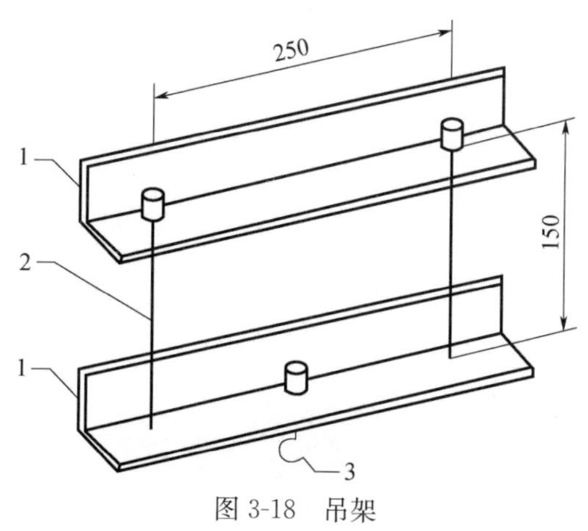

图 3-18　吊架

1—角钢；2—拉筋；3—钩子（与两端拉筋等距离）

（4）砖用卡尺

分度值不大于 0.5mm。

3）试验步骤

（1）按本节尺寸测量方法测量试样的长度、宽度和高度尺寸各 2 个，分别取其算术平均值，精确至 1mm。

（2）将试样浸入室温的水中，水面应高出试样 20mm 以上，24h 后将其分别移到水中，称出试样的悬浸质量。称取悬浸质量的方法如下：将秤置于平稳的支座上，在支座的下方与磅秤中线重合处放置水池或水箱或水桶。在秤底盘上放置吊架，用铁丝把试样悬挂在吊架上，此时试样应离开水桶的底面且全部浸泡在水中，将秤读数减去吊架和铁丝的质量，即为悬浸质量。

（3）将试样从水中取出，放在铁丝网架上滴水 1min，再用拧干的湿布拭去内、外表面的水，立即称其面干潮湿状态的质量。

（4）测量试样最薄处的壁厚、肋厚尺寸，精确至 1mm。

4）数据处理

每个试样的孔洞率按式（3-10）计算。

$$Q=\left(1-\frac{m_2-m_1}{D\times L\times B\times H}\right)\times 100 \tag{3-10}$$

式中　Q——试样的孔洞率（%）；

m_1——试样的悬浸质量（kg）；

m_2——试样面干潮湿状态的质量（kg）；

L——试样长度（mm）；

B——试样宽度（mm）；

H——试样高度（mm）；

D——水的密度（1000kg/m^3）。

试样的孔洞率以试样孔洞率的算术平均值表示。

孔结构以孔洞排数及壁厚、肋厚最小尺寸表示。

5）注意事项

（1）试样数量为5块。

（2）盲孔砖称取悬浸质量时，有孔洞的面朝上，称重前晃动砖体排出孔中的空气，待静置后称量。通孔砖任意放置。

（3）试样数量为5块。

12. 干燥收缩

1）方法原理

测量试件从饱和含水状态，到平衡含水状态的线性变形，表征块体的干燥收缩特性。

2）仪器设备

（1）立式收缩仪

精度不大于0.01mm，上下测点采用90°锥形凹座，其外形如图3-19所示，示意图如图3-20所示。

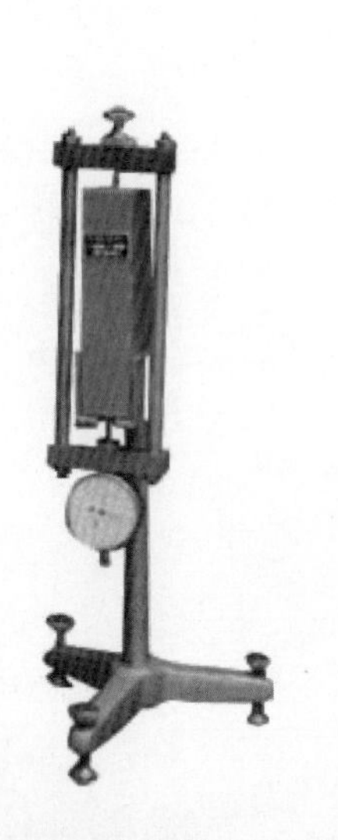

图3-19　收缩测定仪外形

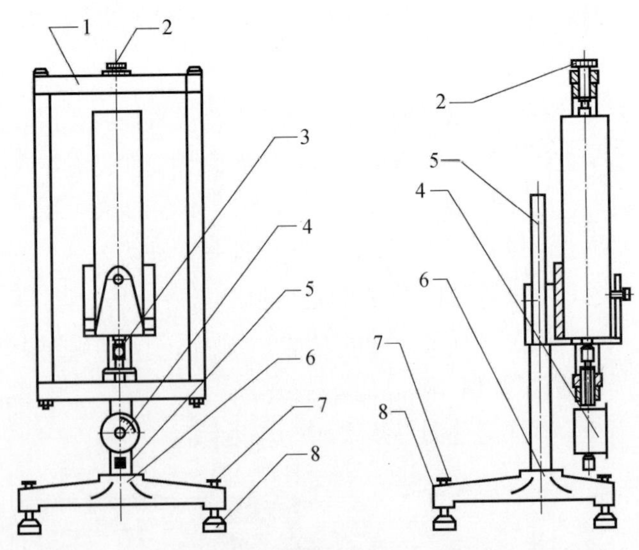

图3-20　收缩测定仪示意图

1—测量框架；2—上支点螺栓；3—下支点；4—百分表；5—立柱；6—底座；7—调平螺栓；8—调平座

（2）收缩头

采用黄铜或不锈钢制成，示意图如图 3-21 所示。

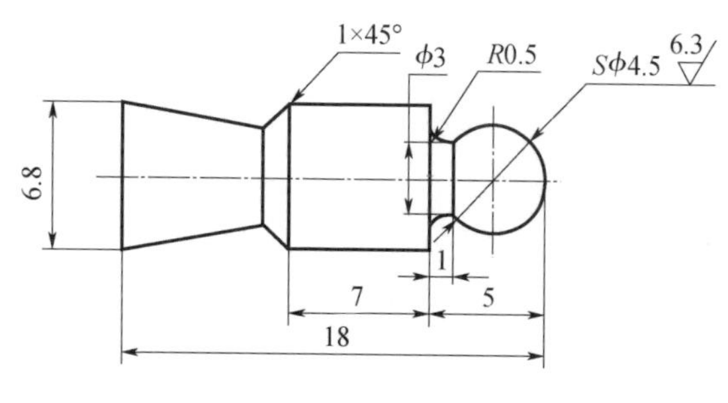

图 3-21　收缩头

（3）鼓风干燥箱或调温调湿箱

箱体容积不小于 0.05m^3或大于试样总体积的 5 倍。

（4）冷却箱

可用金属板加工，且备有温度观测装置及具有良好的密封性。

（5）恒温水槽

水温可保持在（20±1)℃。

（6）搪瓷样盘

可放下 3 块砖试样。

3）试样制备

（1）在试样两个顶面的中心，各钻一个直径为 6～10mm，深度为（13±2）mm 的孔洞。

（2）将试样浸水 4～6h 后取出在孔内灌入水玻璃水泥浆或其他胶粘剂，然后埋置收缩头，收缩头中心线应与试样中心线重合，试样顶面必须平整。2h 后检查收缩头安装是否牢固，否则重装。

4）试验步骤

（1）将试样放置 1d 后，浸入水温为（20±1)℃恒温水槽中，水面应高出试样 20mm，保持 4d。

（2）将试样从水中取出，用湿布拭去表面水分并将收缩头擦干净。

（3）用标准杆调整仪表原点（一般取 5.00mm），然后按标明的测试方向立即测定试样初始长度，记下初始百分表读数。

（4）将试样放入温度为（50±1)℃，湿度以饱和氯化钙控制（每立方米箱体应给予不低于 0.3m^3暴露面积且含有充分固体的氯化钙饱和溶液）的鼓风干燥箱或调温调湿箱中进行干燥。

（5）每隔 1d 从箱中取出试样测长度一次。当试样取出后应立即放入冷却箱中，在(20±1)℃的房间内冷却 4h 后进行测试。测前应校准百分表原点，要求每组试样在 10min 内测完。

（6）按上述反复进行干燥、冷却和测试，直至两次测长读数差在0.01mm范围内时为止，以最后两次的平均值作为干燥后读数。

5）数据处理

干燥收缩值按式（3-11）计算。

$$S=\frac{L_1-L_2}{L_0+L_1-2L-M_0}\times 1000 \tag{3-11}$$

式中　S——干燥收缩值（mm/m）；

L_0——标准杆长度（mm）；

L_1——试样初始长度（百分表读数）（mm）；

L_2——试样干燥后长度（百分表读数）（mm）；

L——收缩头长度（mm）；

M_0——百分表原点（mm）。

试验结果以试样干燥收缩值的算术平均值表示。

6）注意事项

（1）试样应标明测试方向，每次测长时均应按标明的测试方向测定。

（2）试样数量为3块，试样尺寸为40mm×40mm×160mm。

13. 碳化系数

1）方法原理

试样通过人工加速碳化之后，测定抗压强度，与未碳化试样抗压强度相对比，计算碳化系数。

2）仪器设备

（1）碳化箱

下部设有进气口，上部设有排气孔，且有湿度观察装置，盖（门）应严密。其外形如图3-22所示。

图3-22　碳化箱外形

（2）二氧化碳钢瓶

（3）流量计

（4）气体分析仪

（5）台秤

分度值不大于5g。

（6）温度计、湿度计

（7）二氧化碳气体

质量浓度大于80%。

(8) 抗压强度试验设备

同本节7条“2) 仪器设备”。

3) 环境条件

碳化过程的相对湿度控制在90%以下，二氧化碳浓度达60%以上。

4) 二氧化碳浓度

二氧化碳浓度采用气体分析仪测定，第1d、第2d每隔2h测定一次，以后每隔4h测定一次，精确至1%（体积浓度）。并根据测得的二氧化碳浓度，随时调节其流量。

如图3-23所示，装配人工碳化装置，调节二氧化碳钢瓶的针形阀，控制流量使二氧化碳浓度达60%（体积浓度）以上。

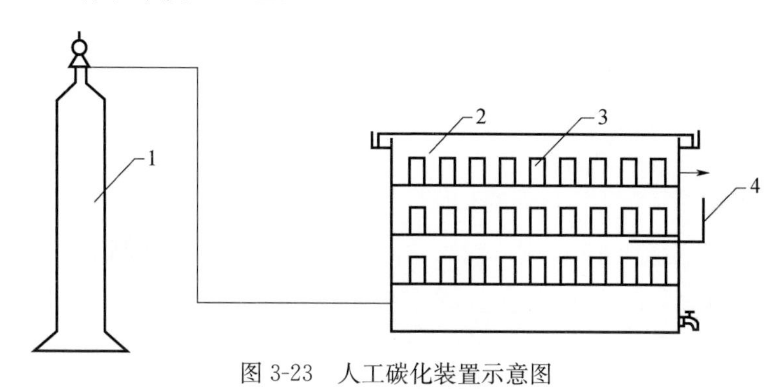

图3-23　人工碳化装置示意图

1—二氧化碳钢瓶；2—碳化箱；3—试样；4—温湿度计

5) 试验步骤

(1) 将用于碳化试验的7块试样在室内放置7d，然后放入碳化箱内进行碳化，试样间隔不得小于20mm。

(2) 碳化开始3d后，每天将用于碳化深度检测试样局部劈开，用1%酚酞乙醇溶液检查碳化程度，当试样中心不显红色时，则认为试样已全部碳化。

(3) 将已全部碳化或进行碳化28d后仍未完全碳化试样和对比试样于室内放置24～36h后，按本节“7. 抗压强度”进行抗压强度试验。

6) 数据处理

碳化系数按式（3-12）计算。

$$K_c = \frac{R_c}{R_0} \tag{3-12}$$

式中　K_c——碳化系数；

R_c——碳化后的抗压强度平均值（MPa）；

R_0——对比试样的抗压强度平均值（MPa）。

试验结果以试样碳化系数或碳化后的抗压强度表示。

7) 注意事项

(1) 1%酚酞乙醇溶液应用质量浓度70%的乙醇配制。

（2）试样数量为 12 块，其中 5 块用于碳化试验，2 块用于碳化深度检查，5 块用于未碳化强度对比试验。

14. 软化系数

1）方法原理

通过测定水浸泡 4d 后的软化试样及未经软化对比试样的抗压强度，计算软化系数。

2）仪器设备

（1）水池或水箱

容积宜大于 5 块试样总体积的 2 倍，能使水温保持在（20±5）℃。

（2）抗压强度试验设备

同本节 7 条“2）仪器设备”。

3）试验步骤

（1）将用于软化试验的 5 块试样浸入（20±5）℃的水中，水面高出试样 20mm 以上，浸泡 4d 后取出，在铁丝网架上滴水 1min，再用拧干的湿布拭去试样表面的水，即为饱和面干状态试样。

（2）将 5 块对比试样，在不低于 10℃的不通风室内，放置 72h 的试样即为气干状态试样。

（3）将软化后试样和未经软化对比试样，按本节“7. 抗压强度”进行抗压强度试验。

4）数据处理

软化系数按式（3-13）计算。

$$K_f = \frac{R_f}{R_0} \tag{3-13}$$

式中 K_f——软化系数；

R_f——软化后的抗压强度平均值（MPa）；

R_0——对比试样的抗压强度平均值（MPa）。

试验结果以试样软化系数或软化后的抗压强度表示。

5）注意事项

（1）在水浸泡过程中，应保证试样与水全面接触，试样下部宜垫起，试样间距宜不小于 20mm。

（2）试样数量为 10 块，其中 5 块用于软化试验，5 块用于未经软化强度对比试验。

15. 结果判定

烧结普通砖的各项检验结果均符合《烧结普通砖》GB/T 5101—2017 相应等级的规

定时，判该批产品相应等级合格，其中有一项不合格，则判该批产品相应等级不合格。

烧结多孔砖的各项检验结果均符合《烧结多孔砖和多孔砌块》GB/T 13544—2011 相应等级的规定时，判该批产品相应等级合格，其中有一项不合格，则判该批产品相应等级不合格。

混凝土实心砖的各项检验结果均符合《混凝土实心砖》GB/T 21144—2007 的规定时，判该批产品相应等级合格，其中有一项不合格，则判该批产品相应等级不合格。

16. 相关标准

《墙体材料统一应用技术规范》GB 50574—2010。

《混凝土实心砖》GB/T 21144—2007。

《承重混凝土多孔砖》GB/T 25779—2010。

《蒸压粉煤灰砖》JC/T 239—2014。

《烧结多孔砖和砌块》GB/T 13544—2011。

《烧结空心砖和空心砌块》GB/T 13545—2014。

《烧结普通砖》GB/T 5101—2017。

《砌墙砖抗压强度试样制备设备通用要求》GB/T 25044—2010。

《砌墙砖抗压强度试验用净浆材料》GB/T 25183—2010。

3.2　混凝土砌块

1. 概述

砌块系指砌筑用的人造块材，外形多为直角六面体，也有各种异形的，砌块系列中主规格的长度、宽度或高度有一项或一项以上分别大于 365mm、240mm 或 115mm，但高度不大于长度或宽度的 6 倍，长度不超过高度的 3 倍。

砌块的分类方法及分类名称见表 3-1。

表 3-1　砌块分类方法及分类名称

按大小分	按密实情况分类	按原材料分类	按承载情况分类
小型砌块 中型砌块 大型砌块	密实砌块 空心砌块 多孔砌块	混凝土砌块 硅酸盐砌块 加气砌块 轻骨料混凝土砌块	承重砌块 非承载砌块

注：1. 小型砌块指系列中主规格的高度大于 115mm 而又小于 380mm 的砌块。
2. 中型砌块指系列中主规格的高度为 380～980mm 的砌块。
3. 大型砌块指系列中主规格的高度大于 980mm 的砌块。

常见的混凝土砌块有普通混凝土小型砌块、轻骨料混凝土小型空心砌块、粉煤灰混凝土小型空心砌块等。

1）普通混凝土小型砌块

普通混凝土小型砌块是以水泥、矿物掺合料、砂、石、水等为原材料，经搅拌、振动成型、养护等工艺制成的小型砌块，包括空心砌块和实心砌块。普通混凝土小型砌块的规格尺寸为：长 390mm，宽 290mm、240mm、190mm、140mm、120mm、90mm，高度 190mm、140mm、90mm，按抗压强度分为 MU5.0、MU7.5、MU10、MU15、MU20、MU25、MU30、MU35、MU40 九个等级。

2）轻骨料混凝土小型空心砌块

轻骨料混凝土小型空心砌块是用轻粗骨料、轻砂（或普通砂）、水泥和水等原材料配制成表观密度不大于 1950kg/m^3 的混凝土制成的小型砌块，主规格尺寸为 390mm×190mm×190mm，按强度等级分为 MU2.5、MU3.5、MU5.0、MU7.5、MU10.0 五个等级，按密度等级分为 700、800、900、1000、1100、1200、1300、1400 八个等级。

3）粉煤灰混凝土小型空心砌块

粉煤灰混凝土小型空心砌块是以粉煤灰、水泥、骨料、水为主要组分（也可加入外加剂等）制成的混凝土小型空心砌块，其主规格尺寸为 390mm×190mm×190mm，按砌孔的排数分为单排孔（1）、双排孔（2）和多排孔（D）三类，按砌块的密度等级分为 600、700、800、900、1000、1200 和 1400 七个等级，按砌块抗压强度分为 MU3.5、MU5、MU7.5、MU10、MU15 和 MU20 六个等级。

2. 检测项目

混凝土砌块的检测项目包括：尺寸偏差、外观质量、强度、块体密度和空心率、吸水率、含水率、相对含水率、干燥收缩值、碳化系数、抗冻性。

3. 依据标准

《混凝土砌块和砖试验方法》GB/T 4111—2013。

4. 尺寸偏差

1）方法原理

利用钢直尺或钢卷尺测量砌块的长度、宽度、高度、壁厚、肋厚等尺寸。

2）仪器设备

量具：钢直尺或钢卷尺，分度值不大于 1mm。

3）试验方法

（1）外形为完整直角六面体的块材，长度在条面的中间、宽度在顶面的中间、高度在顶面的中间测量。每项在对应两面各测一次，取平均值，精确至 1mm。

（2）辅助砌块和异型砌块，长度、宽度和高度应测量块材相应位置的最大尺寸，精确至 1mm。特殊标注部位的尺寸也应测量，精确至 1mm；块材外形非完全对称时，至少应在块材对立面的两个位置上进行全面的尺寸测量，并草绘或拍下测量位置的图片。

（3）带孔块材的壁厚、肋厚在最小部位测量，选两处各测一次，取平均值，精确至 1mm。

4）数据处理

尺寸偏差以实际测量值与规定尺寸的差值表示，精确至 1mm。

5）注意事项

（1）在测量时不考虑凹槽、刻痕及其他类似结构。

（2）试件数量依据产品标准确定。

5. 外观质量

1）方法原理

利用钢直尺或钢卷尺测量混凝土砌块的弯曲、缺棱掉角和裂纹长度。

2）仪器设备

量具：钢直尺或钢卷尺，分度值不大于 1mm。

3）试验方法

（1）弯曲：将直尺贴靠坐浆面、铺浆面和条面，测量直尺与试件之间的最大间距，精确至 1mm，如图 3-24 所示。

(2) 缺棱掉角：将直尺贴靠棱边，测量缺棱掉角在长、宽、高度三个方向的投影尺寸，精确至 1mm，如图 3-25 所示。

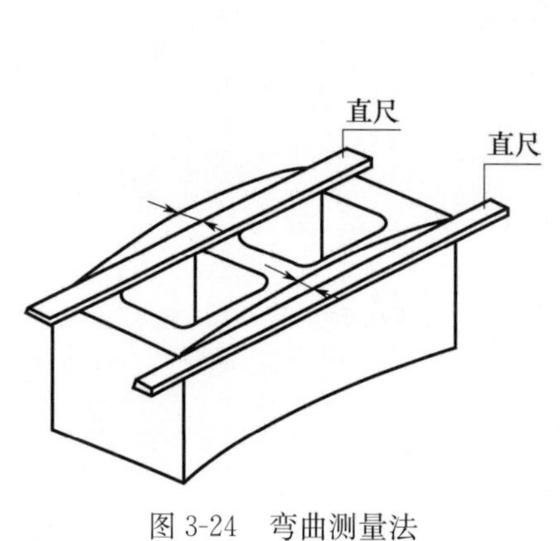

图 3-24　弯曲测量法

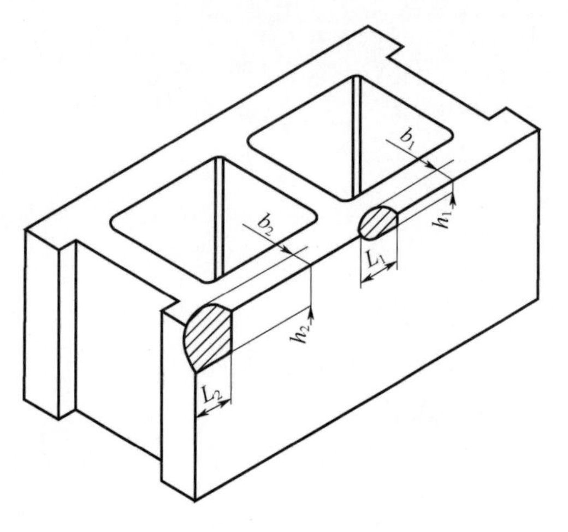

图 3-25　缺棱掉角尺寸测量法

L_1、L_2—缺棱掉角在长度方向的投影尺寸；

b_1、b_2—缺棱掉角在宽度方向的投影尺寸；

h_1、h_2—缺棱掉角在高度方向的投影尺寸

(3) 裂纹：用钢直尺测量裂纹在所在面上的最大投影尺寸，如图 3-26 中的 L_2 或 h_3。如裂纹由一个面延伸到另一面时，则累计其延伸的投影尺寸，精确至 1mm，如图 3-26 中的 b_1+h_1。

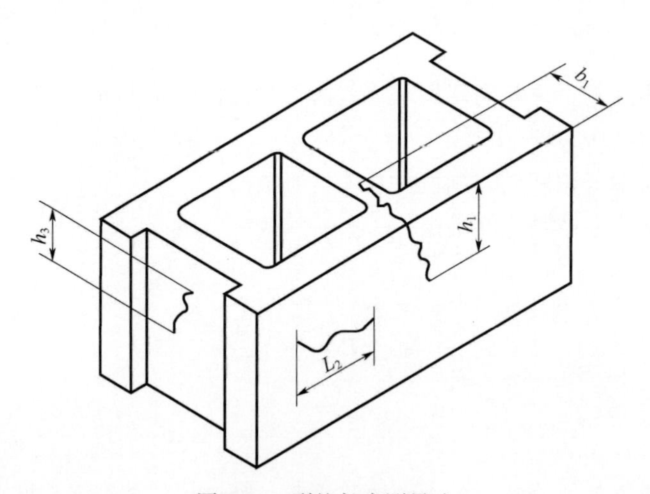

图 3-26　裂纹长度测量法

L_2—裂纹在长度方向的投影尺寸；b_1—裂纹在宽度方向的投影尺寸；h_1—裂纹在高度方向的投影尺寸

4) 数据处理

弯曲、缺棱掉角和裂纹长度的测量结果以最大测量值表示，精确至 1mm。

5）注意事项

（1）弯曲测量时不应将因杂质或碰伤造成的凹处计算在内。

（2）试件数量依据产品标准确定。

6. 抗压强度（标准法）

1）方法原理

通过对砌块进行高宽比的调整及上、下承压面找平，测定砌块在受到压力负荷作用而破坏时的极限应力，计算单位面积承受的极限破坏应力。

2）仪器设备

（1）材料试验机

示值相对误差不应超过 1%，量程选择应能使试件的预期破坏荷载落在满量程的 20%～80%之间。试验机的上、下压板应有一端为球铰支座，可随意转动。

（2）辅助压板

当试验机的上压板或下压板支撑面不能完全覆盖试件的承压面时，应在试验机压板与试件之间放置一块钢板作为辅助压板。辅助压板的长度、宽度分别应至少比试件的长度、宽度大 6mm，厚度应不小于 20mm；辅助压板经热处理后的表面硬度应不小于 60HRC，平面度公差应小于 0.12mm。

（3）试件制备平台

应平整、水平，使用前要用水平仪检验找平，其长度方向范围内的平面度应不大于 0.1mm，可用金属或其他材料制作。

（4）玻璃平板

厚度不小于 6mm，面积应比试件承压面大。

（5）水平仪

规格为 250～500mm。

（6）直角靠尺

直角靠尺应有一端长度不小于 120mm，分度值不大于 1mm。

（7）钢直尺

分度值不大于 1mm。

3）找平和粘结材料

（1）水泥砂浆

① 采用强度等级不低于 42.5 级的普通硅酸盐水泥和细砂制备的砂浆，用水量以砂浆稠度控制在 65～75mm 为宜，3d 抗压强度不低于 24.0MPa。

② 普通硅酸盐水泥应符合 GB 175 规定的技术要求。

③ 细砂应采用天然河砂，最大粒径不大于 0.6mm，含泥量小于 1.0%，泥块含量为 0。

(2) 高强石膏

① 高强石膏2h龄期的湿强度不应低于24.0MPa。

② 实验室购入的高强石膏，应在3个月内使用；若超出3个月贮存期，应重新进行抗压强度检验，合格后方可继续使用。

③ 除缓凝剂外，高强石膏中不应掺加其他任何填料和外加剂。高强石膏的供应商需提供缓凝剂掺量及配合比要求。

(3) 快硬水泥

初凝时间应不大于25min，终凝时间应不小于180min，应符合GB 20472规定的技术要求。

(4) 试件处理

① 用于制作试件的试件的尺寸应整。若侧面有凸出或不规则的肋，需先做切除处理，以保证制作的抗压强度试件四周侧面平整；块体孔洞四周应被混凝土壁或肋完全封闭。制作出来的抗压强度试件应是由一个或多个孔洞组成的直角六面体，并保证承压面100%完整。对于混凝土小型空心砌块，当其端面（砌筑时的竖灰缝位置）带有深度不大于8mm的肋或槽时，可不做切除或磨平处理。试件的长度尺寸仍取砌块的实际长度尺寸。

② 试件应在温度(20±5)℃、相对湿度(50±15)%的环境下调至恒重后，方可进行抗压强度试件制作。试件散放在实验室时，可叠层码放，孔应平行于地面，试件之间的间隔应不小于15mm。如需提前进行抗压强度试验，可使用电风扇以加速实验室内空气流动速度。当试件2h后的质量损失不超过前次质量的0.2%，且在试件表面用肉眼观察见不到有水分或潮湿现象时，可认为试件已恒重。试件不允许用烘干箱来干燥。

4) 试件制备

(1) 高宽比(H/B)的计算

计算试件在实际使用状态下的承压高度(H)与最小水平尺寸(B)之比，即试件的高宽比(H/B)。若$H/B \geq 0.6$时，可直接进行试件制备；若$H/B < 0.6$时，则需采取叠块方法来进行试件制备。

(2) $H/B \geq 0.6$时的试件制备

在试件制备平台上先薄薄地涂一层机油或铺一层湿纸，将搅拌好的找平材料均匀摊铺在试件制备平台上，找平材料层的长度和宽度应略大于试件的长度和宽度。选定试件的铺浆面作为承压面，把试件的承压面压入找平材料层，用直角靠尺来调控试件的垂直度。坐浆后的承压面至少与两个相邻侧面成90°垂直关系。找平材料层厚度应不大于3mm。当承压面的水泥砂浆找平材料终凝后2h或高强石膏找平材料终凝后20min，将试件翻身，按上述方法进行另一面的坐浆。试验压入找平材料后，除坐浆后的承压面至少与两个相邻侧面成90°垂直关系外，需同时用水平仪调控上表面至水平。为节省试件制作时间，可在试件承压面处理后立即在向上的一面铺设找平材料，压上事先涂油的玻璃平板，边压边观察试件的上承压面的找平材料层，将气泡全部排除，并用直角靠尺使坐浆后的承压面至少与两个相邻侧面成90°垂直关系，用水平尺将上承压面调至水平。上、下两层找平材料层的

厚度均应不大于 3mm。

(3) $H/B<0.6$ 时的试件制备

将同批次、同规格尺寸、开孔结构相同的两块试件，先用找平材料将它们重叠粘结在一起。粘结时，需用水平仪和直角靠尺进行调控，以保持试件的四个侧面中至少有两个相邻侧面是平整的。粘结后的试件应满足：粘结层厚度不大于 3mm；两块试件的开孔基本对齐；当试件的壁和肋厚度上下不一致时，重叠粘结时应是壁和肋厚度薄的一端，与另一块壁和肋厚度厚的一端相对接。

当粘结两块试件的找平材料终凝 2h 后，再按上述方法进行试件两个承压面的找平。

(4) 试件高度的测量

制作完成的试件，按本节尺寸测量方法测量试件的高度，若 4 个读数的极差大于 3mm，试件需重新制备。

5) 试件养护

将制备好的试件放置在 (20±5)℃、相对湿度 (50±15)%的实验室内进行养护。找平和粘结材料采用快硬硫铝酸盐水泥砂浆制备的试件，1d 后方可进行抗压强度试验；找平和粘结材料采用高强石膏粉制备的试件，2h 后可进行抗压强度试验；找平和粘结材料采用普通水泥砂浆制备的试件，3d 后进行抗压强度试验。

6) 试验步骤

(1) 按本节尺寸测量方法测量每个试件承压面的长度和宽度，分别求出各个方向的平均值，精确至 1mm。将试件放在试验机下压板上，要尽量保证试件的重心与试验机压板中心重合。除需特意将试件的开孔方向置于水平外，试件时块材的开孔方向应与试验机加压方向一致。实心块材测试时，摆放的方向需与实际使用时一致。

(2) 试验机加荷应均匀平稳，不应发生冲击或振动，加荷速度以 4～6kN/s 为宜，均匀加荷至试件破坏，记录最大破坏荷载。

7) 数据处理

试件的抗压强度按式 (3-14) 计算，精确至 0.01MPa。

$$f=\frac{P}{L\times B} \tag{3-14}$$

式中　f——试件的抗压强度 (MPa)；

P——最大破坏荷载 (N)；

L——受压面长度 (mm)；

B——受压面宽度 (mm)。

试验结果以 5 个试件抗压强度的平均值和单个试件的最小值来表示，精确至 0.1MPa。

8) 注意事项

(1) 试件数量为 5 个。

(2) 试件的抗压强度试验值应视为试件的抗压强度值。

(3) 外形为完整直角六面体的块材、可裁切出完整直角六面体的辅助砌块和异形砌块，其抗压强度试验按此方法进行。

7. 抗压强度（取芯法）

1）方法原理

在不规则尺寸和形状特殊的混凝土砌块上取直径为（70±1）mm或（100±1）mm的芯样，测定其抗压强度，标示块材的抗压强度。

2）仪器设备

（1）材料试验机

示值相对误差不应超过1%，量程选择应能使试件的预期破坏荷载落在满量程的20%～80%之间。试验机的上、下压板应有一端为球铰支座，可随意转动。

（2）混凝土钻芯机

图3-27　混凝土钻芯机外形

内径可有70mm和100mm两种；应具有足够的刚度、操作灵活，并应有水冷却系统。钻芯机主轴的径向跳动不应超过0.1mm，工作时噪声不应大于90dB。钻取芯样时宜采用金刚石或人造金刚石薄壁钻头。钻头胎体不应有肉眼可见的裂缝、缺边、少角、倾斜及喇叭口变形。钻头胎体对刚体的同心度偏差不应大于0.3mm，钻头的径向跳动不应大于1.5mm。混凝土钻芯机外形如图3-27所示，示意图如图3-28所示。

（3）锯切机

应具有冷却系统和牢固夹紧芯样的装置；配套使用的人造金刚石圆锯片应有足够的刚度。其外形如图3-29所示。

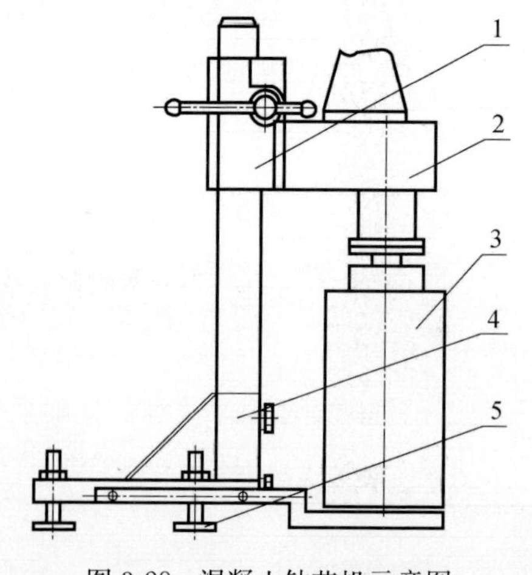

图3-28　混凝土钻芯机示意图

1—滑座；2—齿轮箱；3—钻头；4—机架；5—调节螺钉

图3-29　锯切机外形

（4）补平装置或研磨机

除保证芯样的端面平整外，尚应保证断面与轴线垂直。

（5）量具

钢直尺，分度值不大于 1mm；游标卡尺，分度值不大于 0.02mm；塞尺，分度值不大 0.01mm；游标量角器，分度值不大于 0.1°。塞尺外形如图 3-30 所示，游标量角器外形如图3-31 所示。

图 3-30　塞尺外形

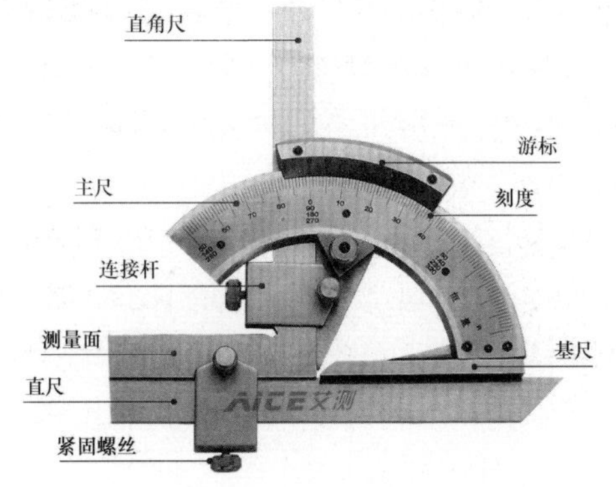

图 3-31　游标量角器外形

（6）找平和粘结材料

同本节 6 条“3）找平和粘结材料”。

3）试件制备

（1）试件数量为 5 个，试件直径为（70±1）mm 或（100±1）mm，高径比（高度与直径之比）以 1.00 为基准，亦可采用高径比 0.8～1.2 的试件。一组 5 个试件的取芯直径应一致。

（2）当试验采用（70±1）mm 芯样试件，单个芯样厚度（试件的高度方向）小于 56mm；试验采用（100±1）mm 芯样试件，单个芯样厚度小于 80mm 时，试件采用取自同一块砌块上的两块芯样，进行同心粘结。粘结材料应满足本节 6 条“3）找平和粘结材料”的要求，厚度应小于 3mm。

（3）试件的两个端面宜采用磨平机磨平；也可采用满足 6 条“3）找平和粘结材料”要求的找平材料修补，其修补层厚度不宜超过 1.5mm。

（4）经修复的试件在进行抗压强度试验前，按本节 6 条 3）项“（5）试件养护”进行养护。

（5）在进行抗压强度试验前，应对试件进行下列几何尺寸的检验：

① 直径。用游标卡尺测量试件的中部，在相互垂直的两个位置分别测量，取其算数平均值，精确至 0.5mm，当沿试件高度的任一处直径与平均直径相差大于 2mm 时，该试件作废。

② 高度。用钢直尺在试件由底至面相互垂直的两个位置分别测量，取其算术平均值，

精确至1mm。

③ 垂直度。用游标量角器测量两个端面与母线的夹角，精确至0.1°，当试件端面与母线的不垂直度大于1°时，该试件作废。

④ 平整度。用钢直尺紧靠在试件端面上转动，用塞尺量测钢直尺和试件端面之间的缝隙，取其最大值，当此缝隙大于0.1mm时，该试件作废。

4）试验步骤

（1）将试件放在试验机下压板上时，要尽量保证试件的圆心与试验机压板中心重合。

（2）试验机加荷应均匀平稳，不得发生冲击或振动。（70±1）mm芯样试件的加荷速度以1～3kN/s、（100±1）mm芯样试件的加荷速度以2～4kN/s为宜，直至试件破坏为止，记录极限破坏荷载。

5）数据处理

（100±1）mm芯样试件的单个试件抗压强度推定值按式（3-15）计算，精确至0.1MPa。

$$f_{cucoe100}=\frac{F_c}{\pi\left(\frac{\phi}{2}\right)^2} \tag{3-15}$$

式中　$f_{cucoe100}$——单个试件的抗压强度推定值（MPa）；

F_c——极限破坏荷载（N）；

ϕ——试件直径（mm）。

（70±1）mm芯样试件的单个试件抗压强度推定值按式（3-16）计算，精确至0.1MPa。

$$f_{cucoe70}=1.273\,\frac{F_c}{\phi^2\times K_0}\times\eta_A\times\eta_k \tag{3-16}$$

式中　$f_{cucoe70}$——单个试件的抗压强度推定值（MPa）；

F_c——极限破坏荷载（N）；

ϕ——试件直径（mm）；

η_A——不同高径比试件的换算系数，可按表3-2选用；

η_k——换算系数，换算成直径和高度均为100mm的抗压强度值，$\eta_k=1.12$；

K_0——换算系数，换算成边长150mm立方体试件的抗压强度的推定值，按表3-3选用。

表3-2　η_A 值

高径比	0.8	0.9	1.0	1.1	1.2
η_A	0.90	0.95	1.00	1.04	1.07

表3-3　K_0 值

抗压强度	≤C20	C25～C30	C35～C45
K_0	0.82	0.85	0.88

试验结果以5块试件抗压强度推定值的平均值和单个试件的最小值来表示，精确至0.1MPa。

6）注意事项

（1）从待检的砌块中随机选择5块，在每块上各钻取一个芯样，共计5个。芯样钻取方向宜与砌块成型时的布料方向垂直。

（2）每个芯样试件取好后，测量其直径的实际值，编号备用。

（3）试件的抗压强度试验值应视为试件的抗压强度值。

（4）不规则尺寸和形状特殊的混凝土块材，如建筑墙体用圈梁砌块、水工护坡砌块、干垒挡土墙砌块等块材的抗压强度试验可采用此方法。

8. 抗折强度

1）方法原理

测定混凝土砌块在受到弯曲负荷作用而破坏时的极限应力，计算单位面积承受的极限折断应力。

2）仪器设备

（1）材料试验机

示值误差应不大于1%，其量程选择应能使试件的预期破坏荷载落在满量程的20%～80%之间，试验机加荷速度在100～1000N/s内可调。

（2）支撑棒和加压棒

直径35～40mm，长度应满足大于试件抗折断面长度的要求，材料为钢质，数量为3根；加压棒应有铰支座。在每次使用前，应在工作台上用水平尺和直角靠尺校正支撑棒和加压棒，满足直线性的要求时方可使用。支撑棒由安放在底板上的两根钢棒组成，其中至少有一根是可以自由滚动，如图3-32所示。

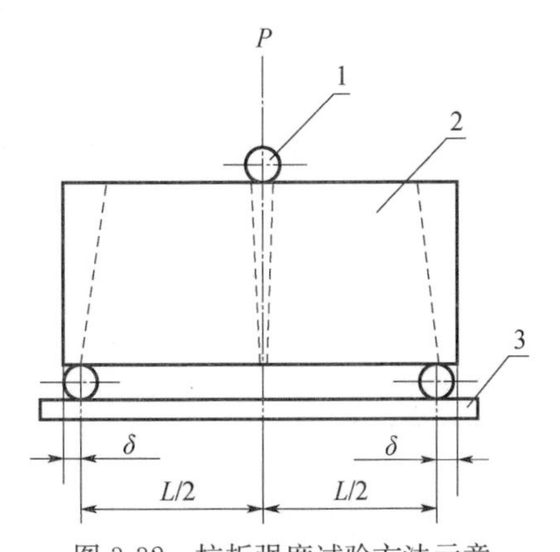

图3-32　抗折强度试验方法示意

1—钢棒；2—试件；3—承压板

δ取值：混凝土空心砌块取1/2肋厚；混凝土多孔（空心）砖取10mm

3）试验步骤

（1）在块材试件的两大面上分别画出水平中心线，再在水平中心的中心点引垂线至上、下底部（试件抹浆面），分别连接试件上、下底部中心点形成抹浆面的中心线。沿抹浆面中心线与块材底部棱边向两边画出$L/2$的位置（支座点），L为公称长度减一个公称肋厚，如图3-32所示。

（2）将试件置于材料试验机承压板上，调整位置使试件的上部中心线与试验机中心线重合，在试件的上部中心线处放置一根钢棒。试件底部放上两根钢棒分别对准试件的两个支座线，形成如图3-32所示的结构受力图，使其满足δ的取值要求。

（3）使加压棒的中线与试验机的压力中心重合，以50N/s的速度加荷至试验机开始显示读书就立即停止加荷。用量具在试件两侧测量图3-32中的L值、两侧的δ值，以及加压棒居中程度。L值取试件两侧面测量值的平均值，精确至1mm。加压棒与试件长度方向中心线重叠误差应不大于1mm、两侧的δ值相差应不大于1mm，有一项超出要求，试验机需卸载、试件重新放置，直至满足要求。

（4）以（250±50）N/s的速度加荷直至试件破坏。记录最大破坏荷载。

4）数据处理

每个试件的抗折强度按式（3-17）计算，精确至0.01MPa。

$$f_Z = \frac{3PL}{2BH^2} \tag{3-17}$$

式中　f_Z——试件的抗折强度（MPa）；

P——破坏荷载（N）；

L——抗折支座上两钢棒轴心间距（mm）；

B——试件宽度（mm）；

H——试件高度（mm）。

试验结果以5个试件抗折强度的算术平均值和单块最小值表示，精确至0.1MPa。

5）注意事项

（1）试件数量为完整砌块5个。

（2）试件上部中心线处放置的钢棒，可以用试验机自带抗折压头直接替代加压棒使用。

（3）按尺寸测量方法测量每个试件的高度和宽度，分别求出各个方向的平均值。混凝土空心砌块试件还需测量块两侧端头的最小肋厚，取平均值，精确至1mm。

（4）此方法只适用于外形为完整直角六面体的块材、可裁切出完整直角六面体的辅助砌块和异型砌块。

9. 块体密度和空心率

1）方法原理

通过测量块材的体积和绝干质量，计算块体密度；通过测量块材浸水24h的悬浮质量和面干潮湿状态的质量，计算空心率。

2）仪器设备

（1）电子秤

感量精度不大于0.005kg。

(2) 水池或水箱

最小容积应能放置一组试件。

(3) 水桶

大小应能悬浸一个块材试件。

(4) 吊架

示意图如图 3-33 所示。

(5) 电热鼓风干燥箱

温控精度为±2℃。

3) 试验步骤

(1) 按本节尺寸测量方法测量完整块材试件的长度、宽度、高度，分别求出各个方向的平均值。

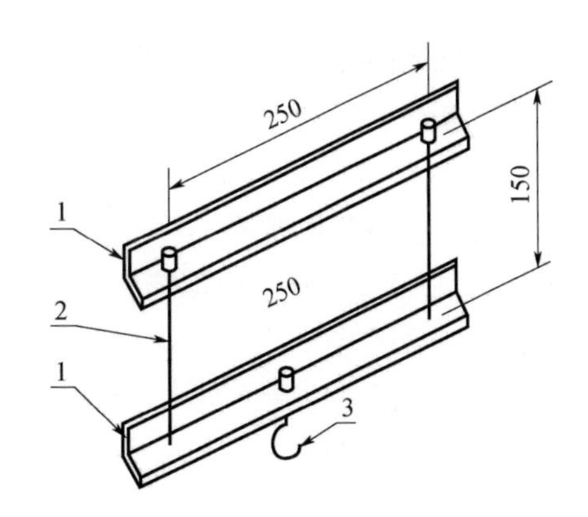

图 3-33　吊架示意图

1—30mm×30mm 角钢；2—拉筋；3—钩子，与两端拉筋等距离

(2) 将试件浸入室温 15～25℃的水中，水面应高出试件 20mm 以上，24h 后将其分别移到水桶中，称出试件的悬浸质量，精确至 0.005kg。

(3) 将试件从水中取出，放在铁丝网架上滴水 1min，再用拧干的湿布拭去内、外表面的水，立即称其面干潮湿状态的质量，精确至 0.005kg。

(4) 将试件放入电热鼓风干燥箱内，在 (105±5)℃温度下至少干燥 24h，然后每间隔 2h 称量一次，直至两次称量之差不超过后一次称量的 0.2%为止。

(5) 待试件在电热鼓风干燥箱内冷却至室温之差不超过 20℃后取出，立即称其绝干质量，精确至 0.005kg。

4) 数据处理

每个试件的体积按式 (3-18) 计算。

$$V = l \times b \times h \times 10^{-9} \tag{3-18}$$

式中　V——试件的体积 (m^3)；

l——试件的长度 (mm)；

b——试件的宽度 (mm)；

h——试件的高度 (mm)。

每个试件的密度按式 (3-19) 计算，精确至 $10kg/m^3$。

$$\gamma = \frac{m}{V} \tag{3-19}$$

式中　γ——试件的密度 (kg/m^3)；

m——试件的绝干质量 (kg)；

V——试件的体积 (m^3)。

块体密度以 3 个试件块体密度的算术平均值表示，精确至 $10kg/m^3$。

每个试件的空心率按式 (3-20) 计算，精确至 1%：

$$K_\gamma = [1-(m_2-m_1)/(\rho \times V)] \times 100 \tag{3-20}$$

式中　K_γ——试件的空心率 (%)；

m_1——试件的悬浸质量（kg）；

m_2——试件面干潮湿状态的质量（kg）；

V——试件的体积（m^3）；

ρ——水的密度，1000kg/m^3。

块材的空心率以3个试件空心率的算术平均值表示，精确至1%。

水工护坡砌块、干垒挡土墙砌块、路面砖和路缘石等非建筑物墙用块材混凝土的实际体积按式（3-21）计算。

$$V=(m_2-m_1)/\rho \tag{3-21}$$

式中　m_1——试件的悬浸质量（kg）；

m_2——试件饱和面干状态的质量（kg）；

V——试件的体积（m^3）；

ρ——水的密度，1000kg/m^3。

5）注意事项

（1）称取试件悬浸质量方法：将磅秤置于平稳的支座上，在支座的下方与磅秤中线重合处放置水桶。在磅秤底盘上放置吊架，用铁丝把试件悬挂在吊架上，此时试件应离开水桶的底面且全部浸泡在水中。将磅秤读数减去吊架和铁丝的质量，即为悬浸质量。

（2）试件应为完整砌块3个。

10. 含水率、吸水率和相对含水率

1）方法原理

通过测定块材在取样时的质量、绝干质量、饱和面干状态的质量，计算其含水率、吸水率和相对含水率。

2）仪器设备

（1）电热鼓风干燥箱

温控精度为±2℃。

（2）电子秤

感量精度不大于0.005kg。

（3）水池或水箱

最小容积应能放置一组试件。

3）试验步骤

（1）试件取样后立即用毛刷清理试件表面及孔洞内粉尘，称取其质量。如试件用塑料袋密封运输，则在拆袋前先将试件连同包装袋一起称量，然后减去包装袋的质量，即得试件在取样时的质量，精确至0.005kg。

（2）将试件浸入室温15～25℃的水中，水面应高出试件20mm以上，24h后取出，放

在铁丝网架上滴水 1min，再用拧干的湿布拭去内、外表面的水，立即称量试件面干潮湿状态的质量，精确至 0.005kg。

(3) 将试件放入电热鼓风干燥箱内，在 (105±5)℃温度下至少干燥 24h，然后每间隔 2h 称量一次，直至两次称量之差不超过后一次称量的 0.2%为止。

(4) 待试件在电热鼓风干燥箱内冷却至室温之差不超过 20℃后取出，立即称其绝干质量，精确至 0.005kg。

4) 数据处理

每个试件的含水率按式 (3-22) 计算，精确至 0.1%。

$$W_1 = \frac{m_0 - m}{m} \tag{3-22}$$

式中　W_1——试件的含水率 (%)；

m_0——试件在取样时的质量 (kg)；

m——试件的绝干质量 (kg)。

块材的含水率以 3 个试件含水率的算术平均值表示，精确至 1%。

每个试件的吸水率按式 (3-23) 计算，精确至 0.1%。

$$W_2 = \frac{m_2 - m}{m} \times 100 \tag{3-23}$$

式中　W_2——试件的吸水率 (%)；

m_2——试件饱和面干状态的质量 (kg)；

m——试件的绝干质量 (kg)。

块材的吸水率以 3 个试件吸水率的算术平均值表示。精确至 1%。

块材的相对含水率按式 (3-24) 计算，精确至 1%。

$$W = \frac{\overline{W_1}}{\overline{W_2}} \times 100 \tag{3-24}$$

式中　W——块材的相对含水率 (%)；

$\overline{W_1}$——3 个块材含水率的平均值 (%)；

$\overline{W_2}$——3 个块材吸水率的平均值 (%)。

5) 注意事项

(1) 试件应为完整砌块 3 个。

(2) 取样后应立即用塑料袋包装密封。

(3) 用塑料袋密封运输的试件，如果袋内有试件中析出的水珠，应将水珠擦拭干或用暖风吹干后再称量包装袋的重量。

11. 干燥收缩值

1) 方法原理

测量试件在规定温度及相对湿度下两侧长头之间长度的变化，计算干燥收缩值。

2）仪器设备

（1）手持应变仪

测量装置应用带表盘的千分表，并应有足够大的测量范围。

（2）恒温恒湿箱或电热鼓风干燥箱

最小容积应能放置 3 个完整的测试试件，并且每一个测试试件四周的净空间距至少 25mm 以上；能满足（50±1)℃的温度和（17±2)％相对湿度控制精度要求。

（3）水池或水箱

最小容积应能放置 1 组试件。

（4）测长头

由不锈钢或黄铜制成，如图 3-34 所示。

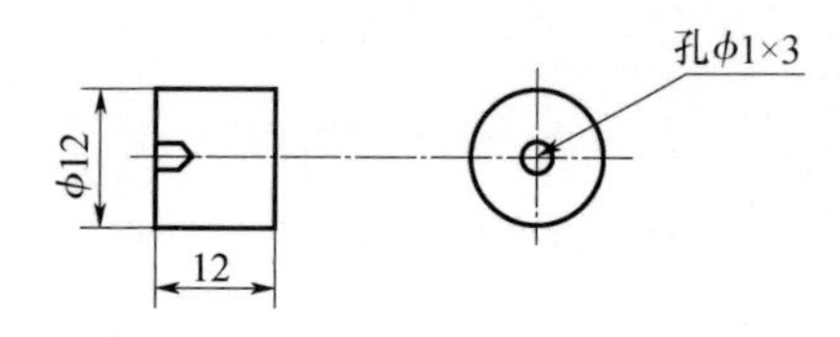

图 3-34　测长头

（5）台钻或麻花钻

带有深度限位尺，精度不大于 1mm。

3）试件制备

（1）在每个试件任一条面上画出中心线，用手持应变仪配备的标距定位器，在中心线上确定测长头安装插孔的位置。在确定的位置上用直径为 12mm 的钻头钻孔，孔深（14±2）mm。

（2）安装测长头前，测长头插孔应干燥且无灰尘。用胶粘剂（水泥—水玻璃浆或环氧树脂）注入插孔后，用标距杆把测长头挤压到合适的标距。擦掉多余的黏合剂。砌块试件的测量标距为 250^{0}_{-2}mm，砖试件的测量标距为 150^{0}_{-2}mm。

4）试验步骤

（1）将测长头粘牢固后的试件浸入室温 15～25℃的水中，水面高出试件 20mm 以上，浸泡 4d。但在测试前 4h 水温应保持为（20±3)℃。

（2）将试件从水中取出，放在铁丝网架上滴水 1min，再用拧干的湿布拭去内外表面的水，立即用手持应变仪测量两个测长头之间的初始长度，记录初始千分表读数，精确至 0.001mm。手持应变仪在测长前需用标准杆（长度为两个测头之间的初始长度，一般标注在标准杆上）调整或校核，并记录千分表原点读数。一般宜取千分表量程的一半。要求每组试件在 15min 内测完。

（3）将试件静置在温度（20±5)℃、相对湿度应大于 80％的空气中；2d 后放入满足本节 11 条 2）项（2）款要求的恒温恒湿箱或电热鼓风干燥箱内，相对湿度用放在浅盘中的氯化钙过饱和溶液控制，当电热鼓风干燥箱容量为 1m^3 时，溶液暴露面积应不小于 0.3m^2；在整个测试过程中，在盘子或托盘内，应含有充足的固体氯化钙，从而使晶体露出溶液的表面。氯化钙溶液每 24h 至少彻底地搅拌一次，如果需要的话，可以搅拌更多的次数，以防止氯化钙溶液形成块状或者表面生成渣壳。

（4）试件在满足本节 11 条 2）项（2）款要求的条件下放置 3d 后，然后在（20±3)℃条件下冷却 3h 后取出，用手持应变仪测长一次，并记录千分表读数。

（5）将试件进行第二周期的干燥。第二周期的干燥及以后各周期的干燥延续时间均为

2d。干燥结束后再按上述方法冷却和测长。反复进行干燥和测长，直到试件长度达到稳定。此时的长度即为干燥后的长度，记录侧长时千分表读数。

5）数据处理

每个试件的干燥收缩值，按式（3-25）计算，精确至 0.01mm/m。

$$S=\frac{M_1-M}{L_0+M-M_0}\times 1000 \tag{3-25}$$

式中　S——试件干燥收缩值（mm/m）；

M_1——测量试件初始长度时千分表读数（mm）；

M——测量试件干燥后长度时千分表读数（mm）；

L_0——标准杆长度（mm）；

M_0——千分表原点（mm）；

1000——系数（mm/m）。

块材的干燥收缩值以 3 个试件干燥收缩值的算术平均值表示，精确至 0.01mm/m。

6）注意事项

（1）为保证干燥均匀一致性，在每一次测量时，在干燥箱里的每一个试样，都要被轮换到不同的位置。

（2）长度达到稳定是指试件在上述温度、湿度条件下连续干燥三个周期后，3 个试件长度变化的平均值不超过 0.005mm。

（3）试件应为完整砌块 3 个。

12. 软化系数

1）方法原理

通过测定水浸泡 4d 后的软化试样及未经软化对比试样的抗压强度，计算软化系数。

2）仪器设备

（1）抗压强度试验设备

同本节第 6 条“2）仪器设备”。

（2）水池或水箱

最小容积应能放置 1 组试件。

3）试验步骤

（1）从经过养护后的两组试件中，任取一组 5 个试件浸入室温 15～25℃的水中，水面高出试件 20mm 以上，浸泡 4d 后取出，在铁丝网架上滴水 1min，再用拧干的湿布拭去内、外表面的水分。另外一组 5 个试件放置在温度（20±5)℃、相对湿度（50±15)%的实验室内进行养护。

（2）将 5 个饱和面干的试件和其余 5 个同龄期的气干状态对比试件，按产品要求采用适宜的抗压强度试验方法的规定进行试验。

4）数据处理

块材的软化系数按式（3-26）计算，精确至0.01。

$$K_1 = \frac{f_1}{f} \tag{3-26}$$

式中　K_1——块材的软化系数；

f_1——5个饱和面干试件的抗压强度平均值（MPa）；

f——5个气干状态的对比试件的抗压强度平均值（MPa）。

5）注意事项

（1）在水浸泡过程中，应保证试样与水全面接触，试样下部宜垫起，试样间距宜不小于20mm。

（2）试件找平和粘结材料应采用水泥砂浆。

（3）试件数量为两组10个，所需试样数应依据产品所采用的抗压强度试验方法确定，应够制作两组10个强度试件的需要。

13. 碳化系数

1）方法原理

试样通过人工加速碳化之后，测定抗压强度，与未碳化试样抗压强度相对比，计算碳化系数。

2）仪器设备

（1）抗压强度试验设备

同本节第6条“2）仪器设备”。

（2）碳化试验箱

容积至少放一组以上的试件。箱内环境条件应能控制在：二氧化碳体积浓度为（20±3）%，相对湿度为（70±5）%，温度为（20±2）℃的范围内。

3）试验步骤

（1）将需碳化的块材放入碳化箱内进行碳化试验，块材间距应不小于20mm；抗压强度对比块材放置的环境条件为：温度（20±2）℃、相对湿度（70±5）%。

（2）碳化7d后，每天将同一个测试碳化情况的块材端部敲开，深度不小于20mm，用质量浓度为1%～2%的酚酞乙醇溶液检查碳化深度，当测试块材剖面中心不显红色时，及测试块材已完全碳化，则认为碳化箱中全部块材已全部碳化，碳化试验结束；若测试块材剖面中心显红色，即测试块材尚未完全碳化，应继续进行碳化试验，直至28d碳化试验结束。

（3）将已完全碳化或已碳化28d仍未完全碳化的全部块材，与同龄期抗压强度对比块

材同时按本节“6. 抗压强度（标准法）”进行试件制备、养护和抗压强度试验。

4）数据处理

块材的碳化系数按式（3-27）计算，精确至 0.01。

$$K_c = \frac{f_c}{f} \tag{3-27}$$

式中　K_c ——块材的软化系数；

f_c ——碳化后 5 个试件的抗压强度平均值（MPa）；

f ——未碳化的 5 个对比试件的抗压强度平均值（MPa）。

5）注意事项

（1）当块材需按取芯法进行抗压强度试验时，碳化块材和对比块材的抗压强度试件的制作、养护和抗压强度试验，应按取芯法的要求进行。试件数量、计算和评定方法不变。

（2）试件数量为两组 12 个。一组 5 块为未碳化强度对比试件，一组 7 块为碳化试件，其中 2 块用于测试碳化情况。当采用标准法进行抗压强度试验时，如果试样高宽比 $H/B < 0.6$ 时，所需试样数量应够制作两组 10 个试件的需要，另外再加 2 个用于测试碳化情况的试样。

14. 抗冻性

1）方法原理

试样通过规定次数的冻融循环后，测定其抗压强度损失率、质量损失率和外观质量。

2）仪器设备

（1）冷冻室、冻融试验箱或低温冰箱

最低温度可调至−30℃。

（2）水池或水箱

最小容积应能放置 1 组试件。

（3）抗压强度试验设备

同本节第 6 条“2）仪器设备”。

3）试验步骤

（1）分别检查两组 10 个试件所需试样，用毛刷清除表面及孔洞内的粉尘，在缺棱掉角处涂上油漆，注明编号。将块材逐块放置在实验室内静置 48h，块与块之间的间距不得小于 20mm。

（2）将一组 5 个冻融试件所需块材，均浸入 15～25℃的水池或水箱中，水面应高出试样 20mm 以上，试样间距不得小于 20mm。另一组 5 个对比强度试件所需试样，放置在实验室，室温宜控制在（20±5）℃。

（3）浸泡 4d 后从水中取出试样，在支架上滴水 1min，再用拧干的湿布拭去内、外表面的水，在 2min 内立即称量每个块材饱和面干状态的质量，精确至 0.005kg。

（4）将冻融试样放入预先降至－15℃的冷冻室或低温冰箱中，试件应放置在断面为 20mm×20mm 的格栅上，间距不小于 20mm。当温度再次降至－15℃时开始计时。冷冻 4h 后将试件取出，再置于水温为 15～25℃的水池或水箱中融化 2h。这样一个冷冻和融化的过程即为一个冻融循环。

（5）每经 5 次冻融循环，检查一次试样的破坏情况，如开裂、缺棱、掉角、剥落等，并做出记录。

（6）在完成规定次数的冻融循环后，将试样从水中取出，立即用毛刷清除表面及孔洞内已剥落的碎片，再按（3）的方法称量每个试样冻融循环后饱和面干状态的质量。24h 后与在实验室内放置的对比试样一起，按试样不同的抗压强度试验方法进行抗压强度试件的制备，在温度（20±5）℃、相对湿度（50±15）%的实验室内养护 24h 后，再按（2）、（3）的方法进行饱水，然后进行试件的抗压强度试验。

4）数据处理

试件的单块抗压强度损失率按式（3-28）计算，精确至 1%。

$$K_i = \frac{f_\mathrm{f} - f_i}{f_\mathrm{f}} \times 100 \tag{3-28}$$

式中　K_i——试件的单块抗压强度损失率（%）；

f_f——5 个未冻融抗压强度试件的抗压强度平均值（MPa）；

f_i——单块冻融试件的抗压强度值（MPa）。

报告 5 个冻融试件所需试样的外观检查结果。

试件的平均抗压强度损失率按式（3-29）计算，精确至 1%。

$$K_\mathrm{R} = \frac{f_\mathrm{f} - f_\mathrm{R}}{f_\mathrm{f}} \times 100 \tag{3-29}$$

式中　K_R——试件的平均抗压强度损失率（%）；

f_f——5 个未冻融抗压强度试件的抗压强度平均值（MPa）；

f_R——5 个冻融试件的抗压强度平均值（MPa）。

试样的单块质量损失率按式（3-30）计算，精确至 0.1%。

$$K_m = \frac{m_3 - m_4}{m_3} \times 100 \tag{3-30}$$

式中　K_m——试样的质量损失率（%）；

m_3——试样冻融前的质量（kg）；

m_4——试样冻融后的质量（kg）。

质量损失率以 5 个冻融试件所需试样质量损失率的平均值表示，精确至 0.1%。

抗冻性以冻融试件的抗压强度损失率、质量损失率和外观检验结果表示。

5）注意事项

（1）试件找平和粘结材料应采用水泥砂浆。

（2）试件数量为两组 10 个，所需试样数应依据产品所采用的抗压强度试验方法确定，

应够制作两组 10 个强度试件的需要。

15. 结果判定

普通混凝土小型砌块的各项检验结果均符合《普通混凝土小型砌块》GB/T 8239—2014 相应等级技术要求时，判该批砌块符合相应等级，其中有一项不合格，则判该批产品相应等级不合格。

16. 相关标准

《普通混凝土小型砌块》GB/T 8239—2014。
《轻集料混凝土小型空心砌块》GB/T 15229—2011。
《粉煤灰混凝土小型空心砌块》JC/T 862—2008。
《干垒挡土墙用混凝土砌块》JC/T 2094—2011。
《烧结空心砖和空心砌块》GB/T 13545—2014。
《墙体材料统一应用技术规范》GB 50574—2010。

3.3　蒸压加气混凝土砌块

1. 概述

蒸压加气混凝土砌块是一种性能非常优越的轻质、保温、用途广泛的新型墙体材料，具有节约能源、节约资源，能有效利用工业固体废弃物，达到保护环境的效果。它不仅可以代替烧结实心砖用于砌筑墙体，而且可以作为保温材料用于节能建筑。

蒸压加气混凝土砌块的规格尺寸为：长度 600mm，宽度 300mm、250mm、240mm、200mm、180mm、150mm、125mm、120mm、100mm，高度为 300mm、250mm、240mm、200mm。强度级别有 A1.0、A2.0、A2.5、A3.5、A5.0、A7.5、A10 七个级别，干密度有 B03、B04、B05、B06、B07、B08 六个级别。按尺寸偏差与外观质量、干密度、抗压强度和抗冻性分为优等品（A）、合格品（B）两个等级。

2. 检测项目

蒸压加气混凝土砌块检测项目包括：尺寸、外观质量、干密度和含水率、抗压强度、干燥收缩、抗冻性。

3. 依据标准

《蒸压加气混凝土砌块》GB/T 11968—2006。

《蒸压加气混凝土性能试验方法》GB/T 11969—2008。

4. 尺寸

1）方法原理

利用钢直尺或钢卷尺测量蒸压加气混凝土砌块的长度、宽度、高度尺寸。

2）仪器设备

量具：钢直尺或钢卷尺，分度值不大于 1mm。

3）试验方法

长度、高度、宽度分别在两个对应面的端部测量，各量 2 个尺寸，如图 3-35 所示。

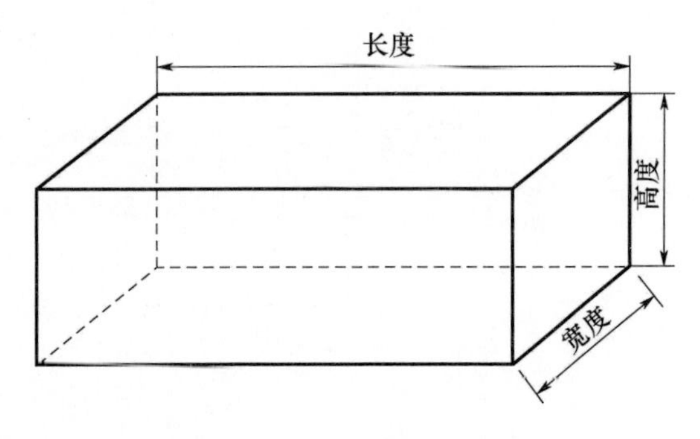

图 3-35　尺寸测量示意图

4）数据处理

测量值大于规格尺寸的取最大值，测量值小于规格尺寸的取最小值。

5）注意事项

（1）在测量时不考虑凹槽、刻痕及其他类似结构。

（2）试件数量为 50 块。

5. 外观质量

1）方法原理

利用钢直尺及深度游标卡尺测量混凝土砌块的缺棱掉角、裂纹、平面弯曲、爆裂、粘

模和损坏深度，目测砌块表面油污、表面疏松、层裂、缺棱掉角个数、裂纹条数。

2）仪器设备

量具：钢直尺，深度游标卡尺，分度值不大于 1mm。

3）试验方法

（1）缺棱掉角：目测缺棱或掉角个数；用钢直尺测量砌块破坏部分对砌块的长、高、宽三个方向的投影面积尺寸，如图 3-36 所示。

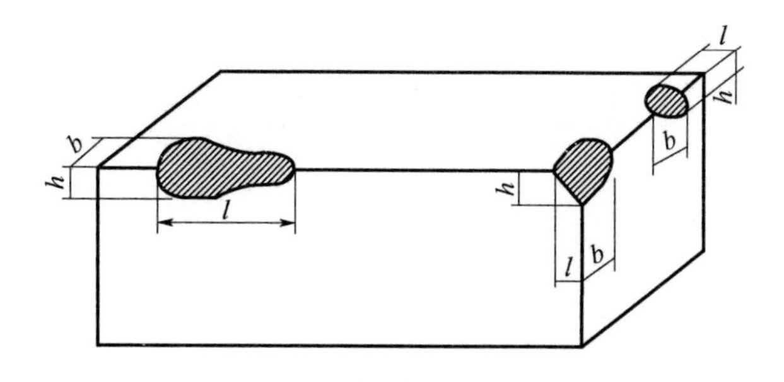

图 3-36　缺棱掉角测量示意图

l—长度方向的投影尺寸；h—高度方向的投影尺寸；b—宽度方向的投影尺寸

（2）裂纹：目测裂纹条数；长度以所在面最大的投影尺寸为准。若裂纹从一面延伸至另一面，则以两个面上的投影尺寸之和为准，如图 3-37 中的（$b+h$）和（$l+h$）。

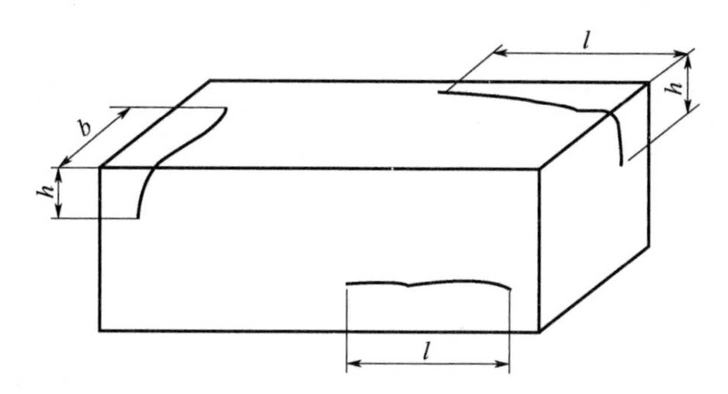

图 3-37　缺棱掉角测量示意图

l—长度方向的投影尺寸；h—高度方向的投影尺寸；b—宽度方向的投影尺寸

（3）平面弯曲：测量弯曲面的最大缝隙尺寸，如图 3-38 所示。

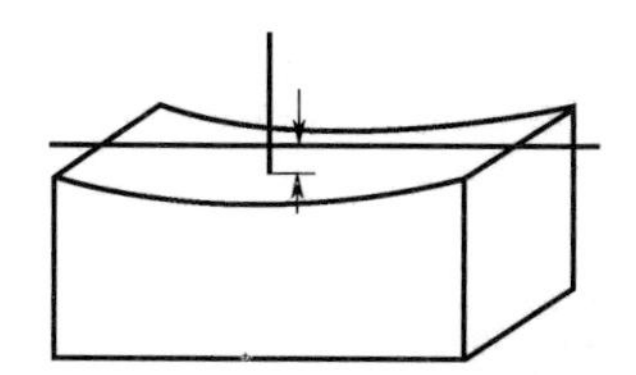
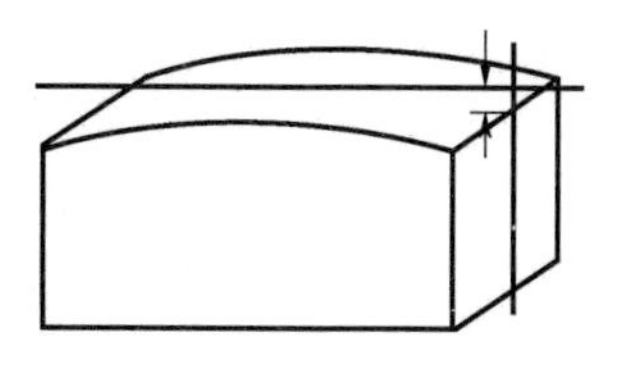

图 3-38　平面弯曲测量示意图

(4) 爆裂、粘模和损坏深度：将钢直尺平放在砌块表面，用深度游标卡尺垂直于钢直尺，测量其最大深度。

(5) 目测砌块表面油垢、表面疏松、层裂。

4) 注意事项

(1) 蒸压加气混凝土砌块不应有未切割面，其切割面不应有切割附着屑。

(2) 试件数量为 50 块。

6. 干密度和含水率试验

1) 方法原理

测定试件初始质量及烘干后质量，计算干密度和含水率。

2) 仪器设备

(1) 电热鼓风干燥箱

最高温度 200℃。

(2) 天平

称量不小于 2000g，感量不大于 1g。

(3) 钢直尺

规格不小于 300mm，分度值不大于 0.5mm。

3) 试件制备

(1) 试件的制备，采用机锯或刀锯，锯切时不得将试件弄湿。

(2) 试件应沿制品发气方向中心部分上、中、下顺序锯取一组，“上”块上表面距离制品顶面 30mm，“中”块在制品正中处，“下”块下表面离制品底面 30mm。制品的高度不同，试件间隔略有不同，以高度 600mm 的制品为例，试件锯取部位如图 3-39 所示。

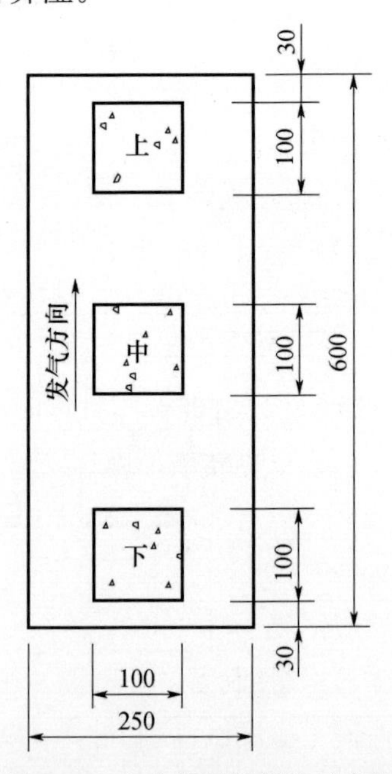

图 3-39　立方体试件锯取示意图

4) 试验步骤

(1) 取试件 1 组 3 块，逐块量取长、宽、高三个方向的轴线尺寸，精确至 1mm，计算试件的体积；并称取试件质量，精确至 1g。

(2) 将试件放入电热鼓风干燥箱内，在 (60±5)℃ 下保温 24h，然后在 (80±5)℃ 下保温 24h，再在 (105±5)℃ 下烘至恒重，称取试件质量。

5) 数据处理

干密度按式 (3-31) 计算，精确至 1kg/m^3。

$$r_0 = \frac{M_0}{V} \times 10^6 \tag{3-31}$$

式中　r_0——干密度（kg/m^3）；

M_0——试件烘干后质量（g）；

V——试件体积（mm^3）。

含水率按式（3-32）计算，精确至 0.1%。

$$W_s = \frac{M - M_0}{M_0} \times 100 \tag{3-32}$$

式中　W_s——含水率（%）；

M_0——试件烘干后质量（g）；

M——试件烘干前质量（g）。

试验结果按 3 块试件试验的算术平均值进行评定。

6）注意事项

（1）试件为 100mm×100mm×100mm 正立方体，1 组 3 块。

（2）试件表面必须平整，不得有裂缝或明显缺陷，尺寸允许偏差为±2mm。

（3）试件应逐块编号，标明锯取部位和发气方向。

（4）恒重（下同）指在烘干过程中间隔 4h，前后两次质量差不超过试件质量的 0.5%。

7. 抗压强度

1）方法原理

测定立方体试件在受到压力负荷作用而破坏时的极限应力，计算单位面积承受的极限破坏应力。

2）仪器设备

（1）材料试验机

精度不应低于±2%，量程选择应能使试件的预期最大破坏荷载处在全量程的 20%～80%。

（2）天平

称量不小于 2000g，感量不大于 1g。

（3）电热鼓风干燥箱

最高温度 200℃。

（4）钢直尺

规格不小于 300mm，分度值不大于 0.5mm。

3）试件制备

同干密度试件制备。

4）试验步骤

（1）检查试件外观，测量试件的尺寸，精确至 1mm，并计算试件的受压面积。

（2）将试件放在材料试验机的下压板的中心位置，开动试验机，当上压板与试件接近时，调整球座，使接触均衡。

（3）以（2.0±0.5）kN/s 的速度连续而均匀地加荷，直至试件破坏，记录破坏荷载。

（4）将试验后的试件全部或部分立即称取质量，然后在（105±5）℃下烘至恒重，计算其含水率。

5）数据处理

抗压强度按式（3-33）计算，精确至 0.1MPa。

$$f_{cc}=\frac{p_1}{A_1} \tag{3-33}$$

式中　f_{cc} ——试件的抗压强度（MPa）；

p_1 ——破坏荷载（N）；

A_1 ——试件受压面积（mm^2）。

6）注意事项

（1）试件的受压方向应垂直于制品的发气方向。

（2）试件在含水率 8%～12%下进行试验。如果含水率超过上述规定范围，则在（60±5）℃下烘至所要求的含水率。

8. 干燥收缩

1）方法原理

将试件浸水后，放置在调温调湿箱中，反复干燥测量其长度和质量的变化，直至质量变化小于 0.1%为止，计算试件干燥收缩值及各测试点干燥收缩值和含水率，描绘出对应于含水率的干燥收缩曲线。

干燥收缩值检测方法分为标准法和快速法。标准法采用温度为（20±2）℃、相对湿度为（43±2）%的调温调湿箱，快速法采用温度为（50±1）℃、相对湿度为（30±2）%的调温调湿箱。当两种方法的结果有争议时，以标准法为准。

2）仪器设备

（1）立式收缩仪

精度不大于 0.01mm。

（2）收缩头

采用黄铜或不锈钢制成，如图 3-40 所示。

（3）电热鼓风干燥箱

最高温度为 200℃。

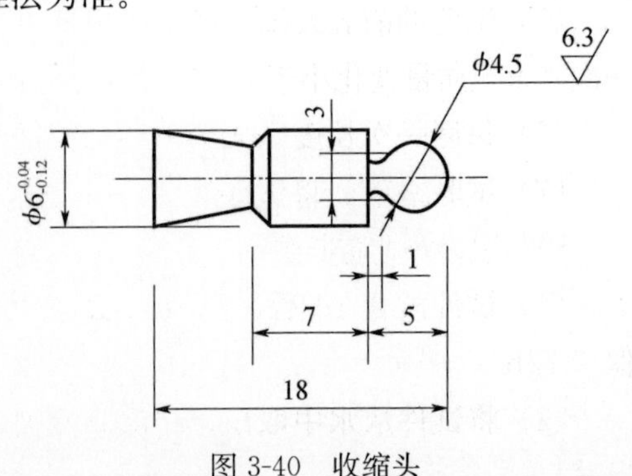

图 3-40　收缩头

(4) 调温调湿箱

最高工作温度为 150℃，最高相对湿度为 (95±3)%。

(5) 天平

称量不小于 500g，感量不大于 0.1g。

(6) 干湿球温度计

最高温度为 100℃。

(7) 恒温水槽

水温为 (20±2)℃。

(8) 干燥器

容积能装下 1 组 3 个试件。

3) 试件制备

(1) 试件的制备，采用机锯或刀锯，锯切时不得将试件弄湿。

(2) 试件应从当天出釜的制品中部锯取，试件长度方向平行于制品的发气方向，其锯取部位如图 3-41 所示。锯好后立即将试件密封，以防碳化。

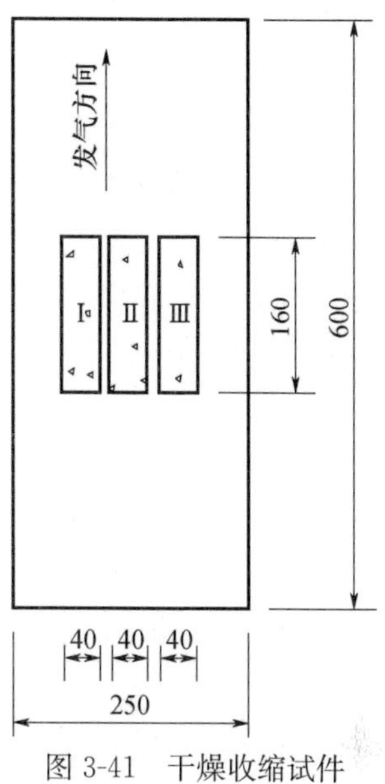

图 3-41　干燥收缩试件锯取示意图

(3) 在试件的两个端面中心，各钻一个直径为 6～10mm、深度为 13mm 的孔洞。在孔洞内灌入玻璃水泥浆（或其他胶粘剂），然后埋置收缩头，收缩头中心线应与试件中心线重合，试件端面必须平整。2h 后，检查收缩头安装是否牢固，否则重装。

4) 标准法试验步骤

(1) 试件放置 1d 后，浸入水温为 (20±2)℃恒温水槽中，水面应高出试件 30mm，保持 72h。

(2) 将试件从水中取出，用湿布抹去表面水分，并将收缩头擦干净，立即称取试件的质量。

(3) 用标准杆调整仪表原点（一般取 5.00mm），然后按标明的测试方向立即测定试件初始长度，记下初始百分表读数。

(4) 将试件放在温度为 (20±2)℃，相对湿度为 (43±2)%的调温调湿箱中。

(5) 试验的前五天每天将试件在 (20±2)℃的房间内测长度一次，以后每隔 4d 测长度一次，直至质量变化小于 0.1%为止，测前需校准仪器原点，要求每组试件在 10min 内测完。

(6) 每测一次长度，应同时称取试件的质量。

(7) 试验结束，将试件按“6. 干密度和含水率”试验烘至恒重，并称取质量。

5) 快速法试验步骤

(1) 试件放置 1d 后，浸入水温为 (20±2)℃恒温水槽中，水面应高出试件 30mm，保持 72h。

(2) 将试件从水中取出，用湿布抹去表面水分，并将收缩头擦干净，立即称取试件的质量。

（3）用标准杆调整仪表原点（一般取 5.00mm），然后按标明的测试方向立即测定试件初始长度，记下初始百分表读数。

（4）将试件置于调温调湿箱内，控制箱内温度为（50±1）℃、相对湿度为（30±2）%。

（5）试验的前两天每 4h 从箱内取出试件测长度一次，以后每天测长度一次。当试件取出后应立即放入无吸湿剂的干燥器中，在（20±2）℃的房间内冷却 3h 后进行测试。测前须校准仪器百分表原点，要求每组试件在 10min 内测完。

（6）按上述方法反复进行干燥、冷却和测试，直到质量变化小于 0.1%为止。

（7）每测一次长度，应同时称取试件的质量。

（8）试验结束，将试件按“6. 干密度和含水率”试验烘至恒重，并称取质量。

6）数据处理

干燥收缩值按式（3-34）计算，精确至 0.01mm/m。

$$\Delta = \frac{s_1 - s_2}{s_0 - (y_0 - s_1) - s} \times 1000 \tag{3-34}$$

式中　Δ——干燥收缩值（mm/m）；

s_0——标准杆长度（mm）；

y_0——百分表的原点（mm）；

s_1——试件初始长度（百分表读数）（mm）；

s_2——试件干燥后长度（百分表读数）（mm）；

s——二个收缩头长度之和（mm）。

收缩值以 3 块试件试验值的算数平均值进行评定。

含水率按式（3-35）计算，精确至 0.1%。

$$W_s = \frac{M - M_0}{M_0} \times 100 \tag{3-35}$$

式中　W_s——含水率（%）；

M_0——试件烘干后质量（g）；

M——试件烘干后质量（g）。

结果按 3 块试件试验值的算数平均值进行评定。

7）干燥收缩特性曲线绘制

（1）干燥收缩特性曲线是反映蒸压加气混凝土在不同含水状态下至干燥后收缩曲线，由各测试点的计算干燥收缩值绘制。

（2）各测试点的含水率按式（3-35）计算。

（3）各测试点的干燥收缩值按式（3-36）计算，精确至 0.01mm/m。

$$\Delta_i = \frac{s_i - s_2}{s_0 - (y_0 - s_i) - s} \times 1000 \tag{3-36}$$

式中　Δ_i——各测试点干燥收缩值（mm/m）；

s_0——标准杆长度（mm）；

y_0 ——百分表的原点（mm）；

s_i ——试件在各测试点长度（百分表读数）（mm）；

s_2 ——试件干燥后长度（百分表读数）（mm）；

s ——二个收缩头长度之和（mm）。

（4）以 3 个试件在各测试点的收缩值和含水率的算数平均值，精确至 0.01mm/m，在图 3-42 中描绘出对应于含水率的干燥收缩曲线。

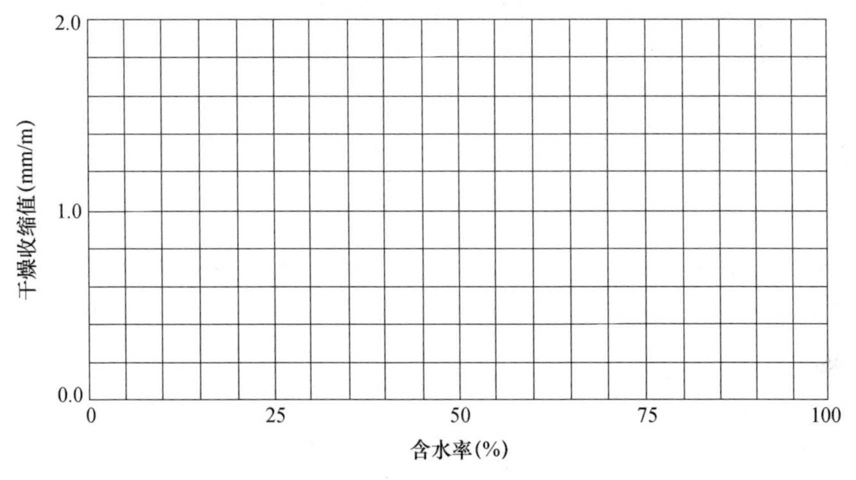

图 3-42　干燥收缩特性曲线绘制格式

8）注意事项

（1）试件为 40mm×40mm×160mm 一组 3 块，尺寸允许偏差为（－1～0）mm。

（2）试件长度测试误差为±0.01mm，称取质量误差为±0.1g。

9. 抗冻性

1）方法原理

测定经 15 次冻融后试件的抗压强度值及质量损失率。

2）仪器设备

（1）低温箱或冷冻箱

最低工作温度为－30℃以下。

（2）恒温水槽

水温为（20±5）℃。

（3）天平或磅秤

称量不小于 2000g，感量不大于 1g。

（4）电热鼓风干燥箱

最高温度 200℃。

3）试件制备

同第 6 条“3）试件制备”。

4）试验步骤

（1）将冻融试件放在电热鼓风干燥箱内，在（60±5)℃下保温 24h，然后在（80±5)℃下保温 24h，再在（105±5)℃下烘至恒重。

（2）试件冷却至室温后，立即称取质量，精确至 1g，然后浸入水温为（20±5)℃恒温水槽中，水面高出试件 30mm，保持 48h。

（3）取出试件，用湿布抹去表面水分，放入预先降温至－15℃以下的低温箱或冷冻室中，其间距不小于 20mm，当温度降至－18℃时记录时间。在（－20±2)℃下冻 6h 取出，放入水温为（20±5)℃的恒温水槽中，融化 5h 作为一次冻融循环，如此冻融循环 15 次为止。

（4）每隔 5 次循环检查并记录试件在冻融过程中的破坏情况。

（5）冻融过程中，发现试件呈明显的破坏，应取出试件，停止冻融试验，并记录冻融次数。

（6）将经 15 次冻融后的试件，放入电热鼓风干燥箱内，按第 5 条 1）项（3）条试验方法规定烘至恒重。

（7）试件冷却至室温后，立即称取质量，精确至 1g。

（8）将冻融后试件按“7. 抗压强度”试验方法有关规定，进行抗压强度试验。

5）数据处理

质量损失率按式（3-37）计算，精确至 0.1%

$$M_m = \frac{M_0 - M_s}{M_0} \times 100 \quad (3\text{-}37)$$

式中　M_m——质量损失率（%）；

M_0——冻融试件试验前的干质量（g）；

M_s——经冻融试验后试件的干质量（g）。

冻后试件的抗压强度按式（3-33）计算，精确至 0.1MPa。

抗冻性按冻融试件的质量损失率平均值和冻后的抗压强度平均值进行评定。

6）注意事项

（）试件为 100mm×100mm×100mm 正立方体，1 组 3 块。

（2）试件表面必须平整，不得有裂缝或明显缺陷，尺寸允许偏差为±2mm。

（3）试件应逐块编号，标明锯取部位和发气方向。

10. 结果判定

蒸压加气混凝土砌块的各项检验结果符合《蒸压加气混凝土砌块》GB/T 11968—

2006 相应等级的技术要求规定时，判定为相应等级合格，否则降等或判定为不合格。

蒸压加气混凝土砌块应存放 5d 以上方可出厂。

11. 相关标准

《蒸压加气混凝土砌块》GB/T 11968—2006。

《蒸压加气混凝土性能试验方法》GB/T 11969—2008。

《墙体材料统一应用技术规范》GB 50574—2010。

第4章　电线电缆及建筑电器

4.1　电线电缆

1. 概述

电线电缆是传输电能、电信号和实现电磁能转换的线材产品。电缆通常由传输电力或电信号的缆芯和起到保护、绝缘作用的护套组成。只含有一条缆芯而且直径较细的电缆通常被称为电线。也有些电线没有绝缘护套，被称为裸线。电缆中的缆芯由导电性能良好的金属材料制成，通常使用铜（导电性能良好）或铝及铝合金（成本较低）。

建筑行业检测中最常遇到的是电力电缆，该类产品品种规格繁多，应用范围广泛。其主要的工艺技术有拉制、绞合、绝缘挤出（绕包）、成缆、铠装和护层挤出等，各种产品的不同工序组合有一定区别。

2. 检测项目

标志、结构检查、外形尺寸、导体电阻、绝缘电阻、绝缘（护套）厚度、绝缘（护套）机械性能、电压试验、高温压力、低温弯曲、曲挠试验、不延燃试验

3. 依据标准

《电缆的导体》GB/T 3956—2008。

《额定电压 450/750V 及以下聚氯乙烯绝缘电缆 第 2 部分：试验方法》GB/T

5023.2—2008。

《电缆和光缆绝缘和护套材料通用试验方法 第 11 部分：通用试验方法 厚度和外形尺寸测量机械性能试验》GB/T 2951.11—2008。

《电线电缆电性能试验方法 第 4 部分：导体直流电阻试验》GB/T 3048.4—2007。

《电线电缆电性能试验方法 第 8 部分：交流电压试验》GB/T 3048.8—2007。

《电线电缆电性能试验方法 第 5 部分：绝缘电阻试验》GB/T 3048.5—2007。

《电缆和光缆绝缘和护套材料通用试验方法 第 31 部分：聚氯乙烯混合料专用试验方法-高温压力试验-抗开裂试验》GB/T 2951.31—2008。

《电缆和光缆绝缘和护套材料通用试验方法 第 14 部分：通用试验方法-低温试验》GB/T 2951.14—2008。

《电缆和光缆在火焰条件下的燃烧试验 第 12 部分：单根绝缘电线电缆火焰垂直蔓延试验 1kW 预混合型火焰试验方法》GB/T 18380.12—2008。

4. 标志

1）方法原理

通过目测检查试样标志的内容、清晰度是否符合标准要求，利用棉布擦拭试样表面的标志，检测其耐擦性。

2）仪器设备

（1）卷尺

精度不大于 1mm。

（2）棉布或脱脂棉。

3）环境条件

室温为（23±5)℃，相对湿度为（50±20)％。

4）试验步骤

（1）标志检查包含

标志内容、标志清晰度、标志连续性、标志耐擦性。

（2）试验步骤

① 标志内容、清晰度

目测查看电线标志是否清晰齐全。

电线电缆绝缘或护套上应有制造厂名、产品型号和标准号额定电压的连续标志，所有标志字迹应清晰，颜色容易辨认。

② 标志连续性

用卷尺测量绝缘层上一个完整的标志末端与下一个标志始端之间（前端）的距离。

一个完整的标志末端与下一个标志始端之间（前端）在绝缘层上应不超过 275mm，

护套上应不超过 550mm。

③ 标志耐擦性

用浸过水的一团脱脂棉或一块棉布轻轻擦拭线上的印字，共 10 次，本试验仅适用油墨印字的标志。

5）注意事项

标志耐擦性仅适用于油墨印字的标志。

5. 结构检查

1）方法原理

通过检验和测量来判断导体结构是否符合标准，电线电缆导体结构是指导体构成的材料、单丝直径、根数、绞合方式、绞合后的直径、绞合节距、截面。

2）仪器设备

(1) 带度数的显微镜

精度不大于 0.01mm。

(2) 游标卡尺

精度不大于 0.01mm。

3）环境条件

室温为 (23±5)℃，相对湿度为 (50±20)%。

4）试验步骤

电线电缆导体结构是指导体构成的材料、单丝直径、根数、绞合方式、绞合后的直径、绞合节距、截面。产品标准中根据不同产品的不同型号都明确规定应采用何种导电线芯及应检验的具体内容。

目测导体构成的材料、单丝直径、根数、绞合方式、截面是否符合标准要求。

测量导体绞合后的直径、绞合节距是否符合标准要求。

5）注意事项

复核性检测，只记结果，不作判定。

6. 外形尺寸

1）方法原理

通过检验和测量来判断电线电缆外形尺寸是否符合标准。电线电缆外形尺寸是指圆形电线电缆的外径、椭圆度以及扁型电线电缆的长轴、短轴的几何尺寸。

2）仪器设备

（1）带度数的显微镜

精度不大于 0.01mm。

（2）游标卡尺

精度不大于 0.01mm。

（3）千分尺

精度不大于 0.01mm。

3）环境条件

室温为（23±5)℃，相对湿度为（50±20)%。

4）试验步骤

电线电缆外形尺寸是指圆形电线电缆的外径、椭圆度以及扁型电线电缆的长轴、短轴的几何尺寸。不同型号的产品，标准中有明确的检验内容要求。

全部试验应在绝缘或护套挤出后存放至少 16h 后才能进行。

任何试验前，所有试样包括老化或未老化的试样应在温度（23±5)℃下至少保持 3h。

（1）外径试验步骤

① 电缆外径超过 25mm 时，应用测量带测量其圆周长，然后计算直径，也可使用直接读数的测量带测量。

② 电缆外径不超过 25mm 时，用测微计、投影仪或类似仪器测量。

按相关标准制备样品，如标准没有规定则应在至少相隔 1m 的三处各取一段电缆试样，从绝缘层上去除所有护层，抽出导体和隔离层（若有的话）。小心操作，以免损坏绝缘层，内外半导电层若与绝缘粘连在一起，则不必去掉。

用适当工具（锋利的刀片）沿着与导体轴线相垂直的平面切取薄片，每一试样由一绝缘薄片组成。无护套扁平软线的线芯不应分开。

外形尺寸取 6 个数值的算术平均值，保留位数同检测时的位数，结果判定保留位数同产品标准。

（2）长轴、短轴试验步骤

宽边超过 15mm 的扁形电缆外形尺寸的测量，应使用千分尺、投影仪或者类似仪器进行测量。

应以所有测量值的平均值作为平均外形尺寸。

（3）椭圆度试验步骤

圆形护套电缆椭圆度的检查，应在同一截面上测量两处。

5）注意事项

（1）从绝缘层上去除所有护层，抽出导体和隔离层（若有的话）。小心操作，以免损坏绝缘层，内外半导电层若与绝缘粘连在一起，则不必去掉。

（2）无护套扁平软线的线芯不应分开。

7. 绝缘（护套）厚度

1）方法原理

通过检验和测量来判断电线电缆绝缘（护套）厚度是否符合标准。

2）仪器设备

（1）带度数的显微镜

精度不大于0.01mm。

（2）游标卡尺

精度不大于0.01mm。

（3）测厚规

精度不大于0.01mm。

3）环境条件

室温为（23±5）℃，相对湿度为（50±20）%。

4）试验步骤

全部试验应在绝缘或护套挤出后存放至少16h后才能进行。

任何试验前，所有试样包括老化或未老化的试样应在温度（23±5）℃下至少保持3h。

（1）绝缘厚度试验步骤

应在至少相隔1m的三处各取一段电缆试样，从绝缘层上去除所有护层，抽出导体和隔离层（若有的话）。小心操作以免损坏绝缘层，内外半导电层若与绝缘粘连在一起，则不必去掉。

用适当工具（锋利的刀片）沿着与导体轴线相垂直的平面切取薄片，每一试样由一绝缘薄片组成。

无护套扁平软线的线芯不应分开。

如果绝缘上有压印标记凹痕，则会使该处厚度变薄，因此试样应取包该标记的一段。

已制备好的3个绝缘薄片，分别放置于低倍投影仪的测量装置工作面上，切割面与光轴垂直。从目测最薄点开始测量，读取数值，转动60°，再读取一个数字，一共转动5次，读取6个数值一组，共读取三组。若绝缘厚度大于等于0.5mm，应读取两位小数；若绝对厚度小于0.5mm，应读取三位小数，将所有数值记录。各种电缆绝缘最小厚度如图4-1～图4-6所示。

绝缘厚度修约到小数点后两位，可作为中间参数带入机械性能检测时进行计算。结果判定时，先分别取三组数值的算术平均数，再取这三个计算数值的算术平均。所有全部数值的最小值，应作为任一处绝缘的最小厚度。

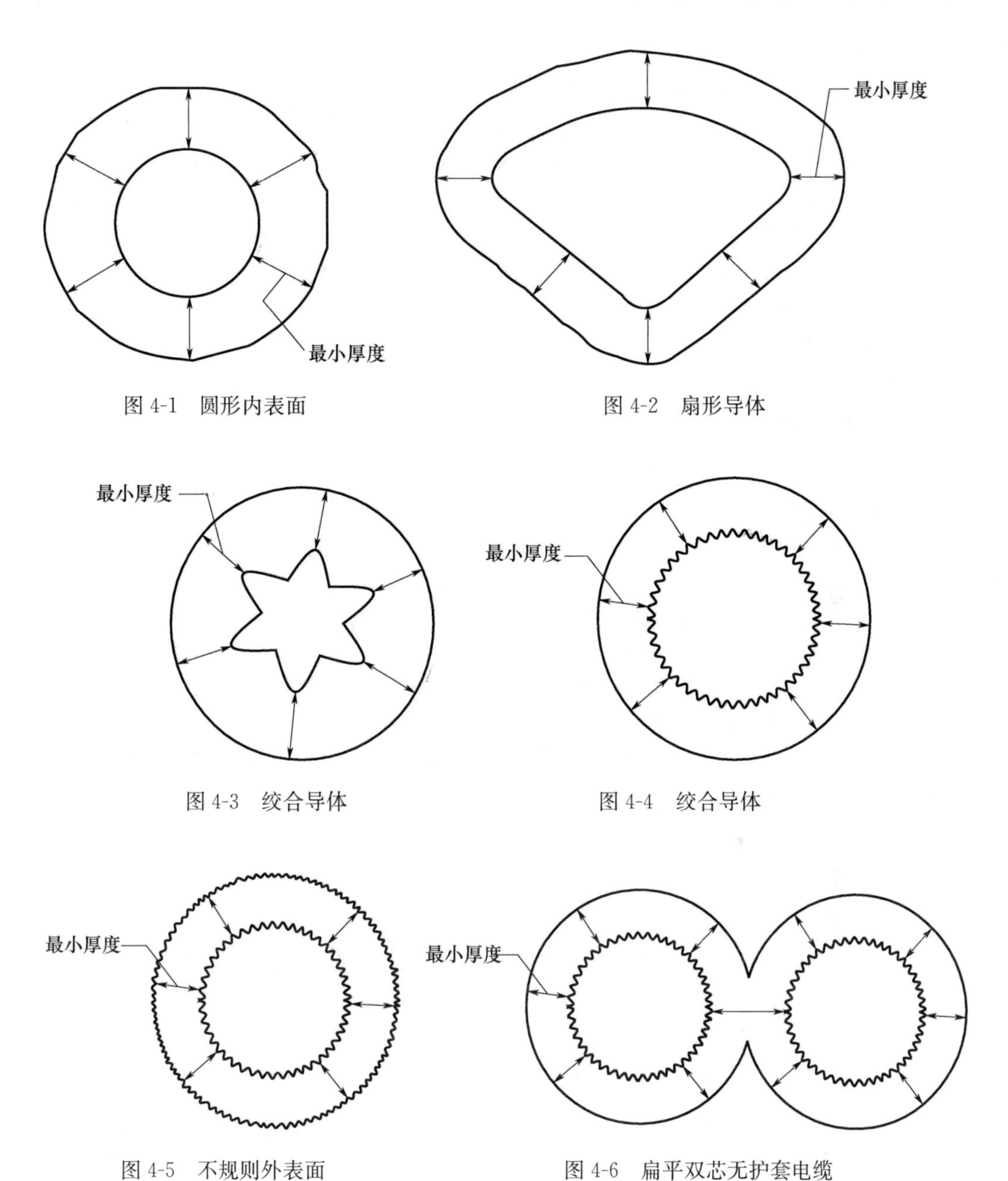

图 4-1　圆形内表面　　图 4-2　扇形导体

图 4-3　绞合导体　　图 4-4　绞合导体

图 4-5　不规则外表面　　图 4-6　扁平双芯无护套电缆

(2) 护套厚度试验步骤

去除护套内、外所有元件（若有的话），用一适当的工具（锋利的刀片如剃刀刀片等）沿垂直于电缆轴线的平面切取薄片。

如果护套内、外上有压印标记凹痕，则会使该处厚度变薄，因此试件应包含该标记的一段。

将试件置于测量工作面上，切割面与光轴垂直。

当试件内测为圆形时，应按图 4-1 径向测量 6 点。

如果试件的内圆表面实质上是不规则或不光滑的，则应按图 4-7 在护套最薄处径向测量 6 点。

当试件内测有导体造成很深的凹槽时，应按图 4-8 在每个凹槽底部径向测量，当凹槽数目超过 6 个时，应按按图 4-7 在护套最薄处径向测量 6 点。

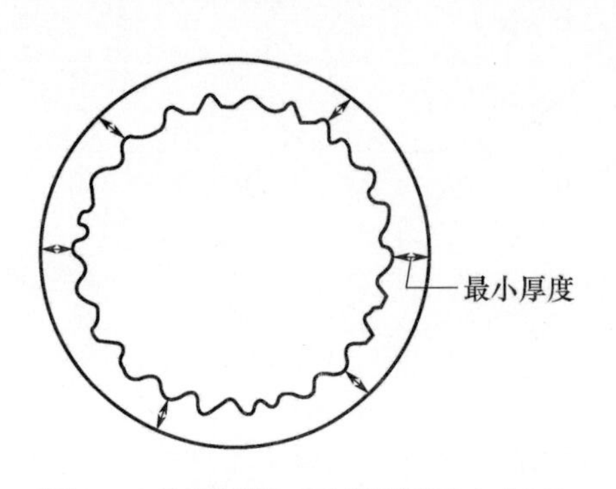

图 4-7　护套测量（不规则圆形内表面）

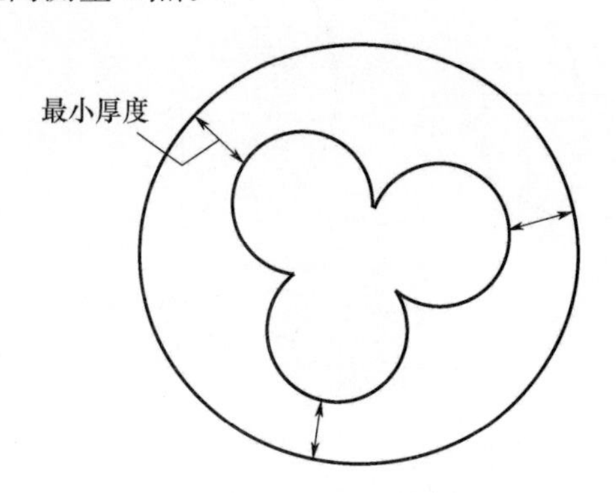

图 4-8　护套测量（非圆形表面）

当因刮胶带或肋条形护套外形引起的护套外表面不规整时，应按图 4-9 进行测量。

对于有护套的扁平软线，应按图 4-10 在与每个绝缘线芯截面的短轴大致平行的方向及长轴上分别测量。但无论如何应在最薄处测量一点。

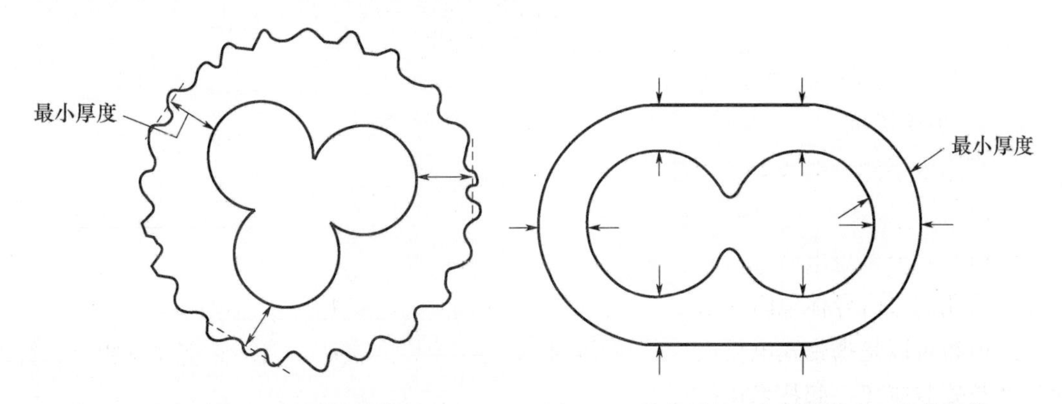

图 4-9　护套测量（不规则圆形外表面）　　图 4-10　护套测量（扁平带护套双芯软电缆）

六芯及以下有护套的扁平电缆应按图 4-11 进行测量。

① 在圆弧形两头沿着横截面的长轴进行测量。

② 在扁平的两边，在第一根和最后一根绝缘线芯上测量；如果最薄厚度不在上述几次测量值中，则应增加最薄处及其对面方向上厚度的测量。

上述规定也适用于六芯以上扁平电缆护套厚度的测量，但应增加中间绝缘线芯处或者当绝缘线芯为偶数时取中间两个绝缘线芯之一进行测量。

在任何情况下，应有一次测量在护套最薄处进行。

如果护套试样包括压印标记凹痕，则该处厚度不应用来计算平均厚度。但在任何情况下，压印标记凹痕处的护套厚度应符合相关电缆产品标准中规定的最小值。

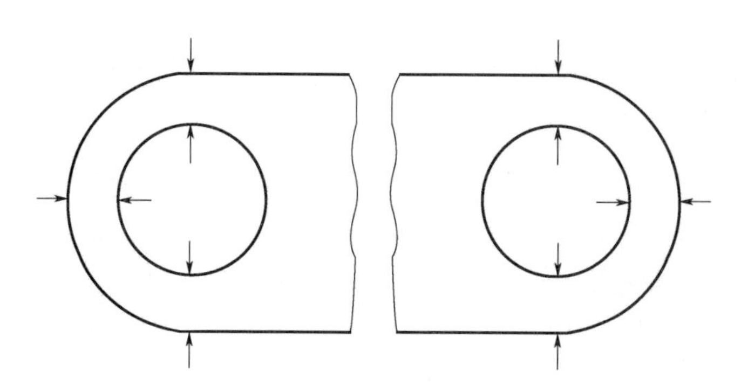

图 4-11　护套测量（多芯扁平带护套双芯软电缆）

5）注意事项

（1）如果试件包括压印标记凹痕，则该处厚度不应用来计算平均厚度，但该处厚度应符合标准规定的最小值要求。

（2）检测应从最薄点开始，（适用时应包括压印标记凹痕的一段试样）。

8. 导体电阻

1）方法原理

利用电桥测量电线电缆直流导体电阻是否符合标准要求。

2）仪器设备

（1）直流电阻电桥

采用的直流导体电阻测试仪可以是单臂电桥或者双臂电桥。

电桥可以是携带式电桥或实验室专用的固定式电桥，实验室专用固定式电桥及附件的接线与安装应按一起技术说明书进行。

只要测量误差符合型式检验时测量误差应不超过±0.15%，例行试验时测量误差应不超过±0.5%，也可使用除电桥以外的其他仪器。如根据直流电流—电压降直接法原理，并采用四端测量技术，具有高精度的数字式直流电阻测试仪。

当被测电阻小于 1Ω 时，应尽可能采用专用的四端测量夹具进行接线，四端夹具的外侧一对为电流电极，内测一对为电位电极，电位接触应由相当锋利的刀刃构成，相互平行，均垂直于试样。每个电位接点与相应的电流接点之间的间距应不小于试样断面周长的 1.5 倍。

（2）温度计

分度值不大于 0.1℃。

（3）直尺（卷尺）

型式检验时测量误差应不超过±0.15%，例行试验时测量误差应不超过±0.5%。

3）环境条件

（1）型式试验时室温为15～25℃，相对湿度不大于85%，在试验放置和试验过程中，环境温度的变化应不超过±1℃。

（2）型式试验时室温为5～35℃。

4）试样制备

从被试电线电缆上切取长度不小于1m的试样，或以成盘（圈）的电线电缆作为试样。去除试样导体外表面绝缘、护套或其他覆盖物，也可以只去除试样两端与测量系统相连接部位的覆盖物露出导体。去除覆盖物时应小心进行，防止损伤导体。

如果需要将试样拉直，不应有任何导致试样导体横截面发生变化的扭曲，也不应导致试样导体伸长。

试样在接入测量系统钱，应预先清洁其连接部位的导体表面，去除附着物、污秽和油垢。连接处表面的氧化层应尽可能除尽。如用试剂处理后，必须用水充分清洗以清除试剂的残留液。对于阻水型导体试样，应采用低熔点合金浇注。

大截面铝导体试样，铝绞线的电流引入端可采用铝压接头（铝鼻子），并按常规压接方法压接，以使压接后的导体与接头融为一体。其电位电极可采用直径约1.0mm的软铜丝在绞线外紧密缠绕1～2圈后打结引出，以防松动。

5）试样调节

试样应放置在标准规定的试验环境中放置足够长的时间，使之达到平衡。

6）试验步骤

采用单臂电桥测量时，用两个专用夹头连接被测试样。

采用双臂电桥或其他电阻测试仪器测量时，用四端测量夹具或四个夹头连接被测试样。

绞合导线的全部单线应可靠地与测量系统的电流夹头相连接。对于两芯及以上成品电线电缆的导体电阻测量，单臂电桥两夹头或双臂电桥的一对电位夹头应在长度测量的实际标线处与被测试样相连接。

将准备做导体电阻的试样取出，两端绝缘皮去掉放于直流电阻电桥上，将线拉直，开始检测。转动仪表表盘，直到电桥指针居中，读取数值，并立即查看温度计，检测结果与温度分别记录。

温度计离地面应不少于1m，距墙面应不少于10cm，离试样不应超过1m，且二者大致在同一高度。

当试样的电阻小于0.1Ω时，应注意消除由于接触电势和热电势引起的测量误差。应采用电流换向法，读取一个正向读数和一个反向读数，取算数平均值；或采用平衡点法（补偿法），检流计接入电路后，在电流不闭合的情况下调零，达到闭合电流时检流计上基本观察不到冲击。

7）数据处理

根据式（4-1）进行数据处理，导体电阻结果保留到小数点后两位，判定时保留位数同产品标准。

$$R=\frac{R_t\times 254.5\times 1000}{(234.5+t)}\times L \tag{4-1}$$

式中 R——20℃时导体电阻（Ω/km）；

R_t——在 t℃时长度为 L（m）电缆的导体电阻（Ω）；

t——测量时样本温度（℃）可以等于室温，最小读数为 0.5℃；

L——检测长度（m）。

8）注意事项

（1）取样时应避免试样受到拉伸或导体损伤。

（2）试样应在标准规定的试验环境中放置足够长的时间，使之达到平衡。

（3）检测前，先检查仪器电量是否符合标准。

（4）电线在电桥夹具上必须绷紧拉直。

（5）检测温度宜在 20℃。

（6）使用最小刻度为 0.1℃的温度计测量环境温度，温度计离地面应不少于 1m，距墙面应不少于 10cm，离试样不应超过 1m，且二者大致在同一高度。

9. 电压试验

1）方法原理

电压试验的基本方法是电线电缆绝缘上加上高于工作电压一定倍数的电压值，保持一定的时间，要求试样能经受这一试验而不击穿。因此耐压试验是一项最基本的性能试验，耐压试验绝大多数采用工频交流电压。

耐压试验的目的是考核产品在工作电压下运行的可靠程度和发现绝缘中的严重缺陷。

2）仪器设备

（1）交流高压试验台

试验电压为频率 49～61Hz 的交流电源，通常称为工频试验电压。

在整个试验过程中，试验电压的测量值应保持在规定电压值的±3%以内。容许偏差为规定值与实测值之间允许的差值。它与测量误差不同，测量误差是指测量值与真值之差。

（2）恒温水箱

提供恒定温度，试验期间保持温度恒定在相关标准规定的温度，精度±1℃。

3）环境温度

除非产品标准另有规定，试验应在（20±15)℃温度下进行。试验时，试样的温度与周围环境温度之差应不超过±15℃。

4）试样制备

试样的数量和长度应符合相关标准规定。

试样终端部分的长度和终端的制备方法应能保证在规定的试验电压下不发生沿其表面

闪络放电或内部击穿。

在水槽内进行试验，试样两个端部伸出水面的长度应不小于200mm，且应保证在规定的试验电压下不发生沿其表面闪络放电。

高压交联聚乙烯电力电缆可采用脱离子水终端，也可采用其他形式的试验终端。

应采用特殊方法制备矿物绝缘电缆试样，以避免影响电缆端头的密封和破坏绝缘线芯的结构从而导致试样击穿造成误判断。

5）试样调节

如果标准中有规定，应将样品放置在标准规定温度的水箱内进行调节，调节时间按标准规定执行。

6）试验步骤

必须保证试样每一线芯与其相邻线芯之间，至少经受一次按相关标准规定的工频电压试验。

五芯及以上多芯电缆，通常需要进行两次试验：第一次是在每层线芯中的奇数芯（并联）对偶数芯（并联）之间施加电压；第二次中所有奇数层的线芯（并联）对偶数层（并联）之间施加电压。如果电缆中同一层中含有的线芯数为奇数，则应补充对未经受电压试验的相邻层间或相邻线芯间再进行一次规定的电压试验。

在试样的金属套（屏蔽）和铠装之间的内衬层试验时，所有线芯都应与金属套（屏蔽）相连接，并接至试验电源的高压端，而铠装接至接地端。

将高压实验台的一头接线夹子夹在拨开的铜丝上，一头接线夹子与水连接。（增加）接通电源，按产品标准要求缓慢施加电压，持续保持产品标准规定的电压值。到达标准规定的时间，或者试样被击穿，试验结束。

对试样施加电压时，应当从足够低的数值（不应超过产品标准所规定试验电压值的40%）开始，以防止操作瞬变过程而引起的过电压影响；然后应缓慢地升高电压，以便能在仪表上准确读数，但也不能升得太慢，以免造成在接近试验电压时耐压时间长。当施加电压超过75%试验电压后，只要以每秒2%的速率升压，一般可满足上述要求。应保持试验电压至规定时间后，降低电压，直至低于所规定的试验电压值的40%，然后再切断电源，以免可能出现瞬变过程而导致故障或造成不正确的试验结果。

7）结果评定

试样在施加所规定的试验电压和持续时间内无任何击穿现象，则可认为该试样通过耐受工频电压试验。

试验中如发生异常现象，应判断是否属于“假击穿”。假击穿现象应予排除，并重新试验。只有当试样不可能再次耐受相同电压值的试验时，则应认为试样已击穿。

如果在试验过程中，试样的试验终端发生沿其表面闪络放电或内部击穿，允许另作试验终端，并重复进行试验。

试验过程中因故停电后继续试验，除产品标准另行规定外，应重新计时。

8）注意事项

（1）试验期间注意安全，两人同时在场检测，脚下必须有绝缘垫。

（2）接通电源后应缓慢施加电压。

（3）试验回路应有快速保护装置，以保证当试样击穿或试样端部或终端发生沿其表面闪络放电或内部击穿时能迅速切断试验电源。

（4）试验设备、测量系统和试样的高压端与周围接地体之间应保持足够的安全距离，以防止空气放电。试验区域周围应有可靠的安全措施，如金属接地栅栏，信号灯或安全警示标志。

（5）试验区域内应有接地电极，接地电阻应小于 4Ω，试验装置的接地端和试样的接地端或附加电极均与接地电极可靠连接。

10. 绝缘电阻

1）方法原理

绝缘电阻是电线电缆产品的一项重要性能，绝缘电阻反映了产品在正常工作状态所具有的绝缘性能，它与该产品能够承受电击穿或热击穿的能力，与绝缘中的介质损耗以及绝缘材料在工作状态下的逐步老化等均存在着极为密切的相互依赖关系，因此大多数电线电缆产品均需测定绝缘电阻性能。

2）仪器设备

（1）绝缘电阻测试仪

检流计的电流常数应不大于 10^{-3} A/mm。

分流器的分流系数应能在 1/10000～1/1 的范围内变化，且调节级数不少于 5 级，临界电阻应等于或略大于检流计外部临界电阻，但不超过 2%。

标准电阻的阻值应不小于 10^6 Ω，相对误差应不超过±0.5%。

直流电源的输出电压稳定，输出端电压值变化应不超过±1%。

直流电压表的准确度应不低于 1.0 级。

测试系统的测量误差应符合下述要求：

① 被测试样的绝缘电阻值为 1×10^{10} Ω 及以下，测量误差不超过±10%。

② 被测试样的绝缘电阻值为 1×10^{10} Ω 以上，测量误差不超过±20%。

（2）恒温水箱

提供恒定温度，试验期间保持温度恒定在相关标准规定的温度，精度±1℃。

（3）卷尺

精度不大于 1mm，测量误差应不超过±1%。

3）环境温度

除非产品标准另有规定，型式试验时测量应在环境温度（20±5）℃和空气相对湿度不大于 80%的室内或水中进行。例行试验时，测量一般在环境温度为 0～35℃的室内进行。

4）试样制备

除相关标准中另有规定外，试样有效长度应不小于 10m，应小心剥除试样两端绝缘外的覆盖物，并注意不损伤绝缘表面。

试样在试验环境中放置足够长的时间，使试样温度和试验温度平衡，并保持稳定。

浸入水中试验时，试样两端头落出水面的长度应不小于250mm，绝缘部分露出的长度应不小于150mm。

在空气中试验时，试样端部绝缘部分露出的长度不小于100mm。

露出的绝缘表面应保持干燥和洁净。

5）试验连接

（1）有金属护套、屏蔽层或铠装的电缆试样

单芯电缆，应测量导体对金属套或屏蔽层或铠装层之间的绝缘电阻；多芯电缆，应分别就每一芯对其余线芯与金属套或屏蔽层或铠装层连接进行测量；若要求测量多芯电缆线芯与屏蔽间绝缘电阻，则应将所有线芯并联后对屏蔽进行测量。

（2）非金属护套、非屏蔽或无铠装的电缆试样

单芯电缆应浸入水中，测量导体对水之间的绝缘电阻；多芯电缆应分别就每一线芯对其余线芯进行测量。

也可将试样紧密地绕在金属试棒上，单芯电缆测量导体对试样之间的绝缘电阻；多芯电缆，应分别就每一芯对其余线芯与试棒连接进行测量，试棒外径应符合相关标准规定。

6）试样有效长度测量

将试样接入测试系统，试样的有效长度测量误差应不超过±1%。

7）试验步骤

按相关标准规定的选择对试样的测试电压。为使绝缘电阻测量值基本稳定，测试充电时间应足够充分，不少于1min，不超过5min，通常推荐1min读数。

8）数据处理

（1）每公里长度的绝缘电阻应按式4-2计算：

$$R_L = R_x \times L \tag{4-2}$$

式中　R_L——每公里长度绝缘电阻（MΩ·km）；

R_x——试样绝缘电阻（MΩ）；

L——试样有效测量长度（km）。

（2）体积电阻率应由所测得的绝缘电阻按式（4-3）计算：

$$\rho = \frac{2\pi L R_x}{\ln(D/d)} \cdot 10^{13} \tag{4-3}$$

式中　ρ——体积电阻率（Ω·cm）；

D——绝缘外径（mm）；

d——绝缘内径（mm）。

（3）绝缘电阻常数K_i应按式（4-4）计算。

$$K_i = \frac{L R_x}{\lg(D/d)} = 0.367 \times \rho \times 10^{-11} \tag{4-4}$$

式中　K_i——绝缘电阻常数（MΩ・km）；

ρ——体积电阻率（Ω・cm）；

D——绝缘外径（mm）；

d——绝缘内径（mm）。

9）注意事项

（1）该试验必须紧接着电压试验检测后面做。

（2）浸泡过程中应轻轻抖动电线，除去线圈上的气泡。

（3）需要时，可在试样两端绝缘表面上加保护环。保护环应紧贴绝缘表面，并于测试系统的屏蔽相连接或接地。

（4）如试样的绝缘电阻大于 1×10^{12} Ω 和测量时因外径电磁场或试样运动产生的摩擦引起测试不稳定时，可将试样静置于屏蔽箱内，在整体屏蔽的条件下进行测试。但测试回路的对地电阻比放大器的输入电阻至少大 100 倍，屏蔽必须可靠接地。

（5）重复试验时，在加电压之前应使试样短路放电，放电时间应不少于试样充电时间的 4 倍；如因试样有剩余电荷而造成测量结果又明显差别时，必须先进行充分放电。对于这类试样，无论是第一次测试或重复测试，均需充分放电。

（6）采用输出端对地悬浮的高阻计测量绝缘电阻时，推荐将高阻计的测量端（低压端）与被测试绝缘线芯的导体相连，高阻计的高压端连接试样的另一极（水，允许接地）；当采用通用的高阻计测量绝缘电阻时，浸入水中的试样必须对地绝缘，否则将使高阻计因输出的高压端对地短路而损坏，或可能由于加热电源的影响造成测量试误差增大。

（7）应注意直流比较法测试绝缘电阻所用成套仪器装置的内部与外部的屏蔽连接方法，以免造成测量误差增大。

11. 绝缘（护套）机械性能

1）原理方法

测定材料在一定环境条件下受力或能量作用时所表现出的特性的试验，又称材料力学性能试验，测定电缆绝缘材料的抗张强度和断裂伸长率。

2）仪器设备

（1）电子万能试验机

精度不大于 1N。

（2）读数显微镜

精度不大于 0.01mm。

（3）游标卡尺、壁厚测厚仪

精度不大于 0.01mm

3）环境条件

试验应在室温为（23±5）℃下进行，热塑性材料有疑问时应在（23±2）℃温度下进行。

4）试样制备

（1）取样

从每个被试绝缘线芯试验（或每个被取绝缘线芯的绝缘试样）上切取足够长的样段，供制取老化前机械性能试验用试件至少5个和供要求进行各种老化用试件各至少5个。应注意制备每个试件的取样长度要求为100mm。

扁平软线的绝缘线芯不应分开。

有机械损伤的任何试样均不应用于试验。

（2）试验制备及处理

① 哑铃试件

尽可能使用哑铃试件。将绝缘线芯轴向切开，抽出导体，从绝缘试样上制取哑铃试件。

绝缘内、外两侧若有半导电层，应用机械方法去除而不应使用溶剂。

每一绝缘试样应切成适当长度的试条，在试条上标上记号，以识别取自哪个试样及其在试样上彼此相关的位置。

绝缘试条应磨平或削平，使标记线之间具有平行的平面。磨平时应注意免过热。对PE和PP绝缘智能削平面不能磨平。磨平或削平后，包括毛刺的去除，试条厚度应不小于0.8mm，不大于2.0mm。如果不能获得0.8mm的厚度，允许最小厚度为0.6mm。

然后在制备好的绝缘试条上冲切如图4-12所示的哑铃试件，如有可能，应并排冲切两个哑铃试件。为了提高试验结果的可靠性，推荐采取下列措施：

冲模（哑铃刀）应非常锋利以减少试件上的缺陷。

在试条和底板之间放置一硬纸板或其他适当的垫片。该垫片在冲切过程中可能被冲破，但不会被冲模（哑铃刀）完全切断。

应避免试件两边的毛刺。

当绝缘线芯直径太小不能用图4-12冲模冲切试件时，可用图4-13所示的小冲模从制备的试条上冲切试件。

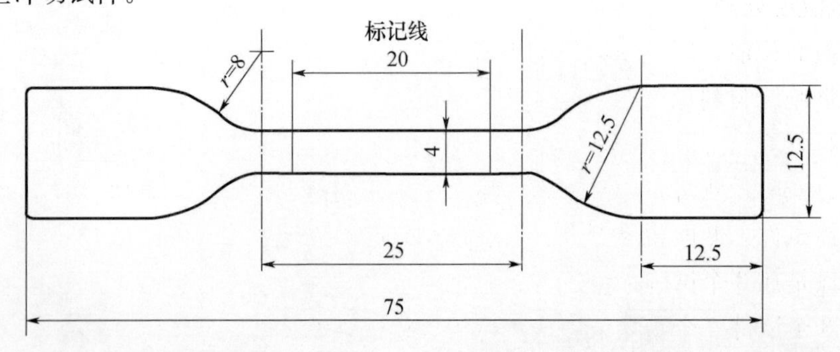

图4-12 哑铃试样

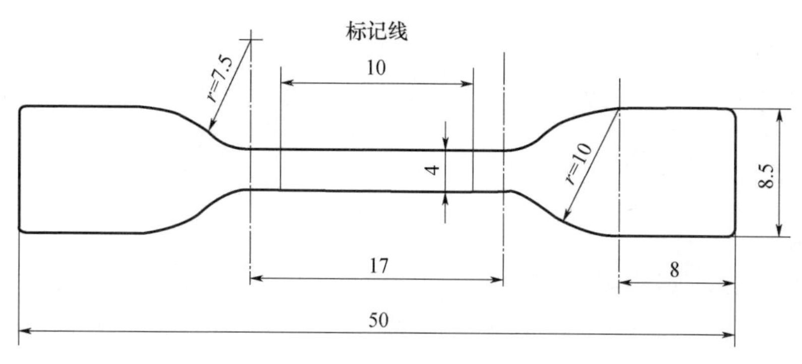

图 4-13　小哑铃试样

拉力试验前，在每个哑铃试件的中央标上两条标记线。其间距离：大哑铃试件为 20mm；小哑铃试件为 10mm。

允许哑铃试件的两端不完整，只要断裂点发生在标记线之间。

② 管状试件

只有当绝缘线芯尺寸不能制备哑铃试件时才能使用管状试件。

将线芯试样切成约 100mm 长的小段，抽出导体，去除所有外护层，注意不要损伤绝缘。每个管状试件均标上记号，以识别取自哪个试样及其在试样彼此相关的位置。

采用下述一个或多个操作方法能使抽取导体方便：

拉伸硬导体。

在小的机械力作用下小心滚动绝缘线芯。

如果是绞合线芯或软导体，可先抽取中心 1 根或几根导体。

导体抽出后，将隔离层（如有的话）去除。如有困难，可使用下述任一种方法：

如是纸隔离层，浸入水中。

如是聚酯隔离层，浸入酒精中。

在光滑的平面上滚动绝缘。

拉力试验前，在每个管状试件的中间部位标上两个标记，间距为 20mm。

如果隔层仍保留在管状试件内，那么在拉力试验过程中试样拉伸时会发现试件不规整。如发生上述情况，该试验结果应作废。

5）环境温度处理

在测量截面积前，所有的试件应避免阳光的直射，并在（23±5)℃温度下存放至少 3h，但热塑性绝缘材料试件的存放温度为（23±2)℃。

6）截面积测量

首先进行截面积测量，应根据试件型式采用不同的测试方法，具体如下：

（1）哑铃试件：截面积是试件宽度和最小厚度的乘积。

宽度测量是在 3 个试件上分别取 3 处测量上下两边的宽度，计算上下测量处测量值的平均值。取 3 个试件 9 个平均值中最小值为该组试件的宽度。

厚度测量是使用光学仪器或指针式测厚仪测量每个试件拉伸区域共 3 处，取 3 个测量值的最小值作为试件的最小厚度。

（2）管状试件：管状试件截面是一个圆环形，截面积按式（4-5）计算。

$$S=(D-d)\times d\times 3.14 \tag{4-5}$$

式中　S——试样的截面积（mm^2）；

D——外径的平均值（mm）；

d——绝缘厚度的平均值（mm）。

截面积测量完毕后，将待检盘中 5 根绝缘试件分别在线的中部标出间距 20mm 长的两个标记点。

7）老化处理

当有关电缆产品标准要求试样在高温下处理时，或者对试验结果有疑问时，应按以下的方式处理后重复试验：

（1）对于哑铃试样

将绝缘从电缆上取下后，去除半导电层（如有的话），在试条冲切哑铃试件之前进行处理。

（2）对于管状试件

取出导体和隔离层（如有的话），在试件上标上拉力试验的标志线之前对试件进行处理。

当有关电缆产品标准要求进行高温处理时，其电缆产品标准应规定处理的温度和时间。在有疑问时，试样应在（70±2）℃下放置 24h，或者在低于导体最高工作温度下放置 24h 后重新试验。

8）试验步骤

试件分别放于拉力机钳口上，拉力机钳口间距为：哑铃状试件 34mm 或 50mm；管状试件 50mm 或 85mm。将拉伸速度调为（250±50）mm/min（PE 和 PP 绝缘除外），如有疑问时，移动速度应为（25±5）mm/min，在试件拉伸断裂时，读出试件拉伸长度和拉力机上拉力的读数，并记录结果。

若电线电缆断裂在根部，实验结果应作废。在这种情况下，计算抗张强度和断裂伸长率至少需要 4 个有效数据，否则检验重做。如果用直尺测量断裂伸长率，要注意尺子应跟随试件沿拉伸方向作线性移动。始终保持测量尺的起算点与其中的一个标记点对齐。

9）数据处理

抗张强度按式（4-6）计算，保留 1 位小数，修约四舍五入。结果判定时，抗张强度取 5 个数值的中间值。

$$P=\frac{N}{S} \tag{4-6}$$

式中　P——所求的抗张强度（N/mm^2）；

N——拉断力，拉力机所读数值（N）；

S——截面积（mm^2）。

断裂伸长率按式（4-7）计算，保留整数，修约四舍五入。结果判定时，断裂伸长率取 5 个数值的中间值。

$$I = \frac{L - L_0}{L_0} \times 100 \tag{4-7}$$

式中　I——所求的断裂伸长率（%）；

L——断裂时的伸长长度（mm）；

L_0——在线上所画的标记（mm）。

10）注意事项

（1）试件必须挂在老化箱的有效空间内。

（2）在制取老化试样用试件或试样时，应尽量靠近原始机械性能试样处取样。

（3）老化试验时组分实质上不同的材料不应同时进行试验。

（4）老化前后的试件预处理的条件应一致。

（5）老化试验结束后，应从烘箱中取出试件，并在环境温度下放置至少 16h。

（6）为了减少试验误差，老化前后的试件应同时连续进行拉伸试验。

12. 高温压力

1）方法原理

配合老化试验机做恒温压力试验，用于测量电线电缆绝缘和外被在高温与压力下产生的压痕，以确定电线电缆绝缘护套热延伸性能的试验。

2）仪器设备

（1）高温压力试验装置

压痕装置如图 4-14 所示，由刀口厚度为（0.70±0.01）mm 的矩形刀片组成，刀片可对试样加压。

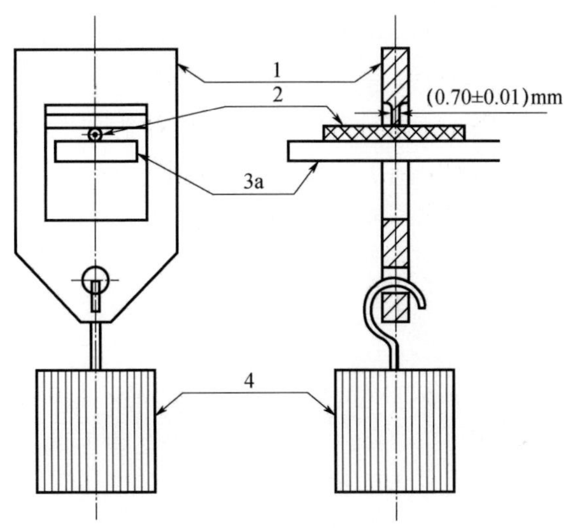

图 4-14　压痕装置

（2）电热鼓风干燥箱

精度不大于1℃。

（3）带度数的显微镜

精度不大于0.01mm。

3）环境条件

室温5～35℃。

4）试样制备

对于每个试样绝缘线芯，应从每个长度为250～500mm样段上截取3个相邻的试样。试样长度应为50～100mm。

应采用机械方法除去试样上的所有护层，包括半导电层（若有）。根据电缆的类型，试样可以是圆形或成型截面。

5）压力计算

刀片作用于试样（圆形和扇形绝缘线芯）上的压力F，以N为单位，应按式（4-8）计算：

$$F = k\sqrt{2D\delta - \delta^2} \tag{4-8}$$

式中　F——刀片作用于试样上的压力（N）；

k——有关电缆产品标准中规定的系数；

δ——绝缘试样厚度的平均值（mm）；

D——试样外径平均值（mm）。

有关电缆产品标准中规定的系数k，如没有规定，则应为：

（1）软线和软电缆的绝缘线芯，$k=0.6$。

（2）$D \leqslant 15$mm的固定敷设用电缆绝缘线芯，$k=0.6$；

（3）$D > 15$mm的固定敷设用电缆绝缘线芯及扇形绝缘线芯，$k=0.7$；

δ和D均以mm计，到小数点后一位。按GB/T 2951.11—2008规定的试验方法，在试样端头切取的薄片上测得。

对于扇形线芯，D为扇形“背部”或圆弧部分直径的平均值，用测量带在电缆线芯上测量三次后取平均值，以mm计，到小数点后一位（测量应在线缆上三个不同位置进行）。

作用于无护套扁平软线试样上的压力应是按上述公式计算所得值的两倍，其中D为本节第8条1）项（1）款所述试样短轴尺寸的平均值。

压力F的计算值可以向较小值化整，但舍去的值应不超过3%。

6）试验步骤

每个试样放置在如图4-15所示的位置。无护套扁平软线以平边放置。小直径试样在支撑板上的固定方式不应使试样在刀片压力下发生弯曲。扇形试样应放置在如图4-15所示的带扇形凹槽的支撑板上，沿垂直于试样轴线的方向施加压力，刀片也应与试样垂线垂直。

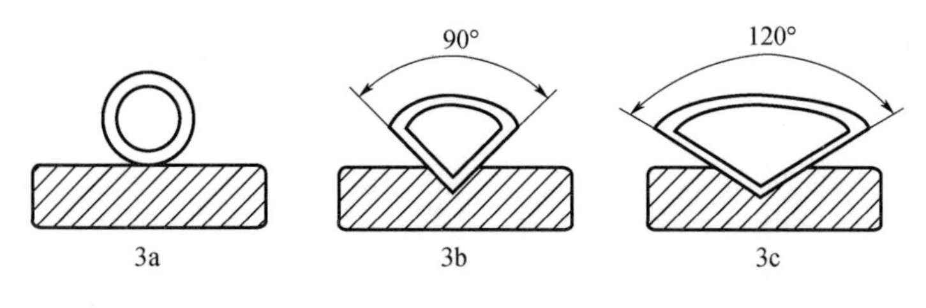

图 4-15　试样的放置

在仪器相应位置悬挂按标准计算质量的砝码。

试样应在空气烘箱中进行，试验设备和试样放在烘箱中不应振动；或者放在有防振支架的空气烘箱中进行。任何可能引起试样振动的设备诸如鼓风机等，不允许直接与烘箱触电。

烘箱中空气温度应一直保持在有关电缆产品标准的温度。未预热的受压试样在烘箱中放置的时间应按有关电缆产品标准规定，如电缆产品标准没有规定，则应按如下规定：

（1）试样外径 $D<15$mm 时为 4h。

（2）试样外径 $D>15$mm 时为 6h。

规定的加热时间结束后，试样在烘箱中，在压力作用下应迅速冷却，可用冷水喷射压在刀口下的试样来冷却。

绝缘试样冷却至室温并不再继续变性后，从试验装置中取出，然后浸入冷水中进一步冷却。

试样冷却后应立即测量压痕深度。应抽出导体留下管状绝缘试样。应沿着试样的轴线方向，垂直于压痕从试样上切取一窄条试片，如图 4-16 所示。外径约为 6mm 及以下的小试样应在压痕处和压痕附近横向切取两个试片。压痕深度应是剖面图 4-17 在显微镜下的测量值之差。全部测量值均以 mm 计，到小数点后两位。

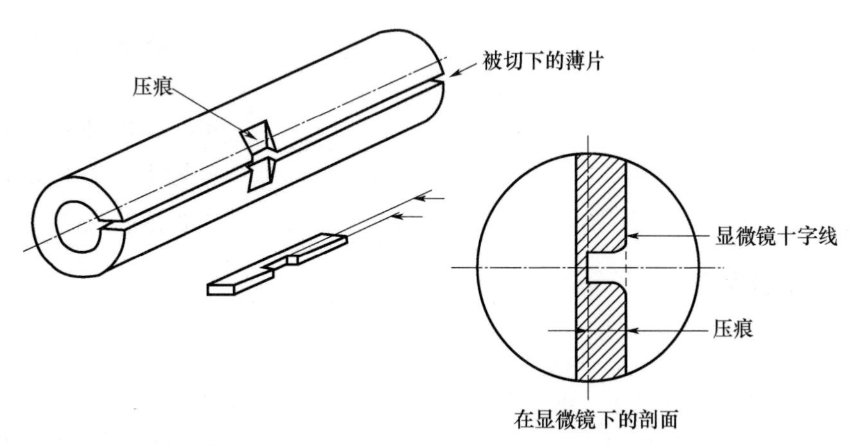

图 4-16　压痕测量图

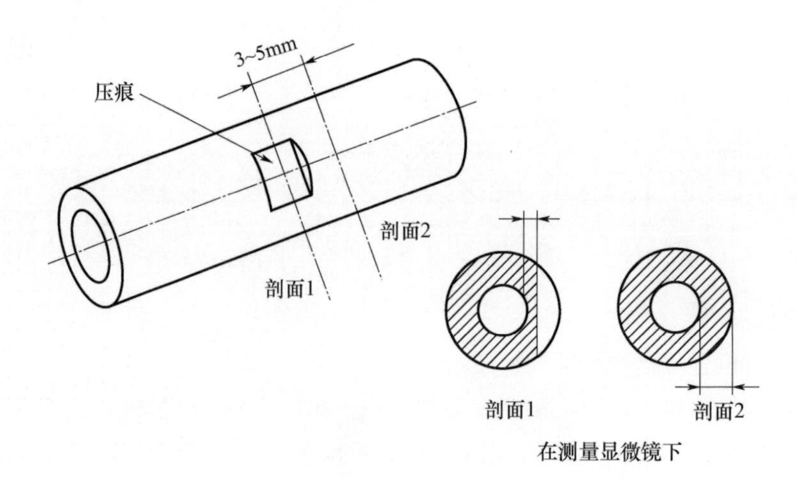

图 4-17　小试样压痕测量图

7）结果评定

从每个试样上切取的三个试片上测得的压痕中间值应不大于试样绝缘厚度平均值的 50％。

8）注意事项

（1）刀片应与试样轴线垂直。

（2）压力 F 的计算值可以向较小值化整，但舍去的值应不超过 3％。

13. 低温弯曲

1）方法原理

将试样放置于低温环境下进行处理后，进行卷绕或拉力试验，检验试样的性能是否发生改变，是否影响到产品的正常使用。

一般外径为 12.5mm 及以下的圆形绝缘线芯及不能制备哑铃试件的扇形绝缘线芯适用于低温卷绕试验。

若有关电缆产品标准有规定，大尺寸绝缘线芯可进行低温卷绕试验，可按标准规定进行低温卷绕试验。否则，大尺寸绝缘线芯应进行低温拉伸试验。

2）仪器设备

（1）低温卷绕仪

基本上由一个旋转轴和试样导向装置组成，如图 4-18 所示。此试验设备在试验前及试验过程中应放置在合适的低温箱内。

（2）低温箱

精确度不大于±1℃。

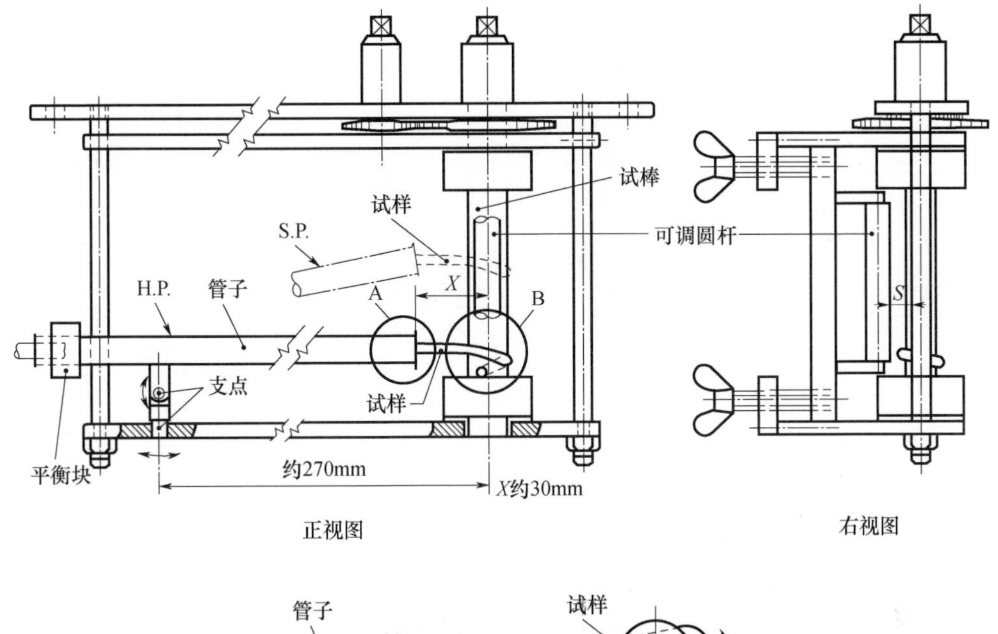

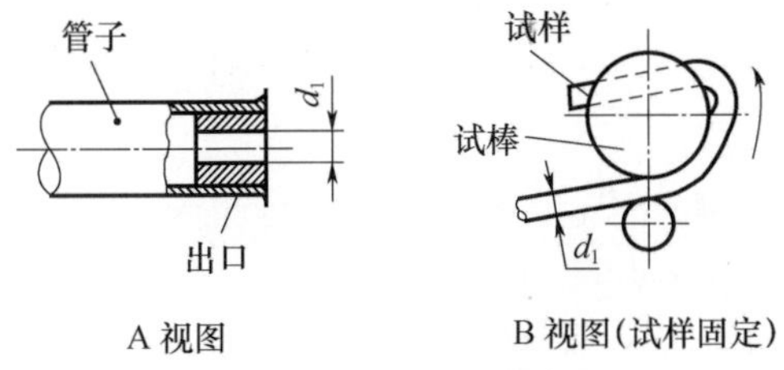

图 4-18　低温卷绕仪

注：1—$ds<S<1.5ds$；2—$d_1=1.2\sim1.5ds$；3—水平位置上（H.P.），试样不应被管子往下压得太过分；4—倾斜位置上（S.P.），试样不应被管子往上抬得太过分

（3）带低温箱的拉力机

精度不大于 1N；低温箱精度为±1℃。

3）环境条件

室温为 5～35℃。

低温箱应能保持在相关标准规定的温度。

4）低温卷绕试验步骤

（1）试样制备

从每个被试绝缘线芯上取两根适当长度的试样。如有外护层，应除去后才能作为试样。

（2）试样调节

试样固定在设备上。装好试样的设备应在规定温度的合适低温箱内放置不少于 16h。16h 的冷却时间包括冷却设备所必需的时间。如果试验设备已预冷，只要试样已达到规定试验温度。则允许缩短冷却时间，但不得少于 4h。如果试验设备和试样均已冷却，则将每个试样固定在设备上冷却 1h 就足够。

(3) 试验步骤

试样冷却时间结束后，选择试棒（试棒的直径应为试样直径的 4～5 倍），试棒应以每 5s 转一圈的速率匀速旋转。使试棒上卷绕成紧密的螺旋。如果是扇形试样，则试样的圆形“背部”应与试棒接触。

试样在试棒上卷绕的圈数按表 4-1 规定。

表 4-1　卷绕圈数

试样外径 d (mm)	旋转圈数
$d \leqslant 2.5$	10
$2.5 < d \leqslant 4.5$	6
$4.5 < d \leqslant 6.5$	4
$6.5 < d \leqslant 8$	3
$d < 8.5$	2

然后，将试样保持在试棒上，使其恢复到接近环境温度。

每一试样的实际直径应用游标卡尺或测量带进行测量，对于扇形试样，以短轴作为等效直径来确定试样直径和卷绕圈数。

每一试样的实际直径应用游标卡尺或测量带进行测量，对于扇形试样，以短轴作为等效直径来确定试样直径和卷绕圈数。

对于扁平软线，应以试样的短轴尺寸来确定试棒的直径和卷绕圈数。卷绕时短轴垂直于试棒。

(4) 结果评定

试验结束后，检查仍在试棒上的试样。当用正常视力或矫正过视力而不用放大镜进行检查时，两个绝缘试样均应无任何裂纹。

5) 低温拉伸试验步骤

(1) 试样制备

所有护层（包括外半导电层，若有）剥去后，沿轴向切开绝缘，然后取出导体和内半导电层（若有）。

绝缘试条应磨平或削平，以获得两个标记线之间平滑的表面，磨平时应注意避免过热。聚乙烯（PE）和聚丙烯（PP）绝缘只能削平，不能磨平。磨平和削平绝缘试条的厚度应不小于 0.8mm，不大于 2.0mm。如果从原始试样上不能获得 0.8mm 的试条，则允许最小厚度为 0.6mm。

所有试条应在环境温度下处理至少 16h。

然后，沿着每根试条的轴向冲切出图 4-12 或图 4-13 两个哑铃试样。如果有可能，应并排冲切两个哑铃试样。

对于扇形线芯，应在绝缘线芯的“背部”切取试件。

如果试验时能直接测量标记线之间的距离，在每个哑铃试件的中央标上两条标记线。

其间距离：大哑铃试件为 20mm；小哑铃试件为 10mm。

(2) 状态调节

试验可在带低温装置的普通拉力机上进行，或在置于低温箱内的拉力机上进行。

如果使用液体制冷剂，则在规定试验温度下的预处理时间应不小于 10min。

当试验设备和试样一起在空气中冷却时，冷却时间应至少为 4h。如果试验设备已预冷，冷却时间可缩短至 2h。如果试验设备和试样均已预冷，则将试样固定在试验设备上的冷却时间应不小于 30min。

如用混合液制冷，则该液体应不损伤绝缘和护套材料。

拉伸试验时，最好采用能直接测量标记线间距离的试验设备，但也可采用测量夹头间位移的试验设备。

(3) 试验步骤

拉力机的夹头应是非自紧式的。

在预冷的两个夹头中，哑铃试件被夹住的长度是一样的。

如果试验时直接测量标记线之间的距离，则夹头之间的自由长度对于这两种哑铃试件均应为 30mm 左右。

若是测量夹头的位移，则对于图 4-12 哑铃试件其夹头间的自由长度应为（30±0.5）mm；对于图 4-13 哑铃试件，其夹头间的自由长度为（22±0.5）mm。

拉力机夹头的分离速度应为（25±5）mm/min。

试验温度按有关标准对该种绝缘材料的规定。

伸长率用拉断时标记线间距离，或拉断时夹头间的距离来确定。

(4) 结果评定

用标记线间距离的增值与原始距离 20mm（若是图 4-13 哑铃试件时应为 10mm）之比计算伸长率，以百分比表示。

如果采用测量夹头间距离的方法，则原始距离对图 4-12 应为 30mm，对图 4-13 哑铃试件为 22mm。当采用这种方法时，应在试件从试验设备上取下来之前进行测量。如果试件部分地滑出夹头，则此试验数据作废。计算伸长率至少应有 3 个有效数据，否则试验应重新做。

在有争议时，应采用测量标记线间距离的方法。

6) 注意事项

低温卷绕试验安装试样时，水平位置上，试样不应被管子往下压得太过分；倾斜位置上，试样不应被管子往上抬得太过分。

14. 不延燃试验

1) 方法原理

将试样垂直固定到矩形框架上，在燃烧箱中用规定火焰引燃试样，测定试样燃烧距离。

2）仪器设备

（1）电线电缆垂直燃烧仪

试验装置应由一个金属罩、一个引燃源、一个合适的试验箱组成，应具有试样固定架、计时装置、测温装置。

① 金属罩

金属罩的尺寸为高（1200±25）mm，宽（450±25）mm，正面敞开，顶部和底部封闭。

② 引燃源

使用纯度超过95%的技术级丙烷进行供火。

③ 试验箱

金属罩和引燃源应被放置在一个合适的箱子中，试验期间不通风，但可配备能除去燃烧时释出有害气体的装置。

④ 试样固定架

试样固定架应是一个矩形框架，框架高560mm，由两根间距为150mm的平行杆连接组成。在金属箱体内，保证固定架在试验期间始终处于垂直状态。

⑤ 计时装置

精度不低于0.5s。

⑥ 测温装置

测量范围室温至85℃，精度为±1℃。

（2）钢板尺

钢板尺量程600mm以上，精度为1mm。

3）环境条件

室温为（23±5)℃，相对湿度为（50±20)%。

4）试样制备

试样应是一根长为（600±25）mm的电线电缆。

5）状态调节

试验前，所有试样应在室温为（23±5)℃、相对湿度为（50±20)%的条件下处理至少16h。如果电线电缆表面有涂料或清漆涂层时，试样应在（60±2)℃温度下放置4h，然后再进行上述处理。

6）试样安装

试样应被校直，并用合适的铜丝固定在水平的支架上，垂直放置在金属罩的中间。固定试样的两个水平支架上支架下缘与下支架上缘之间的距离应为（550±5）mm。此外，固定试样时应使试样下端距离金属罩底面约为50mm。试样垂直轴线应在金属罩的中间位置，如图4-19所示（也就是距两侧面为150mm，距背面为225mm）。

7）喷灯位置

喷灯的位置应使蓝色内锥的尖端正好触及试样表面，接触点距离水平的上支架下缘

（475±5）mm 同时喷灯与试样的垂直轴线成 45°±2°的夹角，如图 4-20 所示。对于扁电缆，火焰接触点应在电缆扁平部分的中部。

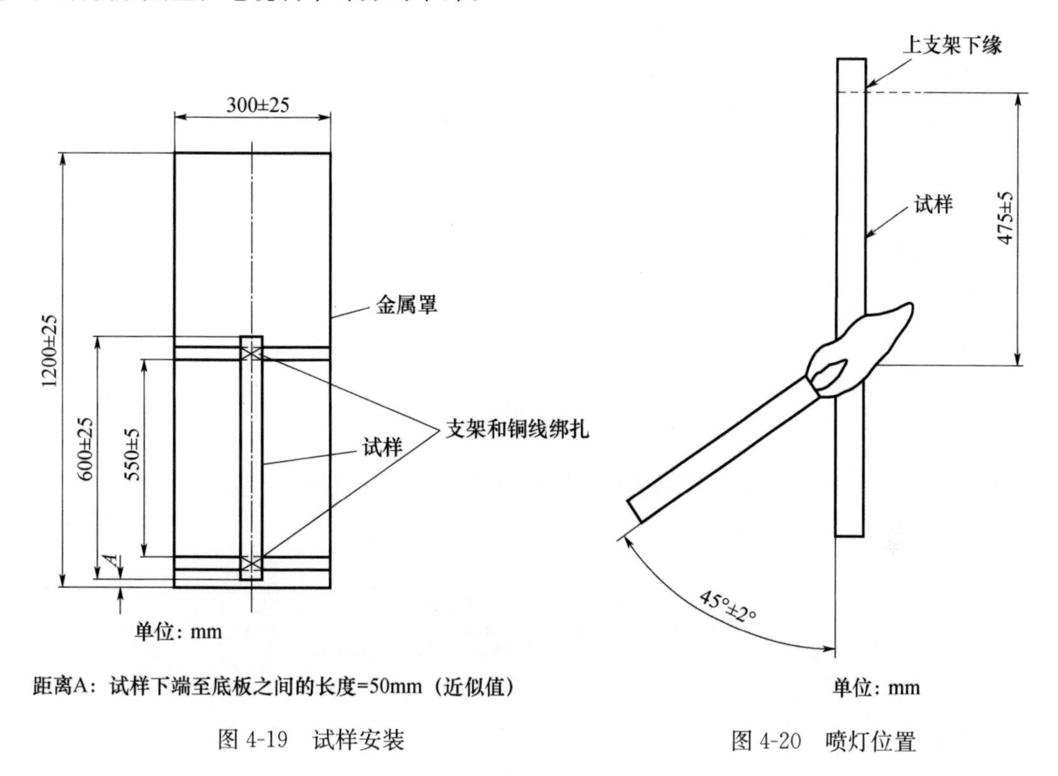

图 4-19　试样安装　　　　图 4-20　喷灯位置

8）试验步骤

供火应连续，且供火时间应根据试样直径符合表 4-2 规定。

表 4-2　供火时间

试样外径（mm）	供火时间（s）
$D \leqslant 25$	60±2
$25 < D \leqslant 50$	120±2
$50 < D \leqslant 75$	240±2
$D > 75$	480±2

注：对非圆形电缆（例如扁形结构）进行试验，应测量电缆周长并换算成等效直径，如像电缆是圆的那样。

完成规定时间的供火后，将喷灯移开并熄灭喷灯火焰。

9）结果评定

所有的燃烧停止后，应擦净试样。

如果原来的表面未损坏，则所有擦得掉的烟灰可忽略不计。非金属材料的软化或任何变形也忽略不计。测量上支架下缘与炭化部分上起点之间的距离和上支架下缘与炭化部分下起始点之间的距离，精确到 mm。

炭化部分起始点应按如下规定测定：

用锋利的物体，例如小刀的刀刃按压电缆表面，如果弹性表面在某点变为脆性（粉化）表面，则表明该点即炭化部分起始点。

如产品标准没有规定应按以下要求判定：

上支架下缘和炭化起始点之间的距离大于50mm。

燃烧向下延伸至距离上支架的下缘应小于540mm。

10）注意事项

（1）试验时应采用保护措施以预防操作人员遭受以下伤害：

① 火灾或爆炸危险。

② 烟雾或有毒产物的吸入，尤其是燃烧含卤材料时。

③ 有毒残渣。

（2）引燃源

在23℃、0.1MPa的条件下以（65±30）mL/min的流量供给纯度不低于95％的丙烷气体。

在23℃、0.1MPa的条件下以（10±0.5）L/min的流量供给空气；空气应基本无油和无水。

15. 曲挠试验

1）方法原理

模拟柔性电缆实际工作环境的条件下，经过多次弯折与伸展来考核该柔性电缆的柔韧性和结构稳定性是否符合产品长期使用要求的试验项目。

本试验不适用于导体标称面积超过4mm^{2}的软电缆和超过18芯的具有两层以上同芯层的电缆。

2）仪器设备

线缆曲挠试验机如图4-21所示，包括一辆小车C，小车的驱动装置以及对每一根试样试验用的四个滑轮。可移动的小车C上安装有直径相等的两个滑轮A和B。设备两端各有一个固定滑轮，直径可以与滑轮A和B不等，但四个滑轮的安装应可使试样呈水平状态。小车以约0.33m/s的恒速在大于1m的距离之间往复移动。

滑轮应为金属质地，并有半圆形的凹槽以放置圆形电缆，还需有扁形电缆。安装限位夹头D，以使小车离开重锤时，始终能借助重锤施加一个拉力使小车往复运动。当一端的夹具装置靠在支架上时，另一个距其支架距离应最大不超过5cm。

3）环境条件

室温为5～35℃。

4）试样准备

取约为5m长的软电缆试样，置于滑轮上并拉紧，软电缆的两端各载一个重锤，重锤的质量及滑轮A和B的直径见相关产品标准。

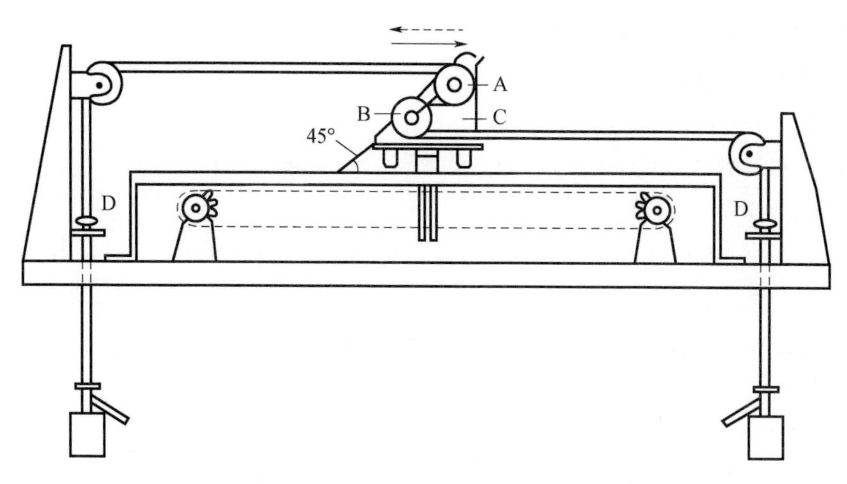

A—滑轮；B—滑轮；C—小车；D—限位夹头

图 4-21　线缆曲挠试验机

5）线芯载流试验

产生负载电流的电压可以是低电压或 230/400V 的电压。

在曲挠试验过程中，试样的每根导体应负载表 4-3 规定的电流。

（1）二芯和三芯电缆，每根线芯都应加满负荷负载；

（2）四芯和五芯电缆，其中三芯应加满负荷负载，或所有线芯按式（4-9）加负载。

$$I_n = I_3\sqrt{3/n}(\mathrm{A/mm^2}) \tag{4-9}$$

式中　n——芯数；

I_3——表 4-3 给出的满负荷负载。

（3）超过五芯的电缆不应加负载电流。在不加负载的线芯上应加一个信号电流。

表 4-3　负载电流

导体标称截面积（mm^2）	电流（A）
0.75	6
1	10
1.5	14
2.5	20
4	25

6）线芯之间的电压

对于二芯电缆，导体之间应施加 230V 交流电压。对于所有其他三芯以上的电缆应在三根导体上施加约 400V 的三相交流电压，而另外任何导体则连接到中性线上。应对三根相邻的线芯进行试验。如果是两层结构，应在外层进行试验。这同样应用于采用低压电流负载的系统。

7）试验步骤

按照标准规定要求安装试样，注意，A、B 滑轮轴心连线与轨道夹角成 45°，并使装在滑轮之间的三段电缆均呈水平状态。

调整两端限位夹头使电缆自然下垂，并在两端加上合适质量的砝码以及施加标准规定的负载电流和电压。

按相关标准规定设定将计数器设置来回往复运动的往复次数，启动曲挠试验装置，小车以约 0.33m/s 的恒速在 1m 的距离行程之间作往返运动，使试样往复弯曲拉伸。

在曲挠试验之后，再将所有试样进行成品电缆电压测试。

8）注意事项

（1）曲挠设备应有失效检查部件，以便在曲挠试验中出现下列情况时可以检测并停止：电流短路、导体之间短路、导体和（曲挠设备的）滑轮之间短路。

（2）电器控制柜安装在通风干燥处，同时要在外壳连接地线。

（3）试验时，因接线柱带 380V 高压电，需等试样和负载等连接好后，方可接通总电源开关，试验中途要更换试样时，切记一定要将总电源开关断开。

（4）试验完毕后一定要将面板上调节旋钮转回起始位置，切断总电源，再拆下试样。

（5）在机器运转期间，请勿触摸机器运动部分及带电部分，注意安全。

16. 结果评定

固定布线用无护套电缆检验项目结果应符合标准《额定电压 450/750V 及以下聚氯乙烯绝缘电缆 第 3 部分：固定布线用无护套电缆》GB/T 5023.3—2008 的规定。

17. 相关标准

《额定电压 450/750V 及以下橡皮绝缘电缆 第 1 部分：一般要求》GB/T 5013.1—2008。

《额定电压 450/750V 及以下橡皮绝缘电缆 第 3 部分：耐热硅橡胶绝缘电缆》GB/T 5013.3—2008。

《额定电压 450/750V 及以下橡皮绝缘电缆 第 4 部分：软线和软电缆》GB/T 5013.4—2008。

《额定电压 450/750V 及以下橡皮绝缘电缆 第 5 部分：电梯电缆》GB/T 5013.5—2008。

《额定电压 450/750V 及以下橡皮绝缘电缆 第 6 部分：电焊机电缆》GB/T 5013.6—2008。

《额定电压 450/750V 及以下橡皮绝缘电缆 第 7 部分：耐热乙烯-乙酸乙烯酯橡皮绝缘电缆》GB/T 5013.7—2008。

《额定电压 450/750V 及以下聚氯乙烯绝缘电缆 第 1 部分：一般要求》GB/T 5023.1—2008。

《塑料绝缘控制电缆 第 1 部分：一般规定》GB/T 9330.1—2008。

《额定电压 450/750V 及以下聚氯乙烯绝缘电缆 第 3 部分：固定布线用无护套电缆》GB/T 5023.3—2008。

《额定电压 450/750V 及以下聚氯乙烯绝缘电缆 第 4 部分：固定布线用护套电缆》GB/T 5023.4—2008。

《额定电压 450/750V 及以下聚氯乙烯绝缘电缆 第 5 部分：软电缆（软线）》GB/T 5023.5—2008。

《额定电压 450/750V 及以下聚氯乙烯绝缘电缆 第 6 部分：电梯电缆和挠性连接用电缆》GB/T 5023.6—2006。

《额定电压 450/750V 及以下聚氯乙烯绝缘电缆 第 7 部分：二芯或多芯屏蔽和非屏蔽软电缆》GB/T 5023.7—2008。

《额定电压 450/750V 及以下橡皮绝缘电缆 第 8 部分：特软电线》GB/T 5013.8—2013。

《塑料绝缘控制电缆 第 2 部分：聚氯乙烯绝缘和护套控制电缆》GB/T 9330.2—2008。

《塑料绝缘控制电缆 第 3 部分：交联聚乙烯绝缘控制电缆》GB/T 9330.3—2008。

《额定电压 1kV（U_m=1.2kV）到 35kV（U_m=40.5kV）挤包绝缘电力电缆及附件 第 1 部分：额定电压 1kV（U_m=1.2kV）和 3kV（U_m=3.6kV）电缆》GB/T 12706.1—2008。

《额定电压 1kV（U_m=1.2kV）到 35kV（U_m=40.5kV）铝合金芯挤包绝缘电力电缆 第 1 部分：额定电压 1kV（U_m = 1.2kV）和 3kV（U_m = 3.6kV）电缆》GB/T 31840—2015。

《额定电压 450/750V 及以下聚氯乙烯绝缘电缆电线和软线 第 1 部分：一般规定》JB/T 8734.1—2016。

《额定电压 450/750V 及以下聚氯乙烯绝缘电缆电线和软线 第 2 部分：固定布线用电缆电线》JB/T 8734.2—2016。

《额定电压 450/750V 及以下聚氯乙烯绝缘电缆电线和软线 第 3 部分：连接用软电线和软电缆》JB/T 8734.3—2016。

《额定电压 450/750V 及以下聚氯乙烯绝缘电缆电线和软线 第 4 部分：安装用电线》JB/T 8734.4—2016。

《额定电压 450/750V 及以下聚氯乙烯绝缘电缆电线和软线 第 5 部分：屏蔽电线》JB/T 8734.5—2016。

《额定电压 450/750V 及以下聚氯乙烯绝缘电缆电线和软线 第 6 部分：电梯电缆》JB/T 8734.6—2016。

《额定电压 450/750V 及以下交联聚烯烃绝缘电线和电缆 第 1 部分：一般规定》JB/T 10491.1—2004。

《额定电压 450/750V 及以下交联聚烯烃绝缘电线和电缆 第 2 部分：耐热 105℃交联聚烯

烃绝缘电线和电缆》JB/T 10491.2—2004。

《额定电压450/750V及以下交联聚烯烃绝缘电线和电缆 第3部分：耐热125℃交联聚烯烃绝缘电线和电缆》JB/T 10491.3—2004。

《额定电压450/750V及以下交联聚烯烃绝缘电线和电缆 第4部分：耐热150℃交联聚烯烃绝缘电缆》JB/T 10491.4—2004。

4.2　插座

1. 概述

插座，又称电源插座、开关插座，是指有一个或一个以上电路接线可插入的座，通过它可插入各种接线，便于与其他电路接通。通过线路与铜件之间的连接与断开，来达到最终达到该部分电路的接通与断开。

插座根据用途不同可分为很多种类，不同使用场所应搭配不同种类的插座。本节主要介绍家用及类似用途固定式电气装置的插座检验项目及试验方法。

2. 检验项目

插座所检项目指标包括：标志、防触电保护、电气强度、分断容量、通断能力、温升、耐热、爬电距离、电气间隙

3. 依据标准

《家用和类似用途插头插座 第1部分：通用要求》GB/T 2099.1—2008。

4. 试样要求、环境条件及预处理

1）试样要求

不可拆线电器附件用交货时的型号和尺码的软缆进行试验，不是装在电线组件或电线加长组件的，或不是设备的一个元件的不可拆线电器附件，应装有至少 1m 长的软缆来进行试验。

不可拆线多位移动式插座按交货时带的软缆进行试验。

不符合任何验收标准活页的插座，应与相应的安装盒一起进行试验。

必须有安装盒才构成完整外壳的插座，应与其安装盒一起进行试验。

中性线（如有），则作为一个极来处理。

2）环境条件

除非另有规定，试验应按各条款的顺序在 15～35℃的环境温度下进行。

存在怀疑时，试验应在（20±5)℃的环境温度下进行。

3）预处理

除非另有规定，样品应在室温 15～35℃环境下保存 3h 以上才能开始检测。

5. 标志检查

1）方法原理

目测标志内容是否清晰齐全，用棉布擦拭标志检测标志的耐擦性。

2）仪器设备

（1）棉布

（2）汽油

3）试验步骤

（1）标志内容及清晰度

观察标志内容是否清晰、是否齐全符合标准要求。

① 电器附件应有下列标志：

额定电流（安培）。

额定电压（伏特）。

电源性质的符号。

中性极、接地极、带电极的符号。

制造商或销售商的名称或商标或识别标志。

型号（可以是产品目录编号）。

对防触及危险部件和防固体有害物进入影响的防护等级的第 1 个特（性）征数，如高于 IP2X 时，第 2 个特（性）征数应同时被标志出。

对防有害进水影响的防护等级的第 2 个特（性）征数，如高于 IPX0，第 1 个特（性）征数应同时被标志出。

如果插头插座系统允许某一 IP 等级的插头插入另一 IP 等级的插座，这种插头/插座组合产生的防护等级实际上是插头或插座两者中较低的等级。这应在制造商说明书里有关插座的说明中注明。

此外，带无螺纹端子的插座应有下列标志：

a. 将导线插入无螺纹端子之前，必须剥去绝缘的长度的标志。

b. 如果插座只能连接硬导线，只能连接（应）硬导线的标志。

② 使用符号时，应使用如下符号：

安培：A。

伏特：V。

交流电：～。

中线：N。

保护接地：⏚。

防护等级：IPXX。

要被安装在粗糙表面上的固定式电器附件的防护等级：IPXX。

无螺纹端子（只适合接受硬导线）：r。

额定电流和额定电压的标志可以单独采用数字。这些数字可以排成一行，用斜线隔开，或将额定电流的数字放在额定电压的数字上面并用一条水平线隔开。

电源性质的标志应紧靠在额定电流和额定电压数字的后面。

③ 对固定式插座，下列标志应标在主要部件上：

额定电流、额定电压和电源性质。

制造商或销售商的名称或商标或识别标志。

导线插入无螺纹端子（如有）之前应剥去的绝缘长度。

型号，可以是目录号。

安全所必需的并预定要单独出售的部件，如盖板等，必需标出制造商或销售商的名称或商标或识别标志和型号。

如有 IP 代码，应标在当插座按正常使用安装和接线时清晰可辨的位置。

④ 端子

中性线专用端子应标出字母 N。

连接保护导线的接地端子应标出符号⏚。

上述标志不得位于螺钉或其他易拆卸的部件上。

用以连接不构成插座主要功能的导线的端子应有明显的特征，其用途不言自明或已在

固定到电器附件的布线图中注明者除外。

电器附件端子可通过如下办法来识别：

用 GB/T 5465.2 的图形符号或颜色和/或字母-数字系统构成的标志，或本身的物理尺寸或相对位置。

霓虹灯或指示灯的引线不视作本条所述的导线。

⑤ 对与插座成一个整体的明装式安装盒，如 IP 代码高于 IP20，其 IP 代码应标在与其相对应外壳的外面，并使插座按正常使用安装和接线之后清晰易辨。

⑥ 声明带有 IP 代码高于 IPX0 防护等级的固定式暗装式或半暗装式插座，应通过其标志或制造商产品目录或使用说明书，给出其位置和特殊措施（例如：安装盒、安装面的类型、插头等），确保获得规定的防护等级。

（2）标志应经久耐用、清晰易辨

用手以浸透水的布片擦 15s 后，再以浸透汽油的布片擦 15s。

用印、铸、压或刻制作的标志不进行本试验。

4）注意事项

（1）“易拆卸的部件”是指在正常安装插座和组装插头时可以拆卸的那些部件。

（2）不可拆卸电器附件中的端头不必标志。

（3）2P+的插头插座应遵循面对插座接地极在上方、左边是 N 极、右边是 L 极的标注规定。

（4）用印、铸、压或刻制作的标志不进行经久耐用试验。

（5）建议耐擦试验所用汽油为溶剂乙烷，其芳族含量体积比最大为 0.1%，贝壳松脂丁醇值为 29，初沸点约为 65℃，干点约为 69℃，密度为 0.68g/cm^3。

6. 防触电保护

1）方法原理

试样按正常使用安装好后，使用目测，或标准试验指、试验销、试验探棒等各类电器安全标准中规定的防触电保护试验的装置，测试插座产品的结构和外壳是否有良好防触电保护，以保证使用时不与带电部件发生意外接触。

2）仪器设备

漏电指针销包括电指示器、试验弯试指如图 4-22 所示、试验直试指及探针如图 4-23 所示。

电指示器能够输出 40～50V 的直流电压，并可以通过指示灯显示试指、探针与试件被测部位接触情况。

3）试验步骤

（1）试样按正常使用安装，并装上横截面积最小的导线试验，然后用标准规定的横截面积最大的导线重复试验。

图 4-22　弯试指

图 4-23　直试指及探针

用标准试验指，施加到各个可能的位置上。用电压在 40～50V 之间的电指示器显示试验指与相关部分的接触情况。

对于插头，将试验指施加到插头与插座部分和完全插合时的各个可能的位置上。

对由于使用热塑性材料或弹性材料可能导致不符合要求的电器附件，要在（40±2)℃的环境温度下进行附加试验，电器附件也应达到此温度。

在此附加试验期间，电器附件要经受 75N 的力达 1min，此力是通过直试指的端部来施加的。将装有上述规定的电指示器的试验指施加到绝缘材料变形会损坏电器附件安全的所有位置上，但不施加在膜片和相似位置上。对薄壁敲落孔进行此附加试验施加力为 10N。

在本试验期间，电器附件及有关的安装部件不应变形到使有关标准规定的、用以确保安全的尺寸过度地改变，而且不应触及到带点部件。

然后，将插头和移动式插座每个试样都按标准办法，以 150N 的力，压在两个扁平平面之间达 5min。试样从试验装置卸下后 15min 再进行检查，试样不应变形到使有关标准规定的、用以确保安全的那些尺寸过度地改变。

（2）当电器附件按正常使用要求接线和安装完毕后仍是易触及的部件，用以固定底座和插座的盖和盖板的、与带电部件隔开的小螺钉和类似部件除外，应由绝缘材料制成。但固定式插座的盖或盖板和插头和移动式插座的易触及部件，如满足下述①或②的要求，可以由金属材料制成。

① 金属盖或盖板要通过附加绝缘来保护，附加绝缘由固定到盖或盖板或固定到电器附件的本体的绝缘垫层或绝缘各层来制成。这些绝缘衬垫或绝缘层如果没有永久性的损坏，应不能被拆下，或应设计成不能更换在不正确的位置上，如果缺少了它们，使电器附件变得不可行或明显不完整。同时，例如通过固定螺钉，甚至导线从它的端子脱出来，也不存在引起带点部件和金属盖或盖板之间意外接触的危险。此外，应采取措施，防止爬电距离和电气间隙在标准规定值以下。在单极插入的情况下，下面第（3）条中规定的要求适用。

是否合格，通过观察检查。

上述的衬垫各层应符合绝缘电阻和电气强度及爬电距离电气间隙和通过密封胶距离试

验的要求。

② 在固定盖或盖板本身的过程中，金属盖或盖板能通过低阻连接自动接地。

当插头完全插入时，插头的带电插销和插座的接地的金属盖之间的爬电距离和电气间隙，应分别符合爬电距离电气间隙和通过密封胶距离的要求；此外，在单极插入的情况下，下面第（3）条中规定的要求适用。

是否合格，通过观察和进行以下试验来检查。

在接地端子与每个易触及金属部件之间依次通以 1.5 倍额定电流或 25A 的交流电，二者中，取较大者。此交流电源的空载电压应不超过 12V，测出接地端子与易触及金属部件之间的电压降，并以电流与此电压降算出电阻。无论如何，电阻应不超过 0.05Ω。

（3）插头的任一个插销，在其他任何插销处于易触及状态时，应不能与插座的带电插套插合。

是否合格，通过手动试验和按有关标准中最不利的尺寸制成的量规来检查，量规的公差应按标准规定。

对带有热塑性材料的外壳或本体的电器附件，试验应在（40±2)℃的环境温度下进行，电器附件和量规均须处于此温度。

对带有橡胶材料或 PVC 材料制成的外壳和本体的插座，要对量规施加 75N 的力达 1min。

对装有金属盖或盖板的固定式插座，当另一个插销或另一些插销与金属盖或盖板接触时，任一个插销与插套之间距离要求至少为 2mm。

（4）插头的外部零件应由绝缘材料制成。但装配螺钉之类、载流插销、接地插销、接地条、环绕插销的金属环和满足第（2）条要求的易触及部件除外。

与插销同轴，环绕插销的环（如有）的总尺寸应不超过 8mm。

是否合格，通过观察检查。

（5）带保护门的插座在结构上还应做到在不插入插头时，标准探针不得触及带电部件。

探针应施加到仅与带电插套对应的插入孔，并应不接触到带电部位。

为确保这一防护等级，插座在结构上应做到，当插头被拔出时，带电插套能自动被遮闭。

要达到这一要求的机构，应是不会轻易被插头以外任何东西所驱动，而且应不能依靠容易丢失的部件来实现这一目的。

用电压在 40～50V 之间的电指示器来显示相关部件的接触情况。

是否合格，通过观察和用插座在插头完全拔出状态下，用上述探针进行如下试验：

标准探针，用 20N 的力施加到与带电插套对应的插入孔。

探针依次从三个方向施加在保护门最不利的位置，同一位置三个方向的每个方向约为 5s 时间。

在每次操作期间，应不旋转探针，探针应以 20N 维持力的方式来施加，当探针从一个方向变动到另一个方向时，不施加力，但不能拔出探针。

然后，按标准探针，以三个方向施加1N的力，每个方向约5s时间，是独立碰触，每一次碰触后都要拔出探针。

对带有热塑性材料外壳和本体的插座，试验要在（40±2)℃的环境温度下进行，插座和探针均应处于这一温度。

（6）插座的接地插套（如有）在设计上应做到，不会因插头的插入而出现危及安全的变形。

是否合格，通过下列试验检查：

将插座放置在使插套处于铅垂的位置。

将与插座类型配套的试验插头，用150N的力插入插座中并保持1min。

此试验之后，插座应还能符合标准规定的尺寸的要求。

（7）带加强保护的插座在结构上应能做到，当按正常使用要求安装和接线时，带电部件是不易触及的。

是否合格，通过观察，并通过在无插头插入的最不利的条件下，用1.0mm直径的探针向所有易触及表面施加1N的力来检查。

对带有热塑性材料外壳和本体的插座，试验要在（40±2)℃的环境温度下进行，插座和探针均应处于这一温度。

4）注意事项

（1）试样按正常使用安装。

（2）带保护门的插座探针依次从三个方向施加在保护门最不利的位置，在每次操作期间，应不旋转探针。当探针从一个方向变动到另一个方向时，不施加力，但不能拔出探针。

7. 绝缘电阻

1）方法原理

在试样标准规定的部位施加标准规定的直流电压，测试标准规定部位的绝缘电阻是否符合标准要求，保证试样能够在正常安装后安全使用。

2）仪器设备

绝缘电阻测试仪：

（1）能够输出直流电压输出选择：0V～2000V。

（2）电阻量程范围广泛：0V～200GΩ，量程自动转换。

（3）高压短路电流大于3mA。

（4）测量精度：1MΩ～20GΩ，±5%；2MΩ～40GΩ，±5%；5MΩ～100GΩ，±5%；10MΩ～200GΩ，±5%。

3）试验步骤

绝缘电阻要用一个约 500V 的直流电压来测量，而测量应在电压施加后 1min 进行。

对插座，绝缘电阻要依次在如下部位测量：

（1）在所有连接在一起的极与本体之间，测量要在插头处于插合的情况下进行。

（2）依次在每一极与所有其他极之间，这些所有其他极要在插头处于插合的情况下连接到本体上。

（3）在任何金属外壳和与其绝缘衬垫的内表面相接触的金属箔之间；本试验只是在必须有绝缘衬垫才能提供绝缘的情况下才进行。

（4）在软线固定部件的任何金属部件（包括夹紧螺钉）与移动式插座的接地端子或接地插套之间。

（5）在移动式插座的软线固定部件的任何金属部件与插入到正常的接线位置的，与软线的最大直径一样粗的金属杆之间。

（1）中所用的“本体”一词，包括易触及的金属部件、支承暗装式插座底座的金属框架、与用绝缘材料制成的外部易触及部件的外表面相接触的金属箔、底座或盖和盖板的固定螺钉，外部装配螺钉及接地端子和接地插套。

不可拆线移动式插座不进行（3），（4）和（5）项测量。

在用金属箔包裹绝缘材料部件的外表面或将金属箔放置与绝缘材料部件内表面相接触的同时，用直的无节试验指以不明显的力把金属箔压入孔或沟槽中。

4）结果判定

电器附件应有足够的绝缘电阻和电气强度。绝缘电阻要用一个约 500V 的直流电压来测量，而测量应在电压施加后 1min 进行。绝缘电阻不得小于 5MΩ。试验期间，不得出现闪络或击穿现象。

5）注意事项

（1）实验前首先应将被试物的一切电源连线断开，并将被试设备短路接地，充分放电，然后拆除一切外部连线，方可进行试验。

（2）将被试物绝缘表面擦拭干净。

（3）根据被试物的电压等级选择适用的绝缘电阻表。

（4）试验用的引线绝缘不良会严重影响测试结果，必须引起注意。

（5）将绝缘电阻仪安放在适当位置。

（6）试验结束后，被试物接地放电。

8. 电气强度

1）方法原理

在试样标准规定的部位施加标准规定的直流电压，测试标准规定部位是否能够耐受标准规定电压的冲击，保证试样能够在正常安装后安全使用。

2）仪器设备

高压试验台：

（1）试验所用的高压变压器在设计上必须做到：当把输出电压调到相应的试验电压后便输出端子短路时，输出电流至少为200mA。

（2）在输出电流小于100mA时，过电流继电器不得动作。

（3）应注意，所施加的试验电压的方向根（植）值应在±3%的范围内。

（4）不会引起电压降的辉光放电可忽略不计。

3）操作步骤

在以下部件之间，施加基本上是正弦波形的、频率为50Hz的电压1min。

（1）在所有连接在一起的极与本体之间，测量要在插头处于插合的情况下进行。

（2）依次在每一极与所有其他极之间，这些所有其他极要在插头处于插合的情况下连接到本体上。

（3）在任何金属外壳和与其绝缘衬垫的内表面相接触的金属箔之间；本试验只是在必须有绝缘衬垫才能提供绝缘的情况下才进行。

（4）在软线固定部件的任何金属部件（包括夹紧螺钉）与移动式插座的接地端子或接地插套之间。

（5）在移动式插座的软线固定部件的任何金属部件与插入到正常的接线位置的，与软缆的最大直径一样粗的金属杆之间。

试验电压应为如下：

（1）对额定电压130V及以下的电器附件施加125V交流电压。

（2）对额定电压130V以上的电器附件施加2000V交流电压。

开始时，施加的电压应不大于规定值的一半，然后，迅速地提高到规定值。

4）结果判定

试验期间，不得出现闪络或击穿现象。

5）注意事项

（1）在用金属箔包裹绝缘材料部件的外表面或将金属箔放置得与绝缘材料部件内表面相接触的同时，以不明显的力，用直的无节试验指把金属箔压入孔或沟槽中。

（2）试验期间注意安全，两人同时在场检测，脚下必须有绝缘垫。

（3）接通电源后应缓慢施加电压。

（4）试验回路应有快速保护装置，以保证当试样击穿或试样端部或终端发生沿其表面闪络放电或内部击穿时能迅速切断试验电源。

（5）试验设备、测量系统和试样的高压端与周围接地体之间应保持足够的安全距离，以防止空气放电。试验区域周围应有可靠的安全措施，如金属接地栅栏、信号灯或安全警示标志。

9. 温升

1）方法原理

试样按标准规定安装后，施加标准规定的电流电压，到达标准规定的时间后，测量试样的标准规定部位的温度与周围空气的温度，二者之差即为该部位的温升。

2）仪器设备

（1）温升测试仪

能够稳定输出 0～300V 电压、0～50A 电流。电流表、电压表满足精度 0.5 级。

测温装置：测温范围为 0～150℃，精度为±1℃。

（2）木盒

松木槽可以由多于一小块拼凑而成。松木槽的大小应能使至少有 25mm 的木头包围着灰泥；灰泥包围着安装盒，在安装盒各边和底部最大尺寸处，灰泥的厚度都保证在 10～15mm 之间。

（3）木板

木板至少厚 20mm，宽 500mm，高 500mm。

3）试验步骤

不可拆线的电器附件按交货状态进行试验。

可拆线电器附件应接上表 4-4 所示的标称横截面积的聚氯乙烯绝缘导线。

表 4-4　温升试验用铜导线的标称横截面积

额定电流（A）	标称横截面积（mm^2）	
	移动式电器附件的软导线	固定式电器附件的（单芯或绞合）硬导线
≤10	1	1.5
＞10～16	1.5	2.5
＞16	4	5

暗装式电器附件要安装在暗装式安装盒里。安装盒放置于松木槽里。松木槽与安装盒之间填满灰泥，使安装盒的正面边缘不会高出松木槽的正表面，也不能低于正表面 5mm 以上。

连接到插座的电缆应从安装盒的顶部进入。进入点要密封，防止空气循环。安装盒内，每根导线的长度为（80±10）mm。

明装式插座固定于木板表面的中心。

其他类型的插座按制造商的说明安装，如果没有这种说明，要安装在正常使用时最为严酷条件的位置。

端子螺钉或螺母要用标准规定力矩的 2/3 拧紧。

试验组合体应放在不通风的环境里进行试验。

插座要用试验插头进行试验。该试验插头的插销应为黄铜制品，并应具有规定的最小尺寸。

对于本试验，在端子上测量温升。

如果是多位插座，要在每种类型和电流额定值的一个插座上分别进行试验。

4）注意事项

（1）松木槽这一试验组合体在制成后，应至少先晾干 7d 才进行试验。

（2）松木槽里的腔穴可以是圆柱形。

（3）端子螺钉或螺母要用标准规定力矩的 2/3 拧紧。

10. 分断容量

1）方法原理

对试样施加标准规定的电流、电压，按标准规定的频率完成标准规定的插拔次数，观察试验前后试样是否符合标准要求。

2）仪器设备

开关插座寿命试验机：

（1）开关插座寿命试验机包括控制柜和操作装置。

（2）控制柜应能稳定地输出标准规定的电流电压，能够记录操作次数。

（3）输出电流范围：0～15A、电压输出 0～280V、功率因数 0～1、计数器 0～99999 次。

（4）电流表、电压表、功率因数表应 0.5 级。

（5）操作装置能够将试样安装在其上，能够按标准规定对试验进行操作。

3）试验步骤

可拆线的电器附件要装上标准规定的导线。

插座要用试验插头来试验，该试验插头的插销应由黄铜制成，适用时还可带绝缘护套。插销应具有最大的规定尺寸，偏差为（0，−0.06）mm，而且插销与插销之间的间距为标称距离，偏差为（+0.05，0）mm。就绝缘护套的端部而言，只要护套的尺寸在有关标准活页的公差范围之内即可。

插销的端部应倒圆。

插头要用符合本标准要求的固定式插座来试验。所选插座应尽量具有平均特性。

对额定电压不大于 250V、额定电流不大于 16A 的电器附件，试验设备的行程应在 50～60mm 之间。

将插头插入拔出插座 50 次（100 个行程），插拔速率为：

（1）对额定电流不大于 16A、额定电压不大于 250V 的电器附件，每分钟 30 个行程。

（2）对其他电器附件，每分钟 15 个行程。

试验电压是额定电压的 1.1 倍。试验电流是额定电流的 1.25 倍。

从插头与插座插合到拔出期间，通电的时间为：

（1）对额定电流不大于 16A 的电器附件：$1.5^{+0.5}_{0}$s。

（2）对额定电流 16A 以上的电器附件：$3^{+0.5}_{0}$s。

电器附件要用 $\cos\mu=0.6\pm0.05$ 交流电进行试验。

如有接地电路，接地电路不通电流。

如果用空芯电感器，就要将一个能消耗掉流经电感器电流的 1%的电阻器与这个空心电感器并联起来。

如果电流波形为基本正弦波形，也可以用铁芯电感器。

三极电器附件的试验要用三芯电感器。

易触及金属部件、金属支架和任何支承暗装式插座底座的金属支架均要通过选择开关 C 连接。对两级电器附件，则有半数的行程要连接到电源的一个极，而另一半行程要在另一个极上完成。对三极电器附件，每个极要完成行程总数的 1/3。

如果是多位插座，则要在每种类型和额定值的一个插座上分别进行试验。

4）注意事项

（1）电器附件要用 $\cos\mu=0.6\pm0.05$ 交流电进行试验。

（2）如有接地电路，接地电路不通电流。

（3）试验要有足够的防护，应有绝缘地垫、绝缘手套。

（4）仪器接通电源和试验期间，不得用手触摸试件。

（5）如果是多位插座，则要在每种类型和额定值的一个插座上分别进行试验。

11. 正常操作

1）方法原理

对试样施加标准规定的电流、电压，按标准规定的频率完成标准规定的插拔次数，观察试验前后试样是否符合标准要求。

2）仪器设备

（1）开关插座寿命试验机

同第 10 条“2）仪器设备”。

（2）漏电指针销

同第 6 条“2）仪器设备”。

（3）高压试验台

同第 8 条“2）仪器设备”。

（4）数字温度计

精度不大于 1℃。

3）试验步骤

是否合格，用合适的试验装置对插座和对转换器带有弹性接地插套的插头或带非实芯插销的插头进行试验检查。

（对插座进行试验用的）试验插销和（对带弹性接地插套的插头或带非实芯插销的插头进行试验用的）固定式插座，要在第4500个和第9000个行程之后更换。

插座要用试验插头来试验，该试验插头和插销应由黄铜制成，适用时还可带绝缘护套。插销应具有规定的最大尺寸，偏差为（0，−0.06）mm；插销与插销之间的间距为标称距离，偏差为（+0.05，0）mm。就绝缘护套的端部而言，只要护套的尺寸在有关标准的公差范围之内即可。

插销的端部应倒圆。

插头要用符合本标准要求的固定式插座来试验。所选插座应尽量具有平均特性。

试样要在 $\cos\mu=0.8\pm0.05$ 的电路中，以额定电压规定的交流电流进行试验。

将插头插入和拔出插座5000次（10000个行程），插拔的速率为：

（1）对额定电流不大于16A、额定电压不大于250V的电器附件，每分钟30个行程。

（2）对其他电器附件，每分钟15个行程。

对额定电流不超过16A的电器附件，在插头每次插拔过程中使电流流过。

在所有其他场合下，在一次插拔过程中通以试验电流，在另一次插拔时则不通电流。

从插头插合到拔出期间，通试验电流的时间为：

（1）对额定电流不大于16A的电器附件：$1.5^{+0.5}_{0}$s。

（2）对额定电流16A以上的电器附件：$3^{+0.5}_{0}$s。

如有接地电路，接地电路不通电流。

按标准规定接线进行试验。

如果是多位插座，试验要在每种类型和额定值的一个插座上分别进行试验。

4）注意事项

（1）端子温升应在插拔次数结束后立即进行，测量前应先切断仪器电源。

（2）如有接地电路，接地电路不通电流。

（3）试验要有足够的防护，应有绝缘地垫、绝缘手套。

（4）仪器接通电源和试验期间，不得用手触摸试件。

（5）如果是多位插座，则要在每种类型和额定值的一个插座上分别进行试验。

12. 机械强度

1）方法原理

试验按正常安装后，对试样不同的部位进行冲击，观察试样的状态是否符合标准要求，检查试样在正常使用过程中经过一定异物冲击后是否能继续安全正常使用。

2）仪器设备

冲击试验机，如图 4-24 所示。

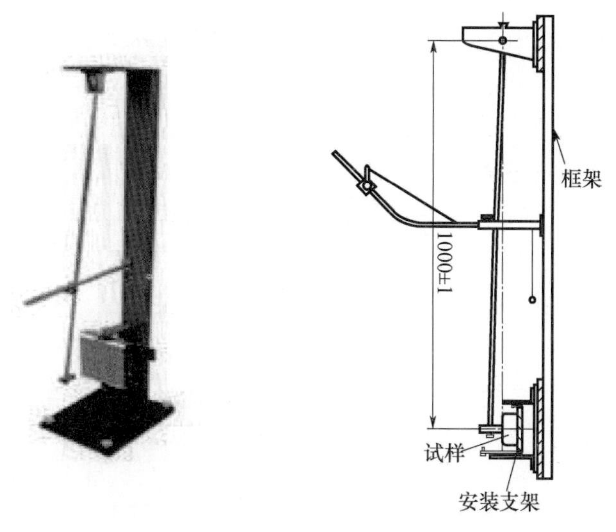

图 4-24　冲击试验机

冲击元件：冲击元件具有一个半径为 10mm，由洛氏硬度为 85～100HR 的聚酰胺制成的半球面；元件的质量为（150±1）g。冲击元件牢牢固定在外径为 9mm、壁厚为 0.5mm 的钢管的下端，将钢管的支点定位于钢管的上端，使钢管只能在铅垂的平面内摆动。

支点的轴线应在冲击元件轴线的上方（1000±1）mm 处。

该冲击装置应将 1.9～2.0N 之间的力施加到冲击元件的表面上，才能将钢管维持在水平位置。

试件安装部位：

标称厚度 8mm、长宽均约为 175mm 的一块胶合板，胶合板的顶边和底边被牢牢固定在安装支架的刚性托架上。安装支架的质量为（10±1）kg，并且通过转轴装在刚性框架上，框架则固定到实心墙上。

3）固定式插座机械性能试验步骤

（1）试件安装

可将试件放置得使冲击点落于通过转轴轴线的铅垂面上。

可以使试样水平移动并绕垂直于胶合板表面的轴线转动。

使胶合板可以绕垂直轴线朝两个方向各转动 60°。

明装式插座和明装式安装盒，按正常使用要求安装在胶合板上。

无敲落孔的进线孔应保持打开状态；有敲落孔的，应将其中之一打开。

安装式插座先要安装在一硬质木板或具有类似机械性的材料的凹槽里，安装好后，再整个固定在一块胶合板上，而不是固定在其相应的安装盒里。

如用的是木块，则木纹的方向必须垂直于冲击的方向。

安装式螺钉固定型插座，应用螺钉固定到凹陷在木块里的凸耳上。安装卡爪固定型插座应以卡爪卡入木块槽里。

试样安装得使冲击点位于通过转轴的轴线的铅垂面上。

（2）冲击高度

冲击试验的冲击高度见表4-5。

表4-5　冲击试验的冲击高度

跌落高度（mm）	经受冲击的外壳部位	
	IPX0的电气附件	高于IPX0的电气附件
100	A和B	—
150	C	A和B
200	D	C
250	—	D

注：A—正表面上的部位，包括凹陷部位。

B—按正常使用要求安装之后，凸出安装表面（与墙壁的距离）不超过15mm的部位上，上述A类部位除外。

C—按正常使用安装之后，凸出安装表面（与墙壁的距离）超过15mm，但不超过25mm的部位上，上述A类部位除外。

D—按正常使用安装好之后，凸出安装表面（与墙壁的距离）超过25mm的部位，上述A类部位除外。

由试样中最凸出安装表面的部位来确定的撞击能量要施加在除A类部位以外的所有部位上。

冲击高度是当摆锤被释放的一瞬间测试点与冲击点之间的垂直距离。测试点应标在冲击元件的表面上。测试点的确定办法是：使一条线通过摆锤的钢管轴与冲击元件轴的相交点并垂直于两轴所在的平面，这条线与冲击原件表面的相交点为测试点。

对试样进行冲击，并且要使冲击点均匀分布，敲落孔不进行冲击。进行冲击的方法如下：

① 对A类部位，冲击5次

对中心处进行一次冲击；

在试样水平移动后，在中心处于边缘之间的最不利点各冲击一次；

然后，在试样绕垂直于胶合板的轴线转动90°之后，在类似点上各冲击一次。

② 对B类、C类、D类部位，冲击4次

在胶合板绕垂直轴的方向转动60°之后、在试样可以进行冲击的一个侧面冲击一次；

在胶合板绕垂直向相反的方向转动60°以后，在试样可以进行冲击的另一个侧面上冲击一次；

在试样绕其垂直于胶合板的轴线转动90°之后，在胶合板绕垂直轴的方向转动60°之后，在试样可以进行冲击的一个侧面冲击一次；

在胶合板绕垂直向相反的方向转动60°以后，在试样可以进行冲击的另一个侧面上冲击一次。

如有进线口，则试样要安装得使两行冲击点与进线口的距离尽量相等。

多位插座的盖板和其他盖子要按相应数目的单独盖子来处理，但对任何一点只冲击一次。

对 IP 代码大于 IPX0 的插座试验时，盖子（如有）要合上。此外，对当打开盖子时会暴露的部件，要进行相应次数的冲击。

试验之后，试样不得有标准意义范围内的损坏，尤其是带电部件应不易触及的。

如有疑问，则应验证能否在拆卸或更换外部部件如安装盒、外壳、盖子或盖板等的情况下而不会使这些部件或其绝缘衬垫破裂。

如果由内盖支撑的外部盖板破裂，则应在内盖上重复进行试验；试验后，内盖不得破裂。

在无附加放大的情况下，正常或校正视力看不见的裂缝及增强纤维模制件等的表面裂缝等均可忽略不计。

如果即使电器附件的任一部分被忽略，这个电器附件仍能符合本标准的要求，则电器附件的这部分的外表面的裂纹或孔可以忽略不计。如果装饰性盖子为一内盖所支撑，而且在卸下装饰性盖子之后内盖仍能经受得住试验，则装饰性盖子的破裂可以忽略不计。

4）带保护的插座机械强度试验步骤

用同一个系统的插头的一个插销朝垂直于插座正表面的方向，向一个插口的保护门施加 40N 的力达 1min。

对于为防止单极插入而装设的保护门，这个力应该是 75N，而不是 40N。

如果插座是设计用于插入不同型号的插头者，试验要用最大尺寸插销的插头来进行。

插销不得与带电部件接触。

用电压 40～50V 的电指示器来显示与有关部件的接触情况。

试验之后，试样应不出现本标准意义上的损坏。

5）注意事项

（1）无敲落孔的进线孔应保持打开状态；有敲落孔的，应将其中之一打开。

（2）如果由内盖支撑的外部盖板破裂，则应在内盖上重复进行试验；试验后，内盖不得破裂。

（3）在无附加放大的情况下，正常或校正视力看不见的裂缝及增强纤维模制件等的表面裂缝等均可忽略不计。

13. 耐热

1）方法原理

试样在正常使用过程中会发热，本试验就是为了检查试样在经过标准规定的温度后，是否会发生影响继续使用的变化，从而导致试样不能使用甚至造成危害。

2）仪器设备

（1）电热鼓风干燥箱

试验期间保持标准规定的温度，温控范围：室温至 25℃，精度为±1℃。

（2）球压装置

球直径为（2.5±0.1）mm，压力为（20±0.2）N，如图 4-25 所示。

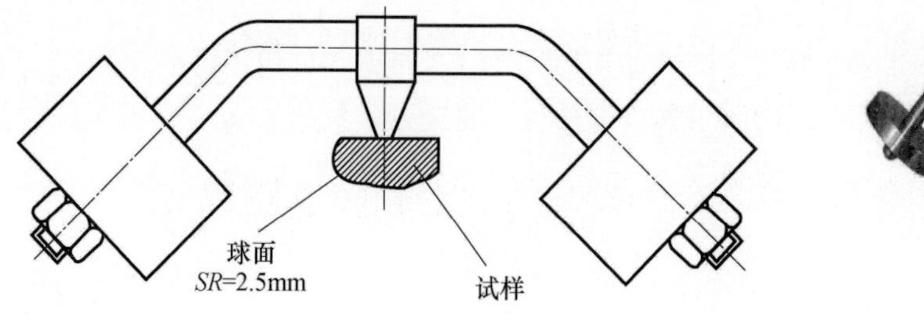

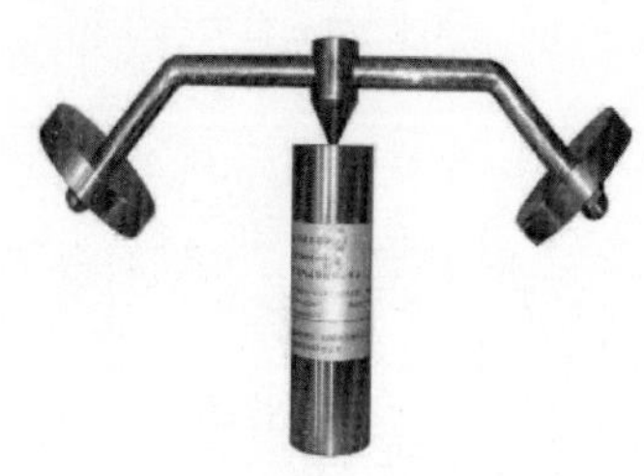

图 4-25　球压试验装置

（3）带度数的显微镜

精度不大于 0.01mm。

3）试验步骤

（1）试验期间存放在温度为（100±2）℃的加热箱里 1h。

试验期间，试样不得出现影响今后使用的变化，而且，如有密封胶不得流动到露出带电部件。

试验结束后，使试样冷却到室温。当电器附件按正常使用要求安装好后，用直试指施加不大于 5N 力时，应不触及通常是不可触及的带电部件。

试验结束后，标志仍应清晰可辨。

只要不损害标准意义范围内的安全，则密封胶的褪色、气泡或轻微位移均可忽略不计。

（2）用于将载流部件和接地电路的部件保持在正常位置所必需的绝缘材料部件，和由宽度为 2mm 的热塑性材料制成的，以及中性插座插孔周围正面部件，要经受球压试验，但安装盒里用以将接地端子保持在正常位置所必需的绝缘部件，要按第（3）条的规定进行实验。

如果不可能在受试试样上进行试验，则应从试样上割下至少 2mm 厚的小块试样进行试验。如果这样做仍不可行，则可以用不大于 4、每层均是从试样上割下的试件来进行试验，但这些试件层的总厚度不得小于 2.5mm。

将被试部件放置在至少 3mm 厚的钢板上，使之与钢板直接接触。

将被试部件的表面置于水平位置，并用 20N 的力将试验设备的半球状顶部压住该表面。

应将试验负载和支撑装置放在加热箱内足够长的时间，以确保试验开始之前，负载和支撑装置已经达到稳定的试验温度。

试验要在温度为（125±2）℃的加热箱内进行。

1h 之后，将球从试样上卸下，在 10s 之内，将试样浸入冷水，冷却至室温。

测出钢球压痕的直径，此直径应不超过 2mm。

（3）虽然与载流部件和接地电路部件接触，但不是将它们保持在正常位置所必需的绝缘材料部件，应按（2）的规定进行球压试验。但试验要在（70±2）℃或在（40±2）℃加

上温升试验期间在有关部件测得的最高温升，取二者中较高的温度。

4）注意事项

（1）试验的开始时间应从试样放入烘箱后，烘箱温度恢复到标准规定的温度后开始计时。

（2）将球从试样上卸下，在 10s 之内，将试样浸入冷水，冷却至室温。

14. 爬电距离、电气间隙和通过密封胶的距离

1）方法原理

使用测量仪器检查试样的爬电距离、电器间隙和通过密封胶的距离是否符合标准要求。

2）试验设备

（1）游标卡尺

精度 0.02mm。

（2）爬电距离测试卡

精度 0.1mm，如图 4-26 所示。

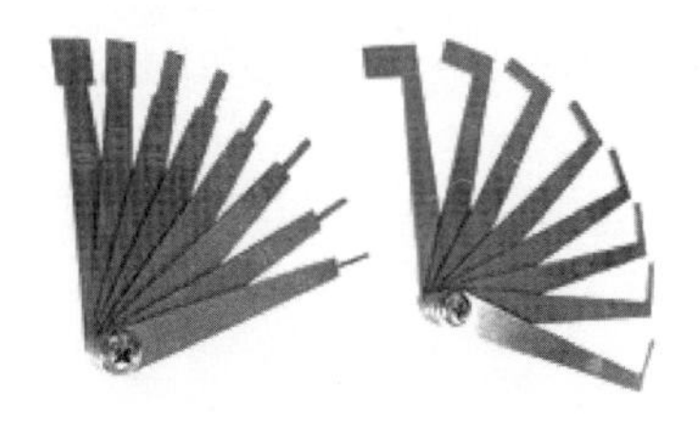

图 4-26　爬电距离测试卡

（3）塞尺

精度 0.01mm。

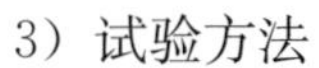

3）试验方法

对可拆线的电器附件，测量要按照表 4-6 中规定的最大标称横截面积的导线的试样上进行，还要在不接导线的试样上进行。

将导线插入端子并连接使得导线的绝缘能触碰到夹紧件的金属部件，或者，如导线的绝缘因结构的阻碍而触碰不到金属部件者，则应连接使得导线的绝缘能触碰到阻碍物的外侧。

对不可拆线电器附件，测量要在交货状态的试样上进行。

插座要在与插头插合时检查，还要在不与插头插合时检查。

通过绝缘材料外部部件的槽或孔的距离的测量，要用与易触及表面（插头插合而除外）相接触的金属箔；金属箔应以试验指推进到角落之中，但不压进孔中。

对明装式插座，要按标准的规定将最不利的导管或电缆插入插座内，插入的距离为 1mm。如果支承暗装式插座的底座的金属框架是可移动的，则要将该框架放置在最不利位置。

宽度小于 1mm 的槽的爬电距离值即为槽的宽度。

计算总电气间隙时，任何宽度不足 1mm 的间隙均可忽略不计。

明装式插座的底座的安装表面包括安装插座时与底座相接触的任何表面。如果底座的背面装有金属板，此板不视作安装表面。

表 4-6　爬电距离、电气间隙和通过绝缘密封胶的距离

	说　明	mm
	爬电距离	
1	不同极性的带电部件之间	4[a]
2	带电部件与： 易触及的绝缘材料部件表面之间； 接地金属部件包括接地电路部件之间； 支承暗装式开关底座的金属框架之间； 用以固定固定式插座底座、盖或盖板的螺钉或零件之间； 外部装配螺钉之间，插头插合面上的极与接地电路相隔离的螺钉除外	 3 3 3 3 3
3	当插头完全插入时，插头的插销及与插销连接的金属部件与同一系统的插座中易触及未接地金属部件[b]之间，而且这些易触及部件是处于最不利结构的情况下[c]	6[d]
4	当插头完全插入时，插座中易触及的未接地金属部件[b]与同一系统中插头的插销及与插销相连的金属部件之间，而且插销及与其相连的部件是处于最不利结构的情况下[c]	6[d]
5	当不插插头时，插座的带电部件与其易触及的未接地金属部件[b]之间	6[d]
	电气间隙	
6	不同极性的带电部件之间	3
7	带电部件与： 易触及绝缘材料表面之间； 第 8 项和第 9 项未提及的接地金属部件包括接地电路部件之间； 支承暗装式插座底座的金属框架之间； 用以固定固定式插座底座、盖或盖板的螺钉或零件之间； 外部装配螺钉之间，插头插合面上的及其接地电路相隔离的螺钉除外	 3 3 3 3 3
8	带电部件与： 在插座处于最不利位置的情况下专门接地的金属安装盒[e]之间； 在插座处于最不利位置的情况下无绝缘衬垫的未接地金属安装盒之间； 插座与插头中易触及的不接地成功能接地的金属部件[b]之间	 3 4.5 6
9	带电部件与明装式插座的底座的安装表面之间	6
10	带电部件与明装式插座的底座里导线凹槽（如有）的底部之间	3
	穿通绝缘密封胶距离	
11	覆盖了至少 2mm 密封胶的带电部件与明装式插座的底座的安装表面之间	4[a]
12	覆盖了至少 2mm 密封胶的明装式插座的底座里的任何导线凹槽（如有）底部之间	2.5

a. 对额定电压不大于 250V 的电器附件，此值要降至 3mm。

b. 螺钉及其类似零件除外。

c. 最不利结构可以通过相应标准中涉及的有关系统规定的量规来检查。

d. 对额定电压不大于 250V 的电器附件，此值要降至 4.5mm。

e. 专门接地的金属盒是指仅适用于在要求将金属盒接地的电气装置里使用的金属盒。

4）注意事项

（1）对可拆线的电器附件，测量要按照表 4-6 中规定的最大标称横截面积的导线的试样上进行，还要在不接导线的试样上进行。

（2）对不可拆线电器附件，测量要在交货状态的试样上进行。

（3）插座要在与插头插合时检查，还要在不与插头插合时检查。

15. 结果判定

如果所检验项目都符合标准要求，则算合格。如果一个试样因为装配或制造缺陷在一项试验中不合格，该项试验及试验可能对其试验结果有影响的前一项（或数项）试验应进行复试，复试及后面的试验应采用另一组全套试验并按照要求的顺序进行，所有试样复试时均应合格，再一次出现不合格项目判为不合格。如果不同时申请者送交试样时未送交附加试样，则只要有试样不合格即判为不合格。

16. 相关标准

《家用和类似用途单相插头插座型式、基本参数和尺寸》GB 1002—2008。

《家用和类似用途三相插头插座型式、基本参数和尺寸》GB/T 1003—2016。

《外壳防护等级（IP 代码）》GB/T 4208—2017。

《家用和类似用途电器的安全 第 1 部分：通用要求》GB 4706.1—2005。

《电器附件用面板、调整板和安装盒尺寸要求》JB/T 8593—2013。

4.3　开关

1. 概述

开关是一种很基本的低压电器，是设计用以接通或分断一个或多个电路里的电流的装置。开关应用在各种电子设备和家用电器中。

开关的分类方式很多，种类也很多，本节主要介绍家用及类似用途固定式电气装置的开关检验项目及试验方法。

2. 检验项目

标志、防触电保护、温升、通断能力、正常操作、耐热、机械性能、爬电距离、电气间隙。

3. 依据标准

《家用及类似用途固定式电气装置的开关 第1部分：通用要求》GB 16915.1—2014。

4. 环境条件及预处理

以15～35℃的环境温度进行，另有规定者除外。如有怀疑，应以（20±5)℃的环境温度进行试验。

除非另有规定，样品在检测环境温度下保存3h以上才能开始检测。

5. 试样要求

（1）试样应按交货状态并在正常使用条件下进行试验，另有规定者除外。

除非另有规定，否则装有信号灯的开关应在安装了信号灯之后进行试验。试验的结果对于没有这种灯的同类开关应同样被视为适用。

不符合公认的标准要求的暗装式开关应与其相应的安装盒一起试验。

（2）只标有一种额定电压和一种额定电流的开关，需要9个试样。

用3个试样进行全部有关的试验，但荧光灯负载用开关的正常操作的试验要用另一组(代号为2的开关，要用两组)，每组3个试样，绝缘材料的耐非正常热、耐燃和耐漏电起痕的试验则要再用另外3个试样。

耐漏电起痕的试验可能需要3个附加试样。

无螺纹端子装有正确夹紧件的试验可能需要3个附加试样。

无螺纹端子能经受电应力和热应力的试验需要装有无螺纹端子的开关附加试样，附加试样里的无螺纹端子总个数至少为5个。

单芯硬导线应被无螺纹端子夹紧的试验需要3个附加试样，每个试样中，只对一个夹

紧件进行试验。

密封膜牢固和密封膜低温有效的试验各需要 3 个独立密封膜附加试样或 3 个装有密封膜的开关附加试样。

如果是装有信号灯的开关，可能要求 3 个附加试样来进行绝缘电阻和电气强度的试验。

拉线开关需要 3 个附加试样来进行拉线开关机械强度的试验。

标有两种额定电压和相应额定电流的开关需要 15 个试样。

凡开关上标有两种组合额定电压和额定电流的，每种组合均要 3 个试样来进行，除荧光灯负载用开关的正常操作之外的所有相关试验，荧光灯负载用开关的正常操作的试验要用两组（代号为 2 的开关则用 4 组）每组 3 个的附加试样。

标出 250/380V 的开关按 380V 的开关来试验。

用以操纵电铃、电磁遥控开关或延时开关的瞬动式开关，不进行通断能力试验和荧光灯负载用开关的正常操作的试验。

6. 标志

1）方法原理

目测标志内容是否清晰齐全，用棉布擦拭标志，检测标志的耐擦性。

2）试验设备

（1）棉布

（2）汽油

建议试验使用的汽油为溶剂乙烷。

3）试验步骤

（1）标志内容

是否符合标准的要求，通过观察检查。

① 开关应以耐久的方式标出下列内容：

a. 额定电流用安培表示（A）或荧光灯额定负载用安培表示（AX），或如果这两种额定值不同，应标出这两者的组合（见额定电流优选值和符号示例的标志示例）。

b. 额定电压用伏特表示。

c. 电源性质符号。

d. 制造商或代理商的名称或商标或识别标志。

e. 型号（可以是产品目录编号）。

f. 小间隙结构的符号（有此结构时）。

g. 微间隙结构的符号（有此结构时）。

h. 半导体开关装置的符号（有此结构时）。

i. 代表防止与危险部件接触和防外部固体物进入的有害影响的防护等级第 1 位特征数字；如果防护等级高于 2，应同时标出第 2 位特征数字。

j. 代表防有害进水的防护等级的第 2 位特征数字，如果防护等级高于 0，应同时标出第 1 位特征数字。

注：1. 如果观察开关还看不清楚连接方式，建议使用开关按连接方式分类的代号标出。这个代号可以是型号的组成部分。

2. 如果一个底座上装有两个或多个各有操作部件的开关，建议标出代号，例如 1+6 或 1+1+1。

此外，带无螺纹端子的开关如仅适于连接硬导线，则应标出仅能连接硬导线的标志。此项标志可标在开关/或包装单元上。

② 使用符号时，应使用下列符号：

安培：（荧光灯电流），AX；（其他电流），A。

伏特：V。

交流电：～。

中线：N。

相线：L。

地线：⏚。

“断”位置（off）：O。

“通”位置（on）：|。

小间隙结构：m。

微间隙结构：μ。

半导体开关装置：ε。

相应的防护等级：IPXX。

无螺纹端子（只适合接受硬导体）：r。

荧光灯电流标志中的符号“AX”可用符号“X”代替。额定电流和额定电压的标志可单独采用数字。电源性质的标志应紧靠在额定电流和额定电压的标志的后面。

③ 下列标志应标在开关的主要部件上：

a. 额定电流、额定电压和电源性质。

b. 制造商或代理商的名称或商标或识别标志。

c. 有无螺纹端子时，导线插入此端子前应剥除的绝缘长度。

d. 小间隙结构、微间隙结构或半导体开关装置的符号（适用时）。

e. 型号。

安全所必需的且预定要单独出售的部件，如盖板等，应标出制造商或代理商的名称、商标或识别标志和型号。

适用时，应标出 IP 代码，并使之在开关按正常使用要求安装和接线时清晰可见。

标志应是无附加放大的正常或校正视力清晰可见。标志应标在开关的正面，或标在与开关配套的外壳的内部部件上，或标在开关的主要部件上，使开关按正常使用要求安装、接线、拆卸盖或盖板时清晰易辨。上述标志不应标在不用工具可拆卸的部件上。

④ 连接相线（电源导线）的接线端子应有识别标记，连接方法本身不重要，或是不言而喻的，或已在接线图上标明者除外。这种端子应以字母 L 为识别标记，如果这种端子不止一个，则应分别以字母 L1、L2、L3 等来识别，而且，这些字母可各带一个箭头来示出其相应的端子。

这些标记不应标在螺钉或其他易拆卸部件上。

或者，这种端子的表面以裸黄铜或紫铜来制造，其他端子则以另一颜色的金属层来覆盖。

必要时，代号为 2、3、03 和 6/2 的开关中，与任一极相连接的端子亦应有此类识别标记，使之与连接其他极的端子区别开，这些端子彼此间关系不言而喻者除外。

⑤ 中线专用的接线端子应以字母 N 示出。

接地端子应标符号⏚。

这些标志不应标在螺钉或其他易拆卸部件上。

用以连接开关非主要功能部件的导线的端子应有明显的识别标记，用途不言而喻或已在应固定到电器附件的接线图上标明者除外。

开关端子可用如下方法识别：

图形符号或颜色和/或字母数字系统标示；

其物理尺寸或相对位置；

霓虹灯或指示灯引线不视作本部分条款所述的导线。

⑥ 如果开关上带有指示开关位置的标志，那么这些标志应清楚地示出起动元件朝不同位置移动的方向或开关的实际位置。如果开关的起动元件不止一个，那么该标志应能分别示出每个起动元件动作的结果。

当开关装上盖或盖板后，该标志应在开关的正面，而且清晰可见。

如果此标志在盖、盖板或可拆卸的起动元件上，应确保不可能将这些零部件安装在会导致标志错误的位置上。

不得用表示“on”和“off”的符号表示开关的位置，但这些符号能同时清楚地示出起动元件运动方向者除外。

显示“通”位置的短直线，对旋转开关，应是径向的；对倒板开关和跷板开关，应是垂直于转轮的转动轴的；对垂直安装的按钮开关，应是铅垂的。

这些要求不适用于拉线开关和代号为 6、6—2 和 7 的开关。

是否符合标准的要求，通过观察检查。

⑦ 按钮开关可用于闭合控制电路的辅助触头、接通指示灯等，但只有在用于分断被控制的电路时，才应涂成红色。

⑧ 如果安装开关时必须采取专门预防措施，开关所附的说明书应详细给出这些措施的具体内容。

说明书应以中文文字写成。

（2）标志的耐久性

标志应经久耐用，清晰明了。

手持浸透水的布片擦拭标志15s，然后，再以浸透汽油的布片擦拭标志15s。试验完成后，试样的标志仍清晰可辨。

用印、铸、压、刻等办法制成的标志不进行此项试验。

4）注意事项

（1）用印、铸、压或刻制作的标志不进行经久耐用试验。

（2）建议耐擦试验所用汽油为溶剂乙烷，其芳族含量体积比最大为0.1%，贝壳松脂丁醇值为29，初沸点约为65℃，干点约为69℃，密度为0.68g/cm³。

7. 防触电保护

1）方法原理

试样按正常使用安装好后，使用目测，或标准试验指、试验销、试验探棒等各类电器安全标准中规定的防触电保护试验的装置，测试插座产品的结构和外壳是否有良好防触电保护，以保证使用时不与带电部件发生意外接触。

2）仪器设备

漏电指针销包括电指示器、试验弯试指、试验直试指、探针。

电指示器能够输出36～50V的直流电压，并可以通过指示灯显示试指、探针与试件被测部位接触情况。

3）试验步骤

（1）开关应设计成当开关在按正常使用要求安装和接线后，甚至在那些不用工具便可拆下的零部件被拆除后，其带电部件仍是不易触及的。

凡设计要安装由非ELV（特低电压）电压电源供电的信号灯者，应有防止与灯直接接触的措施。

是否合格，通过观察，必要时，还应进行如下试验检查：

将试样按正常使用要求安装并接上标准规定的最小横截面积的导线进行试验；然后，再用标准规定的最大横截面积的导线复试。

标准试验指施加到各个可能的位置，用电压为36～50V的电指示器显示试验指与有关部位的接触情况。

外壳或盖为热塑性材料或弹性材料的开关，还应进行如下附加试验。该试验在（40±2)℃的环境温度进行，开关亦应处于这一温度。

附加试验期间，使开关经受 75N 的力 1min，此力应通过与标准试验指同一尺寸但直而无铰接的试验指的端部施加。

将装上上述规定的电指示器的试验指压向绝缘材料变形便会危及开关安全的所有部位，但不压在密封膜或类似部位。还要将试验指压向薄壁敲落孔，但压向此孔的力仅为 10N。

在此试验期间，开关及其有关的安装件不应变形到能让直而无铰接的试验指触碰到带电部件。

注：密封膜及类似部位仅按密封膜牢固的规定进行试验。

（2）旋钮、操作杆、按钮、跷板等应为绝缘材料制品，否则，必须用双重绝缘或加强绝缘将它们的易触及金属部件与开关机构的金属部件隔开，或将它们的易触及金属部位牢靠接地。

是否合格：通过观察并进行绝缘电阻和电气强度及爬电距离电气间隙和通过密封胶距离的试验检查。

（3）额定电流不超过 16A 的开关的易触及部件应为绝缘材料制品，但下述情况除外：

与带电部件隔离的及用以固定底座和盖或盖板的小螺钉及类似零件；

符合旋钮、操作杆、按钮、跷板等应绝缘要求的起动元件；

符合金属盖或盖板应绝缘保护或金属盖或盖板应接地要求的金属盖或盖板。

① 金属盖或盖板应以由绝缘衬垫或绝缘隔层组成的附加绝缘来保护。这些绝缘衬垫或绝缘隔层：应固定到开关的盖或盖板或本体，并应固定得若不使之永久损坏，便不能将它们拆下；或设计成：无法将它们置换于不正确位置；如果缺了它们，开关便不能使用或明显地不完整；即使导线从端子脱出，带电部件与金属盖或盖板之间亦不会有例如由固定螺钉等引起的意外接触危险；有预防措施，能防止爬电距离或电气间隙降至低于爬电距离电气间隙和通过密封胶距离的规定值。

注：喷在金属盖或盖板内侧或外侧上的绝缘层不视作本条所述的绝缘衬垫或绝缘隔层。

② 应固定金属盖或盖板的同时将该盖或盖板接地。可以只使用固定件来进行这种接地。这种接地连接应是低阻连接。

是否合格，通过观察检查。

上述绝缘衬垫或绝缘隔层均应符合绝缘电阻和电气强度及爬电距离电气间隙和通过密封胶距离的试验要求。

是否合格，通过观察和进行以下试验来检查：

在接地端子与每个易触及金属部件之间依次通以 1.5 倍额定电流或 25A 的交流电，两者中，取较大者。此交流电源的空载电压应不超过 12V，测出接地端子与易触及金属部件之间的电压降，并以电流与此电压降算出电阻。无论如何，电阻不应超过 0.05Ω。

（4）开关机构中的不与带电部件绝缘的金属部件，如转轮或跷板的心轴或枢轴等，不应伸出外壳。

但，若是用可取下的钥匙或类似部件来操作的开关，开关机构中的这种金属部件必须与带电部件绝缘。

必要时，先将启动元件拆下或破坏掉，然后通过观察检查是否合格。

注：如果不得不将启动元件破坏，就要进行爬电距离电气间隙和通过密封胶距离的试验检查是否符合要求。

（5）开关按正常使用要求固定好后，其开关机构中的金属部件，如转轮或跷板的心轴或枢轴等，应是不易触及的。

此外，这些金属部件应与易触及金属部件，包括支撑暗装式开关底座的可能要安装在金属安装盒里的金属框架等绝缘，还应与将底座固定到其支架的螺钉绝缘。

如果开关机构中的金属部件与带电部件隔开，两者间的爬电距离和电气距离为标准规定值的至少两倍，或将这些金属部件牢靠接地，就不需满足上述附加要求。

是否合格，通过观察，必要时，还要进行测量并进行防触电保护及绝缘电阻和电气强度的试验检查。

注：1. 检查无外壳开关或框缘安装式开关机构的金属部件是否可触及时，要考虑开关正常安装方法所提供的保护。

2. 就金属心轴绕金属底板转动的无外壳积木式开关而言，上述附加要求是指带电部件与心轴之间，开关机构的金属部件与底板之间的爬电距离和电气间隙值应为标准规定值的至少两倍。

（6）用可取下的钥匙或用中间部件，例如拉线、链条或杆等来操作的开关应设计得使其钥匙或中间部件只能触及与带电部件绝缘的部件。

此钥匙或中间部件应与开关机构的金属部件绝缘，否则，带电部件与开关机构的金属部件之间的爬电距离和电气间隙应为标准规定值的至少两倍。

是否合格，通过观察和进行电气强度的试验，必要时，还要进行测量检查。

（7）拉线可由使用者安装或更换的拉线开关，应设计得按正常方法安装或更换拉线时，不会触及带电部件。

是否合格，通过观察检查。

4）注意事项

（1）试样按正常使用要求安装。

（2）如果不得不将启动元件破坏，就要进行爬电距离电气间隙和通过密封胶距离的试验检查是否符合要求。

8. 绝缘电阻

1）方法原理

在试样标准规定的部位施加标准规定的直流电压，测试标准规定部位的绝缘电阻是否符合标准要求，保证试样能够安装后安全使用。

2）仪器设备

绝缘电阻测试仪：

（1）能够输出直流电压输出选择：0～2000V。

（2）电阻量程范围广泛：0V～200GΩ，量程自动转换。

（3）高压短路电流大于 3mA。

（4）测量精度：1MΩ～20GΩ，±5%；2MΩ～40GΩ，±5%；5MΩ～100GΩ，±5%；10MΩ～200GΩ，±5%。

3）试验步骤

将任何信号灯的一个极脱开后进行本章的试验。

是否合格，进行如下试验检查，这些试验是紧接着防潮的试验之后，并在将不用工具即可拆下的部件和为了试验二拆下了的部件重新装配好之后，在潮湿箱或在使试样达到了规定温度的房间里进行的。

施加约 500V 的直流电压，电压施加后 1min，量出绝缘电阻。

测量按表 4-8 所示依次进行，第 1、2 和 3 项所需的开关位置和连接情况见表 4-8。

表 4-8　验证绝缘电阻的试验电压施加点

代号	连接图	位置	在下列两栏所示位置施加电压	
			端子号	与端子在一起的本体（B）
1		断	1 2	B+2 B+1
		通	1−2	B
2		断	1+3 2+4	B+2+4 B+1+3
		通	1−2 1−2+3−4	B+3−4 B
3		断	1+3+5 2+4+6	B+2+4+6 B+1+3+5
		通	1−2 3−4 5−6	B+3−4+5−6 B+1−2+5−6 B+1−2+3−4
03		断	1+3+5+7 2+4+6+8	B+2+4+6+8 B+1+3+5+7
		通	1−2+5−6 1−2+7−8	B+3−4+7−8 B+3−4+5−6
4		断	1	B+2+3
		通	1−2 1−3	B+3 B+2

续表

代号	连接图	位置	在下列两栏所示位置施加电压	
			端子号	与端子在一起的本体（B）
5		断	2+3 1	B+1 B+2+3
		通	1−3 1−2−3	B+2 B
6		—	1−3 1−2	B+2 B+3
6/2		—	1−3+2−4 1−5+2−6	B+5+6 B+3+4
7		—	1−2 3−4 1−4 2−3	B+3−4 B+1−2 B+2−3 B+1−4

注：一指原有的电气连接；+指为试验而进行的电气连接。

“本体”一词，包括易触及的金属部件，支承暗装式开关底座的金属架，操作用的钥匙，与易触及的外部部件的外表面和与用绝缘材料制成的操作用钥匙接触的金属箔，用以控制开关的拉线、链条或杆等的固定点，底座、盖或盖板的固定螺钉、外部装配螺钉、接地端子和开关机构中要求与带电部件绝缘的金属部件。

进行第1项和第2项测量时，应将金属箔放置使得可有效地对密封胶进行试验。

4）注意事项

（1）实验前首先应将被试物的一切电源连线断开，并将被试设备短路接地，充分放电，然后拆除一切外部连线，方可进行试验。

（2）将被试物绝缘表面擦拭干净。

（3）根据被试物的电压等级选择适用的绝缘电阻表。

（4）试验用的引线绝缘不良会严重影响测试结果，必须引起注意。

（5）将绝缘电阻仪安放在适当位置。

（6）试验结束后，被试物接地放电。

（7）在用金属箔包裹绝缘材料部件的外表面或使金属箔与绝缘材料部件的内表面接触的同时，要以适度的力用直而无铰接的标准试指将金属箔压着孔或槽。

9. 电气强度

1）方法原理

在试样标准规定的部位施加标准规定的直流电压，测试标准规定部位的是否能够耐受标准规定的电压的冲击，保证试样能够在正常安装后安全使用。

2）仪器设备

高压试验台：

（1）输出基本正弦波形的频率为 50Hz 或 60Hz 的电压。

（2）试验所用高压变压器应设计成，当输出电压调至相应试验电压之后，发生输出端子短路时，输出电流至少为 200mA。

（3）输出电流小于 100mA 时，过电流继电器不应动作。

（4）应注意使所加的试验电压的有效值在±3%范围内。

（5）不会引起电压降的辉光忽略不计。

3）试验步骤

向绝缘施加基本正弦波形的频率为 50Hz 或 60Hz 的电压 1min。试验电压值和电压施加点由表 4-9 示出。

试验开始时，施加的电压不大于规定值的一半，然后，迅速升至规定值。

表 4-9　验证介电强度用的试验电压、试验电压施加点和绝缘电阻最小值

待试绝缘部位		绝缘电阻最小值（MΩ）	试验电压（V）	
			额定电压不超过130V 的开关	额定电压超过130V 的开关
1	连接在一起的所有极与本体之间，开关要处于“通”位置	5	1250	2000
2	依次在每个极与连接到本体的所有其他极之间，开关要处于“通”位置	2	1250	2000
3	开关处于“通”位置时，电气上连接在一起的端子之间，开关要处于“断”位置： 正常/小间隙结构； 微间隙结构； 半导体开关装置	2 2 （注 3）	1250 500（注 2） （注 3）	2000 1250（注 2） （注 3）
4	与带电部件绝缘时，开关机构的金属部件与下列部位之间： 带电部件； 与旋钮或类似的起动元件的表面接触的金属箔； 要求绝缘的钥匙操作开关的钥匙； 要求绝缘的用以操作开关的拉线、链条或杆等的固定点； 要求绝缘的底座的易触及金属部件，包括固定螺钉	5 5 5 5	1250 1250 1250 1250	2000 2000 2000 2000

续表

	待试绝缘部位	绝缘电阻最小值（MΩ）	试验电压（V）	
			额定电压不超过130V的开关	额定电压超过130V的开关
5	如有绝缘衬垫，任何金属外壳与绝缘衬垫内表面接触的金属箔之间（注4）	5	1250	2000
6	如果开关机构的金属部件不与带电部件绝缘，带电部件与易触及金属部件之间	5	1250	3000
7	带电部件与开关机构的部件之间，如果： 开关机构的部件不与易触及金属部件绝缘； 开关机构的部件不与可取下的钥匙或操作用的拉线、链条或杆等的接触点绝缘	— —	2000 2000	3000 3000
8	带电部件与金属旋钮、按钮和类似零部件之间	—	2000	4000

注：1. 此值亦可用正常操作后的电气强度试验。

2. 额定电压不超过250V的开关要将此值降至：

750V来进行防潮试验后的电气强度试验；

500V来进行正常操作试验后的电气强度试验。

3. 用以验证第3项中半导体开关装置断开位置的试验正在考虑中。

4. 在必须有绝缘时才进行本试验。

试验期间，不应出现闪络或击穿。

4）注意事项

（1）在用金属箔包裹绝缘材料部件的外表面或将金属箔放置得与绝缘材料部件内表面相接触的同时，以不明显的力，用直的无节试验指把金属箔压入孔或沟槽中。

（2）试验期间注意安全，两人同时在场检测，脚下必须有绝缘垫。

（3）接通电源后应缓慢施加电压。

（4）试验回路应有快速保护装置，以保证当试样击穿或试样端部或终端发生沿其表面闪络放电或内部击穿时能迅速切断试验电源。

（5）试验设备、测量系统和试样的高压端与周围接地体之间应保持足够的安全距离，以防止空气放电。试验区域周围应有可靠的安全措施，如金属接地栅栏、信号灯或安全警示标志。

10. 温升

1）方法原理

试样按标准规定安装后，施加标准规定的电流电压，到达标准规定的时间后，测量试

样的标准规定部位的温度与周围空气的温度，二者之差即为该部位的温升。

2）仪器设备

（1）温升测试仪

能够稳定输出 0～300V 电压、0～50A 电流。电流表、电压表满足精度 0.5 级。

测温装置：测温范围 0～150℃，精度为±1℃。

（2）木盒

松木槽可以由多于一小块拼凑而成。松木槽的大小应能使至少有 25mm 的木头包围着灰泥；灰泥包围着安装盒，在安装盒各边和底部最大尺寸处，灰泥的厚度都保证在 10～15mm 之间。

（3）木板

木板至少厚为 20mm，宽为 500mm，高为 500mm。

3）试验步骤

将开关按正常使用要求垂直安装，并接上表 4-10 规定的 PVC 绝缘的硬的铜导线，端子螺钉或螺母以标准规定力矩的 2/3 拧紧。

为确保端子能正常冷却，端子所接导线长度应至少为 1m。

硬导线可以是单芯导线，亦可以是绞合导线，视应用场合而定。

以表 4-10 规定的交流电给开关加载 1h。

表 4-10　温升试验电流和铜导线的横截面积

额定电流 （A）	试验电流 （A）	导线标称横截面积 （mm^2）
1	1.5	0.5
2	3	0.75
4	5	1.0
6	8	1.5
10	13.5	2.5
16	20	4.0[a]
20	25	4.0
25	32	6.0
32	38	10.0
40	46	16.0
45	51	16.0
50	57.5	16.0
63	75	25.0

注：1. 额定电压不超过 250V 的除代号为 3 和 03 以外的开关在使用额定电流为 10A 的端子时要接上横截面积为 2.5mm^2的导线来进行试验。

2. 其他额定电流的开关的试验电流，从邻近的较低和较高的两个额定值之间用插值法确定。

代号为 4、5、6、6/2 和 7 的开关只要求一个电路通电。

暗装式开关要安装在暗装式安装盒里，安装盒则放进松木槽里，松木槽与安装盒之间填满灰泥，使安装盒的正面边缘不会高出松木槽的正表面，也不会低于该表面 5mm 以上。

松木槽可以由多于一块拼凑而成。松木槽的尺寸应能使至少有 25mm 的木头包围着灰泥，灰泥包围着安装盒。在安装盒各边和底部最大尺寸处，灰泥的厚度要为 10～15mm。

连接开关的电缆应从安装盒的顶部进入。进入点要密封，以防空气循环。安装盒里，每根导线长度为（80±10）mm。

明装式开关应安装在松木块表面的中央，木块至少厚 20mm、宽 500mm、高 500mm。

其他类型的开关应按制造商的规定安装，如无此项规定，要安装在正常使用时为最严酷条件的位置。

试验组件应在不通风的环境里进行试验。

温度用熔化颗粒、变色指示器或热电偶来测量，这些测量器具应选择和放置得对被测定的温度的影响可忽略不计。

试验期间，应确定进行对绝缘材料部件进行球压试验的试验所必需的温升。

已装或要装信号灯的开关在设计上应能保证：正常使用时，易触及表面的温度不会超过规定值。

是否合格，进行如下试验检查：

按标准规定，将开关安装和连接，以额定电压向信号灯供电，使之连续亮 1h。

端子的温升不应超过 45K。

试验期间，应确定进行耐热试验所必需的温升。

如果是组合开关，应分别在每个开关上进行试验。

4）注意事项

（1）松木槽这一试验组合体在制成后，应至少先晾干 7d 才进行试验。

（2）松木槽里的腔穴可以是圆柱形。

（3）端子螺钉或螺母要用标准规定力矩的 2/3 拧紧。

（4）用滑动动作或用银质触头或镀银触头可防止触头过度氧化。

（5）可以用直径为 3mm 的（熔点为 65℃的）蜂蜡丸作熔化颗粒。

（6）如果是组合开关，应分别在每个开关上进行试验。

11. 通断能力

1）方法原理

对试样施加标准规定的电流、电压，按标准规定的频率完成标准规定的开关次数，观察试验前后试样是否符合标准要求。

2）试验设备

开关插座寿命试验机

同第 4.2 节第 11 条“2）仪器设备”。

3）试验方法

拉线开关进行试验时，应按正常使用要求安装，而且，整个试验过程中，拉线要以足以操作拉线开关但不超过 50N 的拉力拉着，拉力朝与铅垂面和与垂直于安装表面的平面成 30°±5°的方向施加。

开关要接上标准规定的导线。

（1）开关以 1.1 倍额定电压和 1.25 倍额定电流进行试验。

开关要进行 200 次操作，操作速度要均匀：

额定电流不超过 10A 的开关，每分钟 30 次操作；

额定电流超过 10A 但小于 25A 的开关，每分钟 15 次操作；

额定电流不小于 25A 的开关，每分钟 7.5 次操作。

预定双向操作的旋转开关要将起动元件朝一个方向转动总操作次数的一半，再朝相反方向转动余下的操作次数。

开关以（$\cos\mu=0.3\pm0.05$ 的）交流电进行试验。电阻器与电感器不并联。但用空心电感器时，要将电阻器与空心电感器并联，所选电阻器应能消耗掉流经电感器电流的 1%。

如果电流波形为基本正弦波形，也可以用铁心电感器。

进行三相试验时，要使用三芯电感器。

安装开关的金属支架（如有）和开关的易触及金属部件（如有）应以线状保险丝接地，而所用线状保险丝在试验期间应不会烧断。此熔断器元件由直径 0.1mm 长不小于 50mm 的一根铜线组成。

代号为 6、6/2 和 7 的开关进行试验时，在完成了表 4-11 规定的总操作次数中的比例之后，选择开关 S 要转换方向。

表 4-11　总操作次数的比例

代　号	开关类型	开关 S 的操作次数比例
1、2、4 或 5	双向旋转开关	—
	其他开关	—
3 或 03	双向旋转开关	—
	其他开关	—
6、6/2 或 7	双向旋转开关	1/4 和 3/4
	其他开关	1/2

代号为 5 的带单个开关机构的开关要在一个电路通以额定电流（I_n）而另一电路通以 $0.25I_n$ 的情况下操作 200 次，再在每个电路通以 $0.625I_n$ 的情况下操作 200 次。

代号为5的带两个独立开关机构的开关按两个代号为1的开关来试验，试验要依次进行。

在对其中一部分进行试验时，另一部分要处于“断”位置。

（2）额定电流不超过16A且额定电压不超过250V的开关和代号为3和03且额定电压超过250V的开关进行以下试验：

① 开关通常要以额定电压和1.2倍额定电流进行试验。

② 试验用若干个200W钨丝灯来进行。

③ 如果找到的钨丝灯与开关的额定电压不同，应选用额定电压稍低于开关的钨丝灯。

④ 试验电压为灯的额定电压。灯的个数要尽量稍，以能使试验电流不少于开关的额定电流的1.2倍为限。

⑤ 可用的短路电流为至少1500A，其他条件应符合通断能力试验（1）的规定。

⑥ 试验之后，试样不应有任何会不利于开关持续使用的损坏。

⑦ 因此，试验电压应为240V，灯的个数为240×1.2×10/200＝14.4≈15（个）。

4）注意事项

（1）开关进行试验时，应按正常使用要求安装。

（2）开关以（cosμ＝0.3±0.05）的交流电进行试验。

（3）试验装置应使开关的起动元件操作平稳，既不会影响开关机构的正常动作，又不会阻碍起动元件的自由移动。

（4）试验期间，试样不加润滑剂。

（5）建议钨丝灯的额定电压不要低于开关的95％。

（6）不妨碍开关下一次操作的触头粘连现象不视作触头熔焊。

12. 正常操作

1）方法原理

对试样施加标准规定的电流、电压，按标准规定的频率完成标准规定的开关次数，观察试验前后试样是否符合标准要求。

2）试验设备

同第4.2节第11条“2）仪器设备”。

3）试验步骤

（1）试验一

开关以额定电压和额定电流进行试验，试验装置及连接方法应符合标准的规定。

试验电压的偏差为（＋5，0）％。

电路的细节和选择开关S的操作方法应如通断能力试验所述，另有规定者除外。

开关的操作次数由表4-12给出。

表 4-12　正常操作试验用的操作次数

额定电流	开关的操作次数
≤16A，适用于额定电压不大于交流 250V 的开关，但代号为 3 和 03 的开关除外	40000
≤16A，适用于额定电压不大于交流 250V 的开关和代号为 3 和 03 的开关	20000
>16A 且≤50A	10000
>50A	5000

开关的操作速率应符合通断能力试验 1 的规定。

“通”的时间应为整个周期时间的（25，+5，0）%，而“断”的时间则为整个周期时间的（75，0，−5）%。

代号为 5 的可双向操作的旋转开关的起动元件要朝一个方向旋转总操作次数的一半，再朝相反方向旋转余下的操作次数。

拉线开关按正常使用要求安装好之后进行试验，而且，整个试验过程中，拉线要以足以操作拉线开关但不大于 50N 的拉力拉着，拉力朝与铅垂面和与垂直于安装表面的平面成 30°±5°的方向施加。

开关以（$\cos\mu=0.6\pm0.05$）的交流电进行试验。

代号为 2 的开关用第一组 3 个试样进行试验，开关的极要串联。

第 2 组 3 个试样进行试验时，只有一个极满负载试验一半的操作次数。如果两个极不完全相同，则必须在另一个极重复该项试验。

代号为 4 和 5 的开关的两个极要按代号为 1 的两个开关来试验。如果两个极完全相同，仅一个极进行试验。

代号为 5 的带单个开关机构的开关的每个电路均以 0.5 倍额定电流加载。

代号为 6 的开关有一个极要试验一半的操作次数，另一个极要试验余下的操作次数。

代号为 6/2 的开关，如果两对极完全相同，要按代号为 6 的一个开关来试验，否则，要按代号为 6 的两个开关来试验。

代号为 7 的开关按代号为 6 的双开关来试验。在试验其中一部分时，另一部分要处于“断”位置。

试样各以长（0.3±0.015）m 的电缆连接到试验电路，使端子在不受干扰的状态下便可进行温升测量。

试验期间，试样均应能正常操作。

试验之后，试样应经受得住规定的电气强度试验，但试验电压为 4000V 的，试验电压要减掉 1000V；规定为其他试验电压者，试验电压减掉 500V。试样还应经受得住规定的温升试验，但应将规定的试验电流减至额定电流值。

这时，试样不应出现：

不利于继续使用的磨损；

如果标明了起动元件的位置，起动元件与动触头二者位置的不一致；

外壳、绝缘衬垫或隔层损坏，致使开关不能再操作或已经不符合本节第 10 条的要求；

密封胶渗漏；

电气连接或机械连接松脱；

代号为 2、3、03 或 6/2 的开关动触头相对位移。

(2) 试验二

荧光灯负载用的开关应经受得住在控制带功率因数纠正功能的荧光灯电路时，在标准规定的试验电路端子之间插进负载的情况下出现的电应力和热应力而不会过度损坏或造成其他有害影响。

电源的预期短路电流在 $\cos\mu=0.9\pm0.05$（滞后）时应为 3kA 和 4kA 之间。

F 为铜线保险丝，其标称直径为 0.1mm，长度不小于 50mm。

R_1为将电流限至约 100A 的电阻。

双芯电缆应有适当长度，使接至负载的试验电路的电阻R_3等于 0.25Ω。额定电流不超过 10A 的开关试验时，此双芯电缆的横截面积为 1.5mm²；若受试开关的额定电流超过 10A 但不超过 20A，则双芯电缆的横截面积为 2.5mm²。

负载 A 的构成：

电容器组 C_1，6A 开关时，C_1的电容为 70μF±10%；其他开关时，C_1的电容为 140μF±10%，这些电容器应以尽量短的 2.5mm²导线连接。

电感器 L_1和电阻器R_2，这二者应调好，使功率因数为 0.9±0.05（滞后）且流经试样的试验电流为 I_n+5，0%。

负载 B 的构成：

电容器 C_2、C_2的电容为 7.3μF±10%；

电容器 L_2、L_2的电感为（0.5±0.1）H，用直流测得的阻值为不大于 15Ω。

注：电路参数已经挑选，能代表大多数实际使用时所用的荧光灯负载。

是否合格，进行如下试验检查。

要用新的试样进行试验。

除代号为 3 和 03 以外的其他开关要以额定电压和额定电流进行试验，试验装置和连接方法应符合通断能力试验一的规定。

试验电压偏差为±5%，试验电流偏差为（+5，0)%。电路细节和选择开关 S 的操作方法应如通断能力试验一所述。

操作次数如下：

荧光灯额定电流为 6A 但不超过 10A 的开关：10000 次操作，每分钟 30 次操作。

额定电流大于 10A 但不大于 20A 的开关：5000 次操作，每分钟 15 次操作。

代号为 5 的可双向操作的旋转开关的起动元件要朝一个方向旋转总操作次数的一半，再朝相反方向旋转余下的操作次数。

拉线开关要按正常使用要求安装好之后进行试验，而且，整个试验过程中，拉线要以足以操作拉线开关但不大于 50N 的力拉着，拉力朝与铅垂线和与垂直于安装表面的平面成 30°±5°的方向施加。

代号为 2 的开关要用第 1 组 3 个试样进行试验，开关的极要串联。

第 2 组 3 个试样进行试验时，只有一个极在满负载下试验一半的操作次数。

如果两个极不完全相同，则必须在另一极重复该项试验。

代号为 4 和 5 的开关的两个极要按代号为 1 的两个开关来试验，如果两个极完全相同，仅一个极要进行试验。

代号为 6 的开关有一个极要试验一半的操作次数，另一个极要试验余下操作次数。

代号为 6/2 的开关如果有两对极完全相同，要按代号为 6 的一个开关来试验，否则，要按代号为 6 的两个开关来试验。

代号为 7 的开关要按代号为 6 的双开关来试验。

试样应各以长（0.3±0.015）m 的电缆连接到试验电路，使端子在不受干扰的状态下便可进行温升测量。负载应符合负载 A 的规定。

在规定的操作次数之后，负载改为负载 B，而且，开关要以额定电压在那个电路力操作 100 次来进行试验。

安装开关的开关金属支架（如有），和开关的易触及金属部件（如有），应以线状保险丝接地，而所用线状保险丝在试验期间应不会烧断。此熔断器元件由直径 0.1mm，长不小于 50mm 的一根铜线组成。

在此试验期间，应将开关操作得使试验装置不会影响开关机构的正常动作和起动元件的自由移动。

不应强行起动。“通”的时间应为整个周期时间的（25，+5，0)%，“断”的时间则应为整个周期时间的（75，0，-5)%。

验期间，试样应能正常操作。不应出现持续闪弧，触头不应熔焊。

不妨碍开关下一次操作的触头粘连现象不视作触头熔焊。

如果向起动元件施力，既能使粘连的触头分离，却不会使开关受到机械损伤，这种触头粘连现象是允许的。

试验之后，不改动受试试样的连接，用等于额定电流值的试验电流，按温升试验的规定进行温升测量。端子的温升不应超过 45K。

这些试验之后，仍应能用手将试验电路里的开关连通和分断，而且，试样不应出现：

不利于继续使用的磨损；

如果标明了起动元件的位置，起动元件与动触头二者位置的不一致；

外壳、绝缘衬垫或隔层损坏，致使开关不能再操作或已经不符合防触电保护试验的要求；

电气连接和机械连接松脱；

密封胶渗漏；

代号为 2、3、03 或 6/2 的开关动触头相对位移；

可更换的拉线虽然损坏，但只要拉线开关中用以固定拉线的部件没有损坏，仍应视作试验合格。

4）注意事项

（1）端子温升应在插拔次数结束后立即进行，测量前应先切断仪器电源。

（2）试验要有足够的防护，应有绝缘地垫、绝缘手套。

（3）仪器接通电源和试验期间，不得用手触摸试件。

13. 机械强度

1）方法原理

试验按正常安装后，对试样不同的部位进行冲击，观察试样的状态是否符合标准要求，检查试样在正常使用过程中经过一定异物冲击后是否能继续安全正常使用。

2）仪器设备

同第 4.2 节第 12 条“2）仪器设备”。

3）试验步骤

（1）试件安装

可将试件放置得使冲击点落于通过转轴轴线的铅垂面上。

可以使试样水平移动并绕垂直于胶合板表面的轴线转动。

使胶合板可以绕垂直轴线朝两个方向各转动 60°。

将明装式开关和安装盒，按正常使用要求安装在胶合板上。

无敲落孔的进线孔保持打开状态；有敲落孔的，应将其中之一打开。

暗装式开关先要安装在一硬质木板或具有类似机械性的材料的凹槽里，安装好后，再整个固定在一块胶合板上，而不是固定在其相应的安装盒里。如用的是木块，则木纹的方向必须垂直于冲击的方向。

安装式螺钉固定型插座，应用螺钉固定到凹陷在木块里的凸耳上。安装卡爪固定型插座应以卡爪卡入木块槽里。

进行冲击前，按标准规定力矩的 2/3 将底座和盖板的规定螺钉拧紧。

试样安装得使冲击点位于通过转轴的轴线的铅垂面上。

（2）冲击高度

冲击原件的冲击高度见表 4-13。

表 4-13 冲击试验的冲击高度

跌落高度（mm）	经受冲击的外壳部位	
	IPX0 的电气附件	高于 IPX0 的电气附件
100	A 和 B	—
150	C	A 和 B
200	D	C
250	—	D

注：A—正表面上的部位，包括凹陷部位。

B—按正常使用要求安装之后，凸出安装表面（与墙壁的距离）不超过 15mm 的部位上，上述 A 类部位除外。

C—按正常使用安装之后，凸出安装表面（与墙壁的距离）超过 15mm，但不超过 25mm 的部位上，上述 A 类部位除外。

D—按正常使用安装好之后，凸出安装表面（与墙壁的距离）超过 25mm 的部位，上述 A 类部位除外。

由试样中最突出安装表面的部位来确定的撞击能量要施加在除 A 类部位以外的所有部位上。

预定只安装在配电盘上的电器附件部件要经受冲击元件自 100mm 高度跌落的冲击，但仅应冲击电器附件在配电盘里安装好之后易触及的那些部位。

冲击高度是指摆锤被释放的瞬间，检测点位置与冲击瞬间该冲击点的位置之间的垂直距离。检测点应标在冲击元件的表面上，即标在穿过摆锤钢管的轴线与冲击元件的轴线相交点并垂直于通过上述两轴线的平面的线与冲击元件表面相交处。

对试样进行 9 次冲击，并且要使冲击点均匀分布，敲落孔不进行冲击。进行冲击的方法如下：

① 对 A 类部位，冲击 5 次

对中心处进行一次冲击；

在试样水平移动后，在中心处于边缘之间的最不利点各冲击一次；

然后，在试样绕垂直于胶合板的轴线转动 90°之后，在类似点上各冲击一次。

② 对 B 类、C 类、D 类部位，冲击 4 次

两次冲击在胶合板朝两个相反方向的每个方向转动 60°之后，向试样上能够进行冲击的那个侧面中每个侧面冲击；

两次冲击在胶合板朝两个相反方向中的每个方向转动 90°之后，而且，胶合板朝两个相反方向中的每个方向转动 60°之后，向试样上能够进行冲击的另外两个侧面中的每个侧面冲击。

如有进线口，则试样要安装得使两行冲击点与进线口的距离尽量相等。

多位开关的盖板和其他盖子要按单个开关的盖板或盖来处理。

对 IP 代码大于 IPX0 的开关试验要在将任何盖闭合的状态下进行试验。然后，向盖处于打开状态时外露的那些部件进行适用次数的冲击。

试验之后，试样不得有标准意义范围内的损坏，尤其是带电部件应不变为易触及的。

如有疑问，则应验证能否在拆卸或更换外部部件如安装盒、外壳、盖子或盖板等的情况下而不会使这些部件或其绝缘衬垫破裂。

如果由内盖支撑的外部盖板破裂，则应在内盖上重复进行试验；试验后，内盖不得破裂。

在无附加放大的情况下，正常或校正视力看不见的裂缝及增强纤维模制件等的表面裂缝等均可忽略不计。

如果即使电器附件的任一部分被忽略，这个电器附件仍能符合本标准的要求，则电器附件的这部分的外表面的裂纹或孔可以忽略不计。如果装饰性盖子为一内盖所支撑，而且在卸下装饰性盖子之后内盖仍能经受得住试验，则装饰性盖子的破裂可以忽略不计。

4）注意事项

（1）冲击高度是指摆锤被释放的瞬间，检测点位置与冲击瞬间该冲击点的位置之间的

垂直距离。

（2）对试样进行 9 次冲击，并且要使冲击点均匀分布，敲落孔不进行冲击。

（3）如果由内盖支撑的外部盖板破裂，则应在内盖上重复进行试验。

14. 耐热

1）方法原理

试样在正常使用过程中会发热，本试验就是为了检查试样在经过标准规定的温度后，是否会发生影响继续使用的变化，从而导致试样不能使用甚至造成危害。

2）仪器设备

（1）电热鼓风干燥箱

试验期间保持标准规定的温度，温控范围：室温至 25℃，精度为±1℃。

（2）球压装置

球直径为（2.5±0.1）mm，压力为（20±0.2）N。

（3）带度数的显微镜

精度不大于 0.01mm。

3）试验步骤

（1）试验选择

① 明装式开关安装盒，可分离的盖、可分离的盖板和可分离的框架，进行试验 3 的试验。

② 开关中除①项的部件之外，其余部件进行试验一、试验二和试验三的试验。但天然或合成橡胶或这二者的混合材料制成的开关不进行试验三的试验。

（2）试验步骤

① 试验一

将试样置于温度为（100±2)℃的加热箱里 1h。

试验期间，试样不应出现不利于继续使用的变化，而且，如果有密封，密封胶不应流失到使带电部件外露。

试验之后，使试样冷却至接近室温。当试样按正常使用要求安装好之后，即使以不超过 5N 的力施加标准试验指，标准试验指也应不能触及通常是不易触及的带电部件。

试验之后，标志应仍清晰可读。

只要不危及本标准要求的安全，密封胶变色、起泡或轻微移位均可忽略不计。

② 试验二

绝缘材料中，凡用以将载流部件和接地电路部件保持在正常位置所必需的，均应经受得住用试验装置进行球压试验，但，将开关安装盒里的接地端子保持在正常位置所必需的绝缘部件要按试验三的规定进行试验。

注：如果不可能在试样上进行试验，应从试样上切下一块至少 2mm 厚的小块试样进行试验。如果这

样做仍不可行，则可以用不多于 4 层、每层均是从试样上切下的试件来进行试验，但这些试件层的总厚度不得小于 2.5mm。

将待试部件的表面置于水平位置，并用 20N 的力将直径为 5mm 的钢球压着该表面。

将试验负载和支承装置置于加热箱里足够长的时间，以保证试验开始之前，负载和支承装置已达到稳定的试验温度。

试验在温度为（125±2)℃的加热箱里进行。

1h 之后，将钢球从试样上取下，在 10s 之内，将试样浸入冷水，使之冷却至接近室温。量出钢球压痕直径，此直径应不超过 2mm。

③ 试验三

虽然与载流部件和接地电路部件接触，但不是将它们保持在正常位置所必需的绝缘材料部件，应按试验二的规定进行球压试验，但，试验温度为（70±2)℃或（40±2)℃加上在温升试验期间于有关部件测得的最高温升，二者中，取温度较高者。

4）注意事项

（1）试验的开始时间应从试样放入烘箱后，烘箱温度恢复到标准规定的温度后开始计时。

（2）将球从试样上卸下，在 10s 之内，将试样浸入冷水，冷却至接近室温。

15. 爬电距离、电气间隙和穿通密封胶距离

1）方法原理

使用测量仪器检查试样的爬电距离、电器间隙和穿通密封胶距离是否符合标准要求。

2）试验设备

同第 4.2 节第 14 条“2）仪器设备”。

3）试验方法

按表 4-14 的要求通过测量检查试样的爬电距离、电气间隙和穿通密封胶距离是否合格。

测量应在接上规定的最大横截面积的导线的开关上进行，还应在不接导线的开关上进行。

穿过绝缘材料外部部件的槽或孔的距离，要测量到与易触及表面接触的金属箔；标准规定尺寸但直而无铰接的标准试验指推进到拐角或类似之处，但不压进孔里。

将导线插进端子并连接好，使线芯的绝缘碰触到夹紧的金属部件，或，如果由于结构的阻碍，线芯的绝缘碰触不到夹紧的金属部件，应连接得使线芯绝缘碰触到阻碍物的外侧。

如果是防护等级 IP20 的明装式开关，应按标准规定，将不利于的导管或电缆插进开关里，插入距离为 1mm。

如果支承暗装式开关底座的金属框架是可移动的，应将此框架置于最不利位置。

爬电距离、电气间隙和穿通密封胶距离均应不小于表 4-14 的规定值。

表 4-14　验证介电强度用的试验电压、试验电压施加点和绝缘电阻最小值

待试绝缘部位		绝缘电阻最小值（MΩ）	试验电压（V）	
			额定电压不超过 130V 的开关	额定电压超过 130V 的开关
1	连接在一起的所有极与本体之间，开关要处于“通”位置	5	1250	2000
2	依次在每个极与连接到本体的所有其他极之间，开关要处于“通”位置	2	1250	2000
3	开关处于“通”位置时，电气上连接在一起的端子之间，开关要处于“断”位置： 正常/小间隙结构； 微间隙结构； 半导体开关装置	2 2 （注 3）	1250 500（注 2） （注 3）	2000 1250（注 2） （注 3）
4	与带电部件绝缘时，开关机构的金属部件与下列部位之间： 带电部件； 与旋钮或类似的启动元件的表面接触的金属箔； 要求绝缘的钥匙操作开关的钥匙； 要求绝缘的用以操作开关的拉线、链条或杆等的固定点； 要求绝缘的底座的易触及金属部件，包括固定螺钉	5 5 5 5	1250 1250 1250 1250	2000 2000 2000 2000
5	如有绝缘衬垫，任何金属外壳与绝缘衬垫内表面接触的金属箔之间（注 4）	5	1250	2000
6	如果开关机构的金属部件不与带电部件绝缘，带电部件与易触及金属部件之间	5	1250	3000
7	带电部件与开关机构的部件之间，如果： 开关机构的部件不与易触及金属部件绝缘； 开关机构的部件不与可取下的钥匙或操作用的拉线、链条或杆等的接触点绝缘；	— —	2000 2000	3000 3000
8	带电部件与金属旋钮、按钮和类似零部件之间	—	2000	4000

注：1. 此值亦可用正常操作后的电气强度试验。

2. 额定电压不超过 250V 的开关要将此值降至：

750V 来进行防潮试验后的电气强度试验；

500V 来进行正常操作试验后的电气强度试验。

3. 用以验证第 3 项中半导体开关装置断开位置的试验正在考虑中。

4. 在必须有绝缘时才进行本试验。

4）注意事项

（1）与开关机构的金属部件接触的任何金属部件视为该机构的金属部件。

（2）在双断开关中，表 4-14 第 1 项提及的爬电距离或第 5 项提及的电气间隙是一个定

触头与运动部件之间的爬电距离和电气间隙与该运动部件加上另一触头之间的爬电距离或电气间隙的总和。

（3）宽不足 1mm 的槽的爬电距离取槽的宽度。

（4）计算总的电气间隙时，不足 1mm 的气隙均忽略不计。

（5）明装式开关底座的安装表面包括开关安装好时与底座接触的任何表面。如果底座的背面有金属板，此金属板不视作安装表面。

16. 结果判定

用试样进行所有相关试验，如果所有试验均合格，试样视作符合本部分的要求。

如果只有一个试样由于装配或制造上的缺陷，在一项试验中不合格，应在另一整组试样上按要求的顺序重复该项试验以及对该项试验结果有影响的前面的所有试验，而且，这整组试样均应符合要求。如再出现不合格时，才判为不合格。不同时送交附加试样者，一有试样不合格，便判为不合格。

17. 相关标准

《外壳防护等级（IP 代码）》GB/T 4208—2017。

《家用和类似用途电器的安全 第 1 部分：通用要求》GB 4706.1—2005。

《电器附件用面板、调整板和安装盒尺寸要求》JB/T 8593—2013。

4.4　断路器

1. 概述

断路器是一种很基本的低压电器，断路器具有过载、短路和欠电压保护功能，有保护线路和电源的能力。

2. 检验项目

电击保护、隔离能力、脱扣特性、正常操作、机械强度、寿命试验。

3. 检测依据

《电气附件——家用及类似场所用过电流保护断路器 第 1 部分：用于交流的断路器》GB 10963.1—2005。

《家用及类似场所用过电流保护断路器 第 2 部分：用于交流和直流的断路器》(GB 10963.2—2008)。

4. 环境条件及预处理

除非另有规定，检测环境温度应为 20～25℃，并且应避免外界过度的加热或冷却。

除非另有规定，样品检测环境温度下保存 3h 以上才能开始检测。

5. 试样要求

设计成安装在单独外壳的断路器应在制造厂规定的最小外壳中进行试验。

除非另有规定，断路器连接表 4-18 规定的适当的电缆，并且应安装在一块厚度约为 20mm，涂有无光泽的层压板上，安装方法应符合制造厂推荐的有关安装方式的任何要求。

表 4-18　与额定电流相应的试验铜导线的截面积（S）

截面积 S（mm^2）	额定电流值 I_n（A）
1	$I_n \leqslant 6$
1.5	$6 < I_n \leqslant 13$
2.5	$13 < I_n \leqslant 20$
4	$20 < I_n \leqslant 25$
6	$25 < I_n \leqslant 32$
10	$32 < I_n \leqslant 50$
16	$50 < I_n \leqslant 63$
25	$63 < I_n \leqslant 80$
35	$80 < I_n \leqslant 100$
50	$100 < I_n \leqslant 125$

除非另有规定，试验应在额定频率±5Hz 和合适的电压下进行。

试验期间不允许对试品进行维修和拆卸。

对于温升、脱扣特性试验以及机械和电气寿命的试验，断路器按下列要求接线：

1）连接导线采用符合 GB 5023 的单芯聚氯乙烯绝缘铜导线制成。

2）除温升、脱扣特性试验以及机械和电气寿命的试验外，所有极串联通以单相电流进行试验。

3）连接导线应处在大气中，并且相互之间距离不小于接线端子之间的距离。

4）接线端子与接线端子之间的每根临时连接导线的最小长度为：

（1）截面积小于等于 $10mm^2$ 的导线为 1m。

（2）截面积大于 $10mm^2$ 的导线为 2m。

6. 标志及标志耐久性

1）方法原理

目测标志内容是否清晰齐全，用棉布擦拭标志检测标志的耐擦性。

2）仪器设备

（1）棉布

（2）脂族乙烷溶剂

3）试验步骤

（1）标志

目测标志内容是否清晰齐全。

断路器应以耐久的方式标出下列内容：

①制造厂名；②型号、目录或系列号；③额定电压；④额定电流，不标符号“A”，在前面冠以脱扣的符号（B、C 或 D）；⑤如果规定断路器只用于一个频率时，则应标明额定频率；⑥额定短路能力，用 A 表示；⑦接线图，除非正确的接线方式是显而易见的；⑧基准周围空气温度（如果不是 30℃时）；⑨防护等级（如果不是 IP20 时）；⑩对于 D 型断路器：最大的瞬时脱扣电流（如果大于 $20I_n$）；⑪额定冲击耐受电压。

（2）标志耐久性

用手拿一块浸透水的棉花擦标志 15s，接着再用一块浸透脂族乙烷溶剂的棉花擦 15s 进行试验。

标志应不可能轻易地移动，并没有翘曲现象。

4）注意事项

（1）对于压印、模压或蚀刻方式制造的标志不进行耐久性试验。

（2）透脂族乙烷溶剂要求：芳香剂的容积含量最大为 0.1%，贝壳松脂丁醇值为 29，初沸点约为 65℃，密度约为 $0.68g/cm^3$。

7. 电击保护

1）方法原理

试样按正常使用安装好后，使用目测，或标准试验指、试验销、试验探棒等各类电器安全标准中规定的防触电保护试验的装置，测试插座产品的结构和外壳是否有良好防触电保护，以保证使用时不与带电部件发生意外接触。

2）试验设备

同第 4.2 节第 6 条“1）仪器设备”。

3）试验步骤

试样按正常使用安装并且连接规定的最小和最大截面积导线，用标准试指进行试验。标准试指应设计成使每个关节部分只能相对于试指轴线在同一个方向转动 90°。

试指施加到人手指可能弯曲到的每个位置上，用一个电气接触的指示器来显示其与带电部件接触。

推荐采用一个灯泡作为接触指示，电压不应低于 40V。

带有热塑性材料外壳或盖的断路器进行下列补充试验，试验在（35±2)℃的周围温度下进行，断路器也处于这个温度下。

用一个与标准试指相同尺寸的无关节的直试指的顶端对断路器施加 75N 的力 1min，对绝缘材料变形可能影响断路器安全的所有部位施加试指，但对敲落孔不进行试验。

4）注意事项

（1）试样按正常使用安装并且连接规定的最小和最大截面积导线。

（2）敲落孔不进行试验。

8. 介电性能

1）方法原理

在试样标准规定的部位施加标准规定的直流电压，测试标准规定部位的绝缘电阻是否符合标准要求，保证试样能够安装后安全使用。

2）试验设备

绝缘电阻测试仪：

（1）能够输出直流电压输出选择：0～2000V。

（2）电阻量程范围广泛：0V～200GΩ，量程自动转换。

（3）高压短路电流大于 3mA。

（4）测量精度：1MΩ～20GΩ，±5%；2MΩ～40GΩ，±5%；5MΩ～100GΩ，±5%；

10MΩ～200GΩ，±5%。

3）试验步骤

断路器按规定进行潮湿试验后，经过 30～60min 的时间间隔，施加约 500V 的直流电压 5s 后，并在该电压下依次测量下列部位的绝缘电阻：

（1）断路器处于断开位置，依次对每极的每对接线端子之间（当断路器处于闭合位置时，这些接线端子电气上是连接在一起的）。

（2）断路器处于闭合位置，依次对每极与连接在一起的其他极之间。

（3）断路器处于闭合位置，所有连接在一起的极与框架，包括覆盖在绝缘材料内壳（如果有的话）外表面的金属箔之间。

（4）机构的金属部件与框架之间。

（5）对具有采用绝缘材料内衬的金属外壳的断路器，框架与覆盖在绝缘材料衬垫，包括套管和类似装置内表面的金属箔之间。

（1）、（2）和（3）项的测量在所有的辅助电路连接至框架后进行。

术语“框架”包括：

所有易触及的金属部件和按正常使用安装后易触及的绝缘材料表面覆盖的金属箔；

安装断路器的基座的表面，必要时覆盖金属箔；

把基座固定到支架上的螺钉和其他器件；

安装断路器时必须拆下的盖的固定螺钉以及规定的操作件的金属部件。

如果断路器具有用于保护导线相互连接的接线端子，则该接线端子应连接到框架上。

对于（2）项至（5）项的测量，金属箔应该这样覆盖，使得密封用的化合物（如有的话）也应受到有效的试验。

4）结果评定

（1）断路器处于断开位置，依次对每极的每对接线端子之间（当断路器处于闭合位置时，这些接线端子电气上是连接在一起的），绝缘电阻应不小于 2MΩ。

（2）断路器处于闭合位置，依次对每极与连接在一起的其他极之间，绝缘电阻应不小于 2MΩ。

（3）断路器处于闭合位置，所有连接在一起的极与框架，包括覆盖在绝缘材料内壳（如果有的话）外表面的金属箔之间，绝缘电阻应不小于 5MΩ。

（4）机构的金属部件与框架之间，绝缘电阻应不小于 5MΩ。

（5）对具有采用绝缘材料内衬的金属外壳的断路器，框架与覆盖在绝缘材料衬垫，包括套管和类似装置内表面的金属箔之间，绝缘电阻应不小于 5MΩ。

5）注意事项

（1）实验前首先应将被试样的一切电源连线断开，并将被试设备短路接地，充分放电，然后拆除一切外部连线，方可进行试验。

（2）将被试样绝缘表面擦拭干净。

（3）根据被试样的电压等级选择适用的绝缘电阻表。

(4) 试验用的引线绝缘不良会严重影响测试结果，必须引起注意。

(5) 将绝缘电阻仪安放在适当位置。

(6) 试验结束后，被试样接地放电。

9. 介电强度

1) 方法原理

在试样标准规定的部位施加标准规定的直流电压，测试标准规定部位是否能够耐受标准规定电压的冲击，保证试样能够在正常安装后安全使用。

2) 试验设备

高压试验台：

(1) 应基本上是正弦波形，频率在 45～65Hz 之间。

(2) 试验电压的电源应能输出至少为 0.2A 的短路电流。

(3) 当输出回路的电流小于 100mA 时，变压器的过电流脱扣装置不应动作。

3) 试验步骤

(1) 主电路的介电强度

断路器通过绝缘电阻试验后，在指定的部件之间施加规定的试验电压 1min。

试验开始时，施加的电压不大于规定值的一半，然后在 5s 内将电压升至规定值。

(2) 辅助和控制电路的介电强度

对于这些试验，主电路应连接到框架上，在下列部位施加规定的试验电压 1min：

① 通常不与主电路连接的所有辅助电路和控制电路连接在一起与断路器的框架之间。

② 如适用的话，辅助电路和控制电路中可能与其他辅助电路部件隔离的每一个部件与连接在一起的其他部件之间。

(3) 试验电压

试验电压值应如下：

① 主电路，预期与主电路连接的辅助电路和控制电路：

2000V，对主电路的绝缘电阻；

2500V，对主电路的绝缘电阻。

② 制造厂指明的不适用于与主电路连接的辅助电路和控制电路：

1000V，当额定绝缘电压 U_1 不超过 60V 时；

$2U_1+1000V$，最小值 1500V，当额定绝缘电压 U_1 超过 60V 时。

试验过程中，不应发生闪络或击穿。无电压降的辉光放电可忽略不计。

4) 注意事项

(1) 在用金属箔包裹绝缘材料部件的外表面或将金属箔放置得与绝缘材料部件内表面相接触的同时，以不明显的力，用直的无节试验指把金属箔压入孔或沟槽中。

（2）试验期间注意安全，两人同时在场检测，脚下必须有绝缘垫。

（3）接通电源后应缓慢施加电压。

（4）试验回路应有快速保护装置，以保证当试样击穿或试样端部或终端发生沿其表面闪络放电或内部击穿时能迅速切断试验电源。

（5）试验设备、测量系统和试样的高压端与周围接地体之间应保持足够的安全距离，以防止空气放电。试验区域周围应有可靠的安全措施，如金属接地栅栏、信号灯或安全警示标志。

10. 脱扣特性试验

1）方法原理

断路器在满足一定条件下，所表现的时间和电流的动作特性主要和断路器的规格、外界安装环境、温度，试验的电流大小、时间有关系。对样品施加标准规定的电流，检验试样在标准规定的时间内电流的动作特性是否符合标准要求，以达到对整个线路及相连的电器设备的保护作用。

2）试验设备

低压电气综合检测仪：

（1）控制柜应能稳定地输出标准规定的电流电压，能够记录操作次数。

（2）输出电流范围为 0～650A、电压输出为 0～400V、功率因数为 0～1、计时器为 0～99999s、测温装置室温至 20℃。

（3）电流表、电压表、功率因数表应为 0.5 级，计时器精度为 0.01s，测温装置精度±1℃。

3）试验步骤

（1）时间-电流特性试验

① 从冷态开始，对所有极通以等于 1.13I_n的电流（约定不脱扣电流）至约定时间（见标准时间-电流带和约定时间）。断路器不应脱扣。

② 然后在 5s 内把电流稳定地升至 1.45I_n（约定脱扣电流）。断路器应在约定时间内脱扣。

③ 从冷态开始，对所有极通以等于 2.55I_n的电流。

断开时间应符合下列要求：

1s$<t<$60s（对 $I_n\leqslant$32A）；

1s$<t<$120s（对 $I_n>$32A）。

（2）触头正确断开和瞬时脱扣

对瞬时脱扣和触头正确断开试验、对于 C 型断路器和对于 D 型断路器的各个试验电流的下限值，在任何合适电压下进行一次试验。

对试验电流的上限值，在额定电压 U_n（相线对中性线）下进行试验，功率因数在 0.95 和 1 之间。

操作程序为：

O—t—CO—t—CO—t—CO

间隔时间 t 如试验程序概述的规定。

测量“O”操作的脱扣时间。

每次操作后，指示装置应显示触头的断开位置。

① 对于 B 型断路器

从冷态开始，对所有极通以等于 $3I_n$ 的电流。

断开时间应不小于 0.1s。

然后再从冷态开始，对所有极通以等于 $5I_n$ 的电流。

断路器应在小于 0.1s 时间内脱扣。

② 对于 C 型断路器

从冷态开始，对所有极通以等于 $5I_n$ 的电流。

断开时间应不小于 0.1s。

然后再从冷态开始，对所有极通以等于 $10I_n$ 的电流。

断路器应在小于 0.1s 时间内脱扣。

③ 对于 D 型断路器

从冷态开始，对所有极通以等于 $10I_n$ 的电流。

断开时间应不小于 0.1s。

然后再从冷态开始，对所有极通以等于 $20I_n$ 或最大瞬时脱扣电流的电流。

断路器应在小于 0.1s 时间内脱扣。

在多极断路器单极负载对脱扣特性的影响规定的条件下，通过对按试验条件接线的断路器进行试验来验证是否符合要求。断路器应在约定时间内脱扣（见约定时间）。

（3）周围温度对脱扣特性的影响试验

通过下列试验来检验其是否符合要求。

① 断路器放置在比周围空气基准温度低（35±2）K 的周围温度下，直至其达到稳态温度。

对断路器所有极通以等于 $1.13I_n$（约定不脱扣电流）的电流至约定时间，然后在 5s 内把电流稳定地增加至 $1.9I_n$。

断路器应在约定时间内脱扣。

② 断路器放置在比周围空气基准温度高（10±2）K 的周围温度下，直至达到稳态温度。

对断路器所有极通以等于 I_n 的电流。

断路器不应在约定时间内脱扣。

4）注意事项

（1）试验期间注意安全，两人同时在场检测，脚下必须有绝缘垫，戴绝缘手套。

（2）试验设备、测量系统和试样的高压端与周围接地体之间应保持足够的安全距离，以防

止空气放电。试验区域周围应有可靠的安全措施，如金属接地栅栏、信号灯或安全警示标志。

（3）除约定脱扣电流试验外，其他试验均由冷态开始。

（4）单极负载对多极断路器脱扣特性影响的试验。

11. 温升

1）方法原理

试样按标准规定安装后，施加标准规定的电流电压，到达标准规定的时间后，测量试样的标准规定部位的温度与周围空气的温度，二者之差即为该部位的温升。

2）仪器设备

同本节第 10 条“2）仪器设备”。

3）试验步骤

将试件安装在仪器上，在试件上需要测量的部位布置热电偶。应有至少两只热电偶对称地分布在断路器周围，高度约为断路器高度的一半，距断路器约 1m 的地方测量周围空气温度。

热电偶应避免受对流和辐射热的影响。

在任何合适的电压下对断路器的所有极同时通以等于 I_n 的电流，通电时间应足以使温度升高达到稳态值或至约定时间（两者中取较长时间者）。

实际上，当每小时温升变化不超过 1K 时，即达到了稳定条件。

对于带有三个保护极的四极断路器，先只对三个保护极通以规定的电流进行试验。

然后对连接中线的极和相邻的保护极通以同样的电流进行重复试验。

在试验过程中，温升不应超过表 4-19 所示的值。

表 4-19　温升值

部　件[a,b]	温升（K）
连接外部导线的接线端子[c]	60
在手动操作断路器过程中，易触及的外部部件，包括绝缘材料的操作件以及连接各极绝缘的操作件的金属部件	40
操作件的外部金属部件	25
其他外部部件，包括断路器与安装平面直接接触的表面	60

a. 对触头的温升值不作规定，因为大多数断路器的结构如不变动部件或移动部件不能直接测量这些部件的温度，而这些变动往往会影响试验的重复性。2d 试验被认为已间接地对触头在使用中过度发热的工作情况作了充分的检验。

b. 除了表列部件外，其他部件的温升值不作规定，但不应引起相邻的绝缘材料部件损坏，也不能妨碍断路器的操作。

c. 对插入式断路器是指安装断路器的基座的接线端子。

表 4-20 提及的各部件的温度应用细线热电偶或等效的工具在最可接近最热点的位置上测量。热电偶与被测部件的表面之间应保证有良好的热传导性。

部件的温升是部件测得的温度与周围空气温度之差。

4）注意事项

（1）测量周围空气温度的热电偶应与试样等高，并相距 1m。

（2）热电偶应避免受对流和辐射热的影响。

（3）热电偶与被测部件的表面之间应保证有良好的热传导性。

12. 机械和电气寿命试验

1）方法原理

对试样施加标准规定的电流和电压，按照标准规定的频率对试样进行标准规定的开关次数，观察试验前后试样的状态是否满足标准的要求，是否有影响继续使用的损坏。

2）试验设备

断路器寿命试验机：

（1）控制柜应能稳定地输出标准规定的电流电压，能够记录操作次数。

（2）输出电流范围 0～65A、电压输出 0～4000V、功率因数 0～1、计数器 0～9999 次。

（3）电流表、电压表、功率因数表应 0.5 级。

3）试验步骤

（1）一般试验要求

断路器应按试验条件的规定固定在金属支架上，除非该断路器是设计成安装在独立的外壳中，在这种情况下，断路器应按相应的要求进行安装。

试验在额定电压下用串联连接在负载端的电阻器和电抗器调节至额定电流的电流进行试验。

如果使用空芯电抗器，每个电抗器应并联连接一个电阻器，流过电阻器的电流约为流过电抗器电流的 0.6%。

电流应基本上为正弦波；功率因数应在 0.85～0.9 之间。

对于单极断路器和带两个保护极的二极断路器，在总操作次数的前一半次数，金属支架应接至电源的一侧，而在另一半操作次数中接至电源的另一侧。

对于一个带保护极的二极断路器，金属支架应接至电源的中性极上。

对于额定电压 230/400V 的单极断路器，试验应在较低的电压下进行。

断路器应用表 4-18 规定的适当尺寸的导线接至电路。

（2）试验程序

断路器应在额定电流下经受 4000 次操作循环。

每次操作循环包括一次接通操作和紧接着的一次分断操作。

对于额定电流小于等于 32A 的断路器，操作频率应为每小时 240 次操作循环。在每一次操作循环中，断路器应保持在断开位置至少 13s。

对于额定电流大于 32A 的断路器，操作频率应为每小时 120 次操作循环。在每一次操

作循环中，断路器应保持在断开位置至少 28s。

断路器应按正常使用条件进行操作。

在按照机电和电器寿命试验程序进行试验后，试品不应有下列现象：

① 过度磨损。

② 动触头位置和指示装置相应位置不一致。

③ 外壳损坏至能被试指触及带点部位（见电击保护试验）。

④ 电气或机械连接松动。

⑤ 密封化合物渗漏。

此外，断路器还应符合时间-电流特性试验的试验要求，并且经受主电路的介电强度规定的介电强度试验，但是试验电压要比试验电压值规定的电压值低 500V，试前不经过潮湿处理。

4）注意事项

（1）试验装置不能损坏被试断路器。

（2）被试断路器操作件的自由运动不受到阻碍。

（3）被试断路器的操作件不会过度地影响试验装置操作件的速度。

（4）如果断路器是有关人力操作，在驱动过程中，应以（0.1±0.025）m/s 的操作速度操作断路器。该速度应在试验装置的操作件接触到被试断路器操作件末端时并在该位置进行测量。对旋钮式操作件，其角速度应基本上与上述条件相当，即被试断路器操作件末端处的速度与上述速度相当。

13. 结果评判

结果评判见表 4-20。

表 4-20　试样数量

<table>
<tr><th>试验项目</th><th>试样数量</th><th>应通过试验的最少样品数量</th><th>重复试验的最多样品数量</th></tr>
<tr><td>标志、标志耐久性</td><td rowspan="2">1</td><td rowspan="2">1</td><td rowspan="2">—</td></tr>
<tr><td>电击保护</td></tr>
<tr><td>介电性能和隔离能力</td><td rowspan="3">3</td><td rowspan="3">3</td><td rowspan="3">3</td></tr>
<tr><td>温升</td></tr>
<tr><td>28d 试验</td></tr>
<tr><td>脱扣性能</td><td>3</td><td>2</td><td>3</td></tr>
<tr><td>机械和电气寿命</td><td>3</td><td>2</td><td>3</td></tr>
</table>

注：1. 总共最多可重复试验两个试验程序。

2. 假定没有通过试验的试品，没有满足技术要求是由于工艺或装配的缺陷，而不是设计的原因。

3. 在重复试验时，所有的试验结果都应合格。

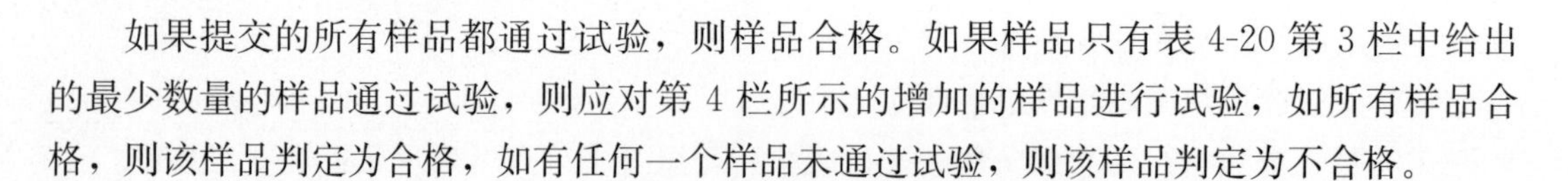

如果提交的所有样品都通过试验，则样品合格。如果样品只有表4-20第3栏中给出的最少数量的样品通过试验，则应对第4栏所示的增加的样品进行试验，如所有样品合格，则该样品判定为合格，如有任何一个样品未通过试验，则该样品判定为不合格。

14. 相关标准

《外壳防护等级（IP代码）》GB/T 4208—2017。

《家用和类似用途电器的安全 第1部分：通用要求》GB 4706.1—2005。

第5章　装饰材料

5.1　装饰涂料

1. 概述

涂料是指涂敷于物体表面，能与物体粘结在一起并形成涂膜，从而对物体起到装饰、保护或使物体具有某种特殊功能的材料。用于建筑领域的涂料称为建筑涂料。涂料也俗称油漆，起源自古代利用桐树榨取桐油和漆树提取漆液制成的天然油漆。随着化工技术的发展，各种有机合成树脂以及无机溶胶的涌现，特别是近年来在环保、节能政策引领下，装饰涂料在品种、功能以及施工工艺上均得到迅速发展，是建筑装饰装修材料的重要门类之一。

装饰涂料的组分可分为基料、颜料、填料、溶剂以及助剂等。基料是主要的成膜物质，其化学性质决定了涂料的主要性能和应用方式；溶剂也称稀释剂，主要作用是使涂料具有一定的黏度以满足施工工艺的要求。助剂用于调节涂料的不同性能或特定的功能，如乳化、分散、防沉淀、防结皮、增稠、流平、增塑、光稳定、消泡、防污、增白、消光、防霉、抗菌等。

装饰涂料按使用部位分为外墙涂料、内墙涂料、顶棚涂料、屋（地）面涂料，按成膜物质可分为有机涂料、无机涂料、复合涂料，按分散介质种类可分为溶剂型涂料、乳液型涂料、水溶性涂料。

2. 检测项目

装饰涂料的检测项目主要包括：低温稳定性、初期干燥抗裂性、耐水性、耐碱性、耐洗刷性、耐沾污性、耐温变性、粘结强度、耐冲击性、拉伸强度、断裂伸长率、黏度、干燥时间、遮盖力、附着力、对比率、光泽度、低温柔性。

3. 依据标准

装饰涂料涉及的检测方法标准和产品标准较多，对相同的检测项目，不同的产品标准或在底材材质、试板制备、试验条件、结果评定等方面有所不同。本节内容主要以《建筑外墙涂料通用技术要求》JG/T 512—2017 和部分检测方法标准为依据，实际检测工作中应按相关产品标准中的具体规定执行。

《建筑外墙涂料通用技术要求》JG/T 512—2017。

《涂料黏度测定法》GB/T 1723—1993。

《漆膜 腻子膜干燥时间测定法》GB/T 1728—1979。

《涂料遮盖力测定法》GB/T 1726—1979。

《色漆和清漆 漆膜的划格试验》GB/T 9286—1998。

《白色和浅色漆对比率的测定》GB/T 23981—2009。

《色漆和清漆 不含金属颜料的色漆漆膜的 20°、60°和 85°镜面光泽的测定》GB/T 9754—2007。

4. 环境条件

除特别说明外，装饰涂料的标准试验条件为（23±2）℃及相对湿度（50±5）%，所有的试验样品以及试验器具应在标准试验条件下至少放置 24h 后进行试验。

5. 试验基材

1）水泥板

水泥板可选用纤维增强水泥板或无石棉纤维水泥平板。纤维增强水泥板应满足 JG/T 396 的要求，饱水抗折强度不低于 18MPa，吸水率不小于 22%；无石棉纤维水泥平板应满足 JC/T 412.1 的要求，饱水抗折强度不低于 18MPa，吸水率不小于 28%。水泥板应根据检测项目的需要切割成相应的尺寸，按 GB/T 9271 的规定，浸水调节 pH 值至小于 10，然后用 200 号水砂纸将板表面打磨平整，清除浮灰，之后在标准条件下的空气流通的环境下放置至少 7d。

同一涂料体系的各项性能试验应采用同种水泥板。

2）砂浆块

砂浆块尺寸为 70mm×70mm×20mm。使用普硅 42.5 级水泥（GB 175）、ISO 标准

砂（GB/T 17671）和水按1∶1∶0.5的比例（质量比）在搅拌机中搅拌均匀，倒入试模中，经振捣后成型。之后在标准条件下放置24～48h拆模，浸入（23±2)℃的水养护7d，然后取出在标准条件下放置7d以上，再用200号水砂纸将成型底面打磨平整，清除浮灰备用。

3）马口铁板

马口铁板的公称厚度为0.20～0.30mm，双面均匀镀锡（硬度值T52），其表面无针孔、凹坑、皱折、锈蚀等质量缺陷。

如马口铁板表面有润滑剂或油污，应用挥发性溶剂或水性清洗剂进行清洗处理。必要时可用500号水砂纸打磨处理，但不得在任一处全部磨掉镀锡层。经表面处理的马口铁板应放入有干燥剂的干燥器中备用。

4）铝板

铝板宽度为20mm，长度、厚度应满足检测项目的需要。铝板的材质应符合GB/T 3880.1的要求，必要时应在报告中注明所使用的牌号和状态。

铝板的表面可采用溶剂或水性清洗剂清洗、煅烧氧化铝粉末打磨、酸式铬酸盐法、非铬酸盐转化膜法等方法处理。

5）复合底材

复合底材由50mm厚砂浆块和5～15mm厚抹面胶浆层组成，必要时可以复合柔性腻子层。砂浆块的制备方法同2）条；抹面胶浆应满足GB/T 29906的要求，10J级耐冲击试验为15mm厚，3J级为5mm厚，冻融循环试验为5mm厚；柔性腻子应满足JG/T 157的要求。

6）多孔矿物底材

多孔矿物底材宜选用打磨后的蒸压灰砂砖，应满足JG/T 343的要求，吸水性不小于1kg/（m^2·$h^{0.5}$），密度介于1500～2000kg/m^3，底材的试验面积不小于200cm^2，厚度不小于2.5cm。底材在使用前应在标准条件下存放7d以上。

7）多孔基材

多孔基材可选用多孔PE板、无釉陶瓷砖等，应满足JG/T 309的要求，水蒸气透过率大于240g/（m^2·d），基材的试验面积不应小于50cm^2。

6. 低温稳定性

1）方法原理

使密封于容器中的涂料经受多次冷冻融化循环后，观察其黏度、抗凝聚或抗结块等方面有无损害性变化。

2）仪器设备

（1）低温箱

低温箱的尺寸应能容纳全部试验样品，箱内的温度应能保持在试验所需温度的±2℃。

（2）容量瓶

容量瓶可选用配有密封盖的大口玻璃瓶、塑料瓶或有衬里材料的铁罐，容量瓶的容积约 500mL。

3）试验步骤

（1）将试样搅拌均匀后装入洁净带盖的大口容量瓶中，装入量为容量瓶的 2/3，并及时盖好盖子。

（2）将样品放入低温箱内，温度保持在（−5±2）℃，相邻容量瓶及箱壁间至少保留 25mm 间隙。

（3）冷冻 18h 后取出，然后在（23±2）℃条件下放置 6h。

（4）冷冻 18h 融化 6h 为 1 个循环，按上述方法共进行 3 次循环。

4）结果评定

打开容量瓶，充分搅拌试样，观察有无硬块、凝聚及分离现象。如无以上损害性变化，以“不变质”表示，判定试样低温稳定性合格。

5）注意事项

（1）采用铁罐存放试样时，其衬里不应为金属材料。

（2）试样冷冻和融化时，应注意容量瓶的间隙，以使空气能自由地流动调温。

7. 初期干燥抗裂性

1）方法原理

将涂有试样的试板置于规定尺寸的风洞内，通过强制吹风使试样由湿膜状态失水干燥，观察其表面有无裂纹。

本方法适用于厚型涂料（涂料体系干膜厚度不小于 1.0mm）。

2）仪器设备

（1）抗裂风洞

抗裂风洞由风机、风筒和试架组成，风筒的截面为正方形，如图 5-1 所示。其轴流风机应具备调速功能，使风筒内的风速达到（3±0.3）m/s。

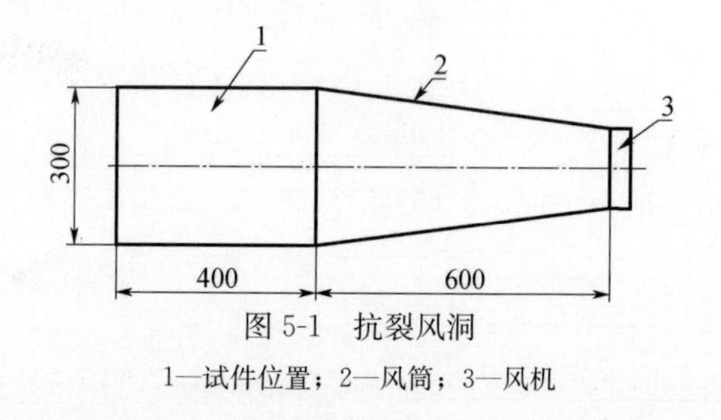

图 5-1　抗裂风洞

1—试件位置；2—风筒；3—风机

（2）风速计

风速计可采用热球式或其他适宜的风速计，如图 5-2 所示，其精度不大于 0.1m/s。

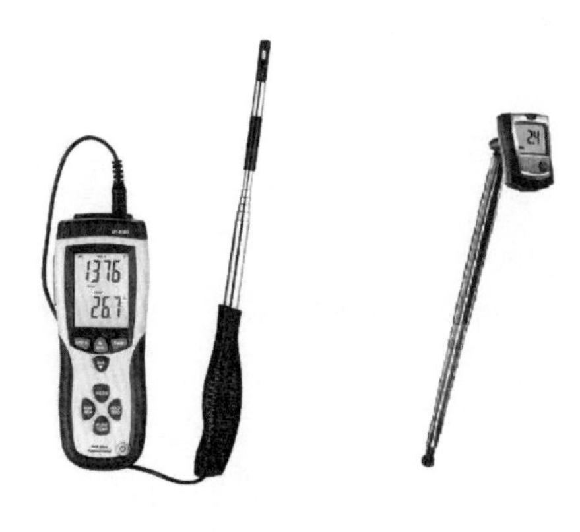

图 5-2　风速计

3）试板制备

试板采用水泥板，尺寸为 150mm×70mm，厚为 6～8mm，每组 3 块。配套底涂时（两层涂料体系或复合涂料体系），底涂用量为 80μm，并经 1～2h 干燥（指触表干）后再涂中涂。中涂 1 道后立即进行试验。

4）试验步骤

（1）将中涂后的水泥试板立即置于风洞内的试架上，试板的长度方向与气流方向平行。

（2）启动风机，调节风机转速，使水泥试板处的风速达到（3±0.3）m/s。

（3）稳定保持风速，持续吹风干燥 6h。

5）结果评定

取出 3 块试板，距试板 0.6m 处垂直目测观察试板表面，如有 2 块未出现裂纹，则评为“无裂纹”。

6）注意事项

（1）中涂的厚度应根据产品说明书确定，且不宜超过 3mm。

（2）风速计的测量部位宜取水泥试板表面处。

8. 耐水性

1）方法原理

将涂有试样的试板浸入水中，经规定时间浸泡后观察，以表面涂膜的变化现象表示其耐水性能。

2）设备材料

（1）恒温水槽

恒温水槽应有足够的容积，并使试验期间水温保持在（23±2）℃，如图 5-3 所示。

图 5-3　恒温水槽

（2）水

应使用蒸馏水或去离子水，并符合 GB/T 6682 中三级水的要求，水的 pH 值为 5.0～7.5、电导率≤0.50 mS/m、可氧化物质含量≤0.4mg/L。

3）试板制备

试板采用水泥板，尺寸150mm×70mm，厚6～8mm，每组3块。各层的涂布量（湿膜）及养护期应符合表5-1的规定。

表5-1　涂层涂布量及养护期

<table>
<tr><td rowspan="3">涂层部位</td><td colspan="4">薄型涂料体系</td><td colspan="3">厚型涂料体系</td></tr>
<tr><td colspan="3">两层涂料体系</td><td>复层涂料体系</td><td colspan="2">两层涂料体系</td><td>复层涂料体系</td></tr>
<tr><td>底涂-中涂配套</td><td>底涂-面涂配套</td><td>中涂-面涂配套</td><td>底涂-中涂-面涂配套</td><td>底涂-中涂配套</td><td>中涂-面涂配套</td><td>底涂-中涂-面涂配套</td></tr>
<tr><td>底涂</td><td colspan="2">80μm
1～2h</td><td>—</td><td>80μm
1～2h</td><td>80μm
1～2h</td><td>—</td><td>80μm
1～2h</td></tr>
<tr><td>中涂</td><td>100μm+80μm
7d</td><td>—</td><td colspan="2">120μm
24h</td><td>1道
14d</td><td colspan="2">1道
7d</td></tr>
<tr><td>面涂</td><td>—</td><td colspan="3">100μm+80μm
7d</td><td>—</td><td colspan="2">100μm
7d</td></tr>
</table>

4）试验步骤

（1）将3块试板的背面和相应边部进行封蜡处理。蜡封材料可使用1∶1的石蜡和松香混合物，封边宽度为2～3mm。

（2）在恒温水槽中加入蒸馏水或去离子水，调节水温至（23±2)℃。

（3）将3块水泥试板浸入水中，并使每块试板长度的2/3浸泡在水中，至规定时间。

5）结果评定

取出3块试板，用滤纸吸干涂层表面水分，目视检查试板，3块试板至少有2块未出现起泡、开裂、剥落、掉粉、明显变色等涂膜病态现象，则评为“无异常”。

6）注意事项

（1）试验之前应对恒温水槽进行清洗，防止槽内杂物影响试验结果。

（2）水泥试板的背面和4个侧边均应封边处理。当出现起泡、剥落等试验结果，必要时可去除封边后检查，避免因封边不严导致误判。

（3）如能保证整个试验期间环境和浸泡水的温度均在（23±2)℃，可不使用恒温水槽。

9. 耐碱性

1）方法原理

将涂有试样的试板浸入规定浓度的碱溶液中，经规定时间浸泡后观察，以表面涂膜的变化现象表示其耐碱性能。

2）设备材料

（1）恒温水槽

同“8. 耐水性”。

（2）碱溶液

使用“8. 耐水性”中的蒸馏水或去离子水加入过量的 NaOH（分析纯），充分搅拌，密封放置 24h 后，取上层的清液作为试验用碱溶液。

3）试板制备

同“8. 耐水性”。

4）试验步骤

（1）将 3 块试板的背面和相应边部进行封蜡处理。蜡封材料可使用 1∶1 的石蜡和松香混合物，封边宽度为 2～3mm。

（2）调节恒温水槽中的水温至（23±2)℃。

（3）在玻璃或搪瓷容器中加入配制好的碱溶液，将试板长度的 2/3 浸入碱溶液中，并加盖密封。

（4）将玻璃或搪瓷容器放入恒温水槽中，使碱溶液的液面位于水面之下，静置至规定时间。

5）结果评定

取出试板，用水冲洗干净，甩掉板面上的水珠，用滤纸吸干表面水分，观察 3 块试板表面，至少有 2 块未出现起泡、开裂、剥落、掉粉、明显变色等涂膜病态现象，则评为“无异常”。

6）注意事项

（1）试验期间，放置试板的玻璃或搪瓷容器应加盖密封，避免碱溶液挥发。

（2）对试板边缘约 5mm 和碱溶液液面以下约 10mm 内的涂层区域，不作评定。

10. 耐洗刷性

1）方法原理

用蘸有规定洗刷介质的刷子反复刷洗涂层，观察涂层表面，以涂层经洗刷后的破损情况来表示其耐湿擦的性能。

2）设备材料

（1）耐洗刷试验仪

耐洗刷试验仪由刷子、夹具、洗刷介质容器、滑动架、试验台板、电机和计数器等组成，其外形如图 5-4 所示，结构如图 5-5 所示。

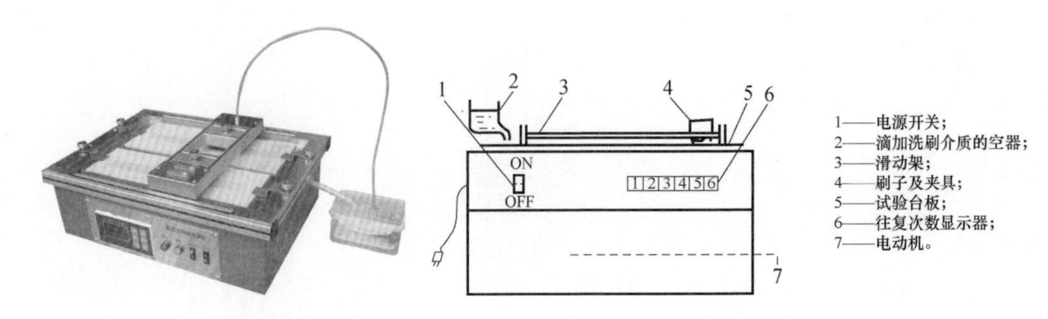

图 5-4　耐洗刷试验仪外形　　图 5-5　耐洗刷试验仪结构示意

刷子在滑动架上的运行频率为（37±2）次/min，一个往复行程为 600mm（单程 300mm），在行程中间 100mm 区间约为匀速运动。夹具和刷子的总重量为（450±10）g。

（2）洗刷介质

将洗衣粉溶于蒸馏水中，配制成质量分数 0.5％的溶液，其 pH 值应在 9.5～11.0。

（3）刷子

刷子的制作应符合以下要求：在 90mm×38mm×25mm 的硬木平板或塑料板上均匀打（60±1）个直径约 3mm 的小孔，孔内垂直裁上黑猪棕，毛长约 19mm。

刷子在试验前应将刷毛浸入（23±2)℃的水中 12mm 深，30min 后取出甩净附着的水分，再将刷毛浸入洗刷介质 12mm 深，浸泡时间不少于 20min。

3）试板制备

试板采用水泥板，尺寸为 430mm×150mm，厚为 6～8mm，每组 3 块。各层的涂布量（湿膜）及养护期应符合表 5-1 的规定。

4）试验步骤

（1）将试板涂层面向上，水平地固定在试验台板上。

（2）将刷子安装在夹具内，使刷子自然下垂。在试板的试验区域滴加约 2mL 洗刷介质，启动仪器，往复洗刷涂层，同时以 0.04mL/s 的速度滴加洗刷介质，使洗刷面始终保持润湿。

（3）洗刷至规定次数或至试板长度中间 100mm 区域露出底材后，停机。

（4）取下试板，用水冲净涂层表面。

5）结果评定

在散射日光下检查试板中间 100mm 区域的涂层，观察是否破损漏出底材。3 块试板中至少 2 块试板未出现涂膜损坏，则评定为耐洗刷性合格。

6）注意事项

（1）当刷子的刷毛磨损至长度小于 16mm 时，应更换刷子。

2）试板固定时应保持水平，避免翘曲变形。

（3）刷子和夹具在往复滑行中应能在自重作用下上下移动，避免其他外力作用于涂层表面。

（4）合成树脂乳液外墙涂料的耐洗刷性试验方法在设备材料、试板制备、结果评定等方面均有特殊要求，具体按《合成树脂乳液外墙涂料》GB/T 9755 执行。

11. 耐沾污性

1）方法原理

采用灰标准样品作污染源，用涂刷法或浸渍法将其附在涂层试板上，通过测定试验前后反射系数的变化或根据基本灰卡的色差等级评定试板的耐沾污性。

涂刷法适用于平涂层的外墙涂料，浸渍法适用于凹凸状或表面粗糙的外墙涂料。

2）仪器设备和材料

（1）冲洗装置

冲洗装置由水箱、水管、阀门及样板架等组成，所用材质均为防锈材料，如图 5-6 所示。

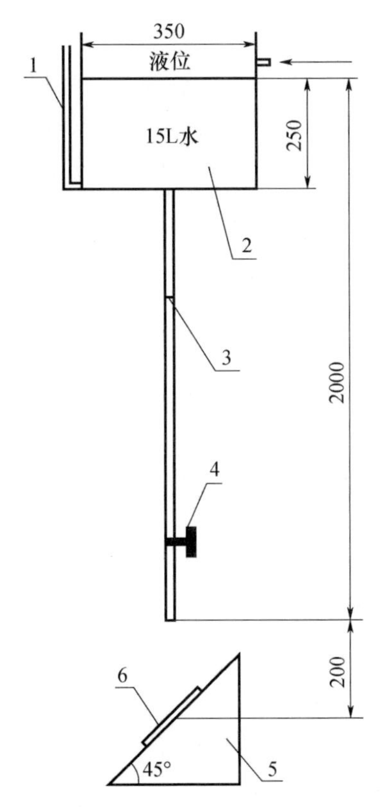

图 5-6　冲洗装置示意

1—液位计；2—水箱；3—水管（内径 8mm）；
4—阀门；5—试样架；6—试板

（2）反射率仪

反射率仪是一种能给出指示读数与受试表面反射光强度成正比的光电仪器，其精度在1.5%以内，采用C光源或D_{65}光源。反射率仪由主机、探头组成，如图5-7和图5-8所示，随机配有黑白标准板。

图5-7　分体式反射率仪

图5-8　一体式反射率仪

（3）天平

最小分度值不大于0.1g。

（4）烘箱

控温精度为±2℃。

（5）比色箱

比色箱应有围挡，不受外界光线的干扰，箱内部宜涂无光中性灰色漆，台面应覆盖一块中性灰板，其亮度应与被比色的样品接近，比色位置的照度应在1000～4000Lx之间，如图5-9所示。

图5-9　比色箱外形

（6）线棒涂布器

线棒涂布器是由规定直径的不锈钢钢丝紧密缠绕在规定直径的不锈钢钢棒上制成，通过刮槽（相邻钢丝的曲面距离）与底材表面的固定间隙，将特定厚度的涂层涂布在底材表面。本试验选用的涂布器规格为80μm和120μm。

（7）托盘及软毛刷

托盘为平底，尺寸不小于250mm×120mm，深度不小于10mm。软毛刷的宽度为25～50mm。

（8）基本灰卡

基本灰卡由5对无光的灰色卡片（或灰色布片）组成，根据观感色差分为5个整级色牢度档次，在每2个档次之间补充1个半级档次，共组成9档，如图5-10所示。

（9）污染源悬浮液

污染源采用《建筑涂料涂层耐沾污性试验用灰标准样品》CSB 08－2992—2013配置灰，污染源与水按质量比1∶1充分搅拌均匀，制成悬浮液。每次试验前应现配现用。

3）试板制备

同“8. 耐水性”。

4）涂刷法试验步骤

（1）用反射率仪在养护好的试板分上、中、下 3 个位置测试涂层的初始反射系数。

（2）用软毛刷将配制好的污染源悬浮液按先横向、后竖向均匀涂层在涂层表面，每块试板污染源悬浮液的涂刷量为（0.7±0.1）g。

（3）采用标准状态法时，将试板在标准条件下放置 2h 后，置于冲洗装置的试板架上；将已注满 15L 水的冲洗装置阀门打开至最大，冲刷试板涂层。冲洗时应不断移动试板，使水流能均匀冲洗各部位。冲洗 1min 后关闭阀门，将试板在标准条件下放置至第 2d。此为 1 个循环，整个循环约 24h。

图 5-10　基本灰卡（3～5 级）

（4）重复以上“污染—静置—冲刷—静置”过程，共 5 个循环。每次冲刷前均应将水箱中的水添加至 15L。

（5）共 5 个循环后，在试板上、中、下 3 个位置再测试涂层的反射系数。

（6）采用烘箱快速法时，将涂刷好悬浮液的试板放入（60±2)℃的烘箱中，干燥 30min 取出在标准试验条件下放置 2h，再置于冲洗装置上按前述标准状态方法冲洗，之后在标准试验条件下放置至第 2d。第 2d 再按标准法进行第 2 次循环。第 2 次循环结束后，在试板上、中、下 3 个位置再测试涂层的反射系数。

5）浸渍法试验步骤

（1）将配制好的污染源悬浮液倒入平底托盘中，将已养护好的试板涂层面朝下，水平放入盘中，浸渍 5s 后取出，涂层面朝上。

（2）采用标准状态法时，按涂刷法（标准状态法）方式共进行 5 个循环。

（3）采用烘箱快速法时，按涂刷法（烘箱快速法）方式共进行 2 个循环。

（4）取 2 块试验后的试板与 1 块未经试验的试板并排放入比色箱，试板边与边相互接触，眼睛到试板的距离为 500mm。使光线与试板成 0°角入射，人眼以 45°角观察。为提高比色的准确性，试板的位置可进行交换。

6）结果计算

外墙涂料的耐沾污性结果（涂刷法）按式（5-1）计算。

$$X=\frac{|A-B|}{A}\times 100 \tag{5-1}$$

式中　X——外墙涂料反射率下降率（%）；

A——涂层初始平均反射系数（%）；

B——涂层经沾污试验后平均反射系数（%）。

取3块试板的算术平均值，保留2位有效数字，3块试板的平行测定相对误差应不大于15%。

外墙涂料的耐沾污性结果（浸渍法）采用0～4级共5个等级进行评定，分别与基本灰卡的5个等级相对应，见表5-2。

表5-2　浸渍法评定等级

耐沾污等级	污染程度	观感色差	灰卡等级
0	无污染	无可觉察的色差	5
1	很轻微	有刚可觉察的色差	4
2	轻微	有较明显的色差	3
3	中等	有很明显的色差	2
4	严重	有严重的色差	1

7）注意事项

（1）如使用不同的反射率仪测定结果有差异时或发生争议时，应以不包括镜面反射在内的0/d几何条件的反射率仪测定为准。

（2）标准状态法与烘箱快速法结果有争议时，以标准状态法结果为准。

12. 耐温变性

1）方法原理

通过水中浸泡、冷冻、热烘的正负温循环测定涂层变化的现象，以此来表示涂料的耐温变性。

2）仪器设备

（1）低温箱

控温范围为（−20±2)℃。

（2）恒温箱

控温范围为（50±2)℃。

（3）恒温水槽

控温范围为（23±2)℃。

（4）天平

量程不宜大于500g，最小分度值不大于0.01g。

3）试板制备

同“8. 耐水性”。

4）试验步骤

（1）称量甲基硅树脂酒精溶液或环氧树脂，加入相应的固化剂后搅拌均匀，密封试板

的背面和四边，在标准条件下放置24h。

（2）将试板置于水温为（23±2）℃的恒温水槽中，试板间距不小于10mm，浸泡18h。

（3）取出试板，侧放于试架上，试板间距不小于10mm；然后将试架放入预先降温至（−20±2）℃的低温箱中，自箱内温度达到−18℃时起，冷冻3h。

（4）从低温箱中取出试板，立即放入（50±2）℃的烘箱中，恒温3h。

（5）每浸泡18h、冷冻3h、热烘3h为1个循环，每1个循环约24h。重复以上过程直至达到产品标准的规定次数。

（6）达到规定循环次数后，将试板在标准条件下放置2h，检查试板涂层有无粉化、开裂、剥落、起泡等现象，并与留样试板对比颜色变化及光泽下降的程度。

5）结果评定

以试板涂层状况评定试验结果，每组试验中，至少有2块试板无粉化、开裂、剥落、起泡、明显变色等现象，则评定为耐温变性合格。

6）注意事项

（1）若因底板或侧边开裂等原因引起涂层破坏，则该组试验结果无效。

（2）必要时可绘图或拍照记录涂层变化的现象或部位。

13. 粘结强度

1）方法原理

以砂浆块为基层，在标准状态或浸水状态下以垂直于表面的方向拉伸至破坏，得出粘结面的破坏强度。

2）仪器设备

（1）拉力试验机

精度不低于1%，拉伸速度（5±1）mm/min。

（2）型框

材质为硬聚氯乙烯或金属，型框与配套砂浆块的基本尺寸如图5-11所示。

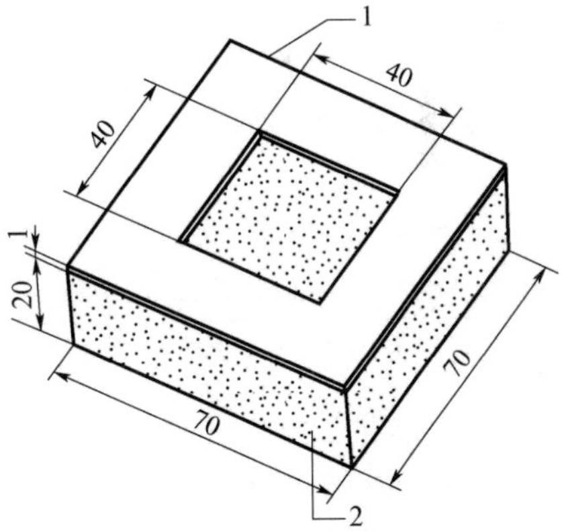

图5-11　型框及砂浆块基本尺寸

1—型框；2—砂浆块

（3）夹具

夹具为钢制，分上、下两部分，其基本尺寸如图5-12所示。

下夹具配有钢质垫块，试样与上下夹具按图5-13所示的方式装配组合。

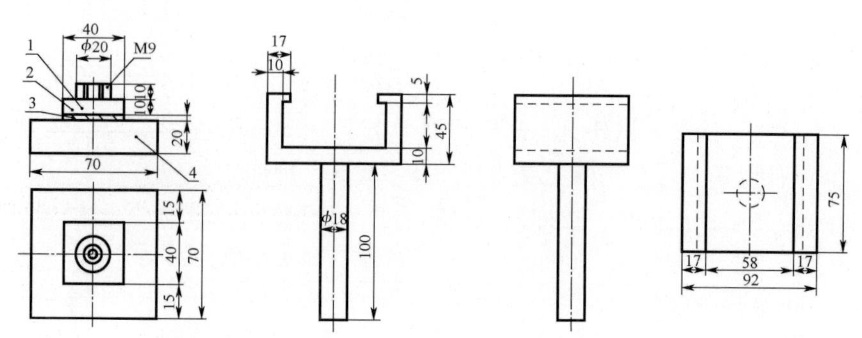

图 5-12　上、下夹具基本尺寸

1—上夹具；2—胶粘剂；3—涂料；4—砂浆块

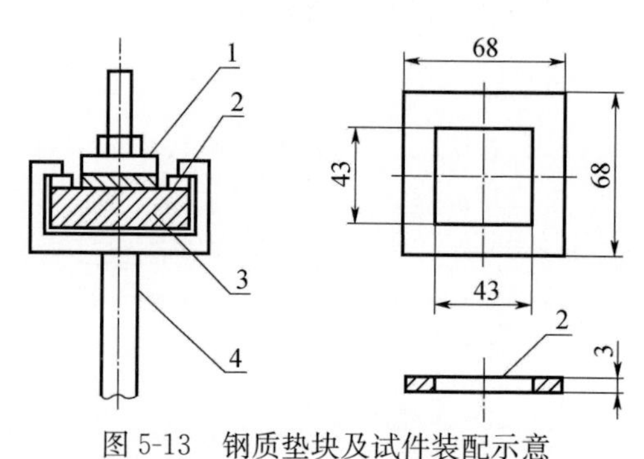

图 5-13　钢质垫块及试件装配示意

1—上夹具；2—钢质垫块；3—砂浆块；4—下夹具

3）试板制备

（1）底材采用 70mm×70mm×20mm 的砂浆试块。

（2）配套底涂时，按表 5-1 中规定用量的底涂将底涂涂布在砂浆块表面，经 1～2h 干燥（指触干）。

（3）将硬聚氯乙烯或金属型框置于涂了底涂的砂浆块面上，将中涂料填满型框（填充面积 40mm×40mm），用刮刀平整表面，立即除去型框。

（4）在标准条件下养护 14d。如有配套的面涂，在中涂养护 7d 后，按表 5-1 中规定将面涂涂布在中涂上面，继续养护 7d。

4）试验步骤（标准状态）

（1）按前述制备方法同时制备 6 个试件，在养护期前 24h 将试板置于水平状态，用双组分环氧树脂或其他常温固化高强度胶粘剂均匀涂布于试样表面，并在其上面轻放钢制上夹具，小心除去周围溢出的胶粘剂，放置 24h。

（2）将试件、上下夹具以及钢垫板按图 5-13 装配在一起，在拉力试验机上，沿试件表面垂直方向以 5mm/min 速度拉伸，测定最大拉伸荷载。

5）试验步骤（浸水后）

（1）按前述制备方法同时制备 6 个试件，在养护期前 2d 将试件的 4 个侧面用松香和石蜡质量比 1∶1 混合物或其他不影响试验结果的材料密封。

(2) 将试件水平置于水槽底部ISO标准砂上面，然后注水到水面距离砂浆块表面约5mm处，如图5-14所示，在标准条件下静置10d。

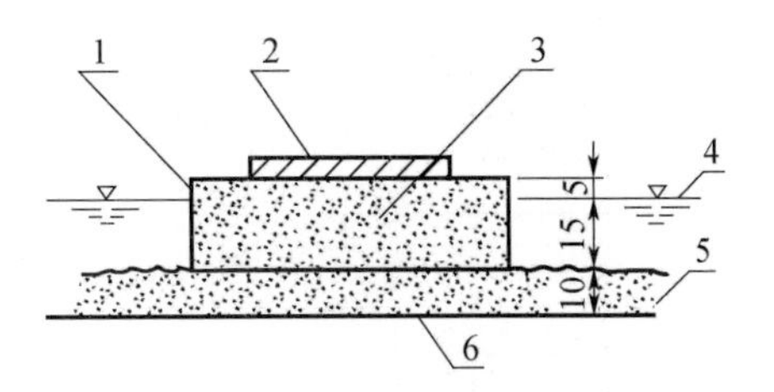

图5-14 试件浸水状态示意

1—松香和石蜡混合物；2—涂料；3—砂浆块；4—水面；5—标准砂；6—水槽底面

(3) 从水槽中取出试件，侧面朝下，在(50±2)℃的恒温箱内干燥24h，再置于标准条件下放置24h。

(4) 将试件、上下夹具以及钢垫板按图5-13装配在一起，在拉力试验机上，沿试件表面垂直方向以5mm/min速度拉伸，测定最大拉伸荷载。

6) 结果计算

标准状态下和浸水后的粘结强度按式(5-2)计算，精确至0.01MPa。

$$\sigma=\frac{P}{A} \tag{5-2}$$

式中 σ——粘结强度(MPa)；

P——最大拉伸荷载(N)；

A——胶接面积(mm^2)，$1600mm^2$。

将所得结果，分别去掉最大值和最小值，取剩余4个数据的算术平均值作为试验结果，各试验结果和算术平均值的相对误差应不大于20%，否则试验结果无效，应重新进行试验。

7) 注意事项

(1) 如破坏界面位于环氧树脂胶粘剂内或胶粘剂与钢质上夹具的结合面，该试验结果无效。

(2) 浸水试验时，应将试件的4个侧面严密密封，且放入水槽时避免水面扰动，防止水由侧面或上表面浸入试件。

14. 耐冲击性

1) 方法原理

用一定重量的钢球从规定高度上自由下落，冲击涂料表面，以冲击点的变形破坏状态来评定涂料的耐冲击性。

耐冲击试验按冲击能量分为1.5J、3J和10J共3种。

2) 仪器设备和材料

(1) 耐冲击仪

耐冲击仪由落球装置和带有刻度尺的支架组成，如图5-15所示。耐冲击仪配有2个高碳铬轴承钢钢球，公称直径分别为 50.8mm 和 63.5mm。

（2）标准砂

ISO 标准砂由 SiO_2 含量不低于 98%的天然圆形硅质砂组成，其颗粒分布应按 GB/T 17671 的规定。

3）试板制备

（1）底材采用尺寸为 430mm×150mm、厚为 6～8mm 的水泥板，平涂层的薄型涂料体系以及外墙外保温用厚型涂料体系采用 500mm×500mm 的复合底材。

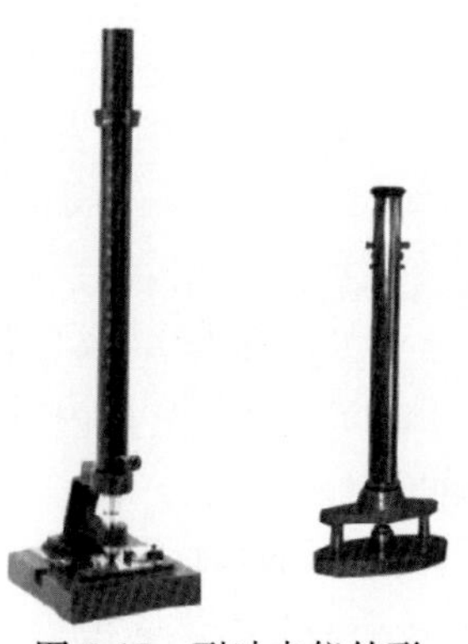

图 5-15　耐冲击仪外形

（2）按表 5-1 中规定用量将涂料涂布在底材上，养护至规定时间。

（3）对于 3J 和 10J 冲击试验，试件尺寸宜不大于 500mm×500mm，按表 5-1 要求养护期满后，在常温水中浸泡 7d，饰面层朝下，浸入水中的深度 3～10mm。从水中取出后，在标准条件下调节 7d。

4）试验步骤（1.5J）

（1）将试件置于厚度不小于 20mm 的 ISO 标准砂上面，有涂层的一面朝上，确保试件与标准砂紧密接触。

（2）把直径为 50.8mm、重量为 535g 的钢球从高度 300mm 处自由落下，用肉眼观察试件表面有无裂纹、剥落以及明显变形。

（3）在 1 块试件上选择各相距 50mm 且距边缘不小于 50mm 的三个位置进行冲击。

5）试验步骤（3J 和 10J）

（1）将试样饰面层向上，水平放置在抗冲击仪的基底上，试样紧贴基底。

（2）由钢球自由下落冲击试样。3J 试验用直径为 50.8mm、质量为 535g 的钢球，钢球最低点距冲击表面垂直高度为 0.57m；10J 试验用直径为 63.5mm、质量为 1045g 的钢球，钢球最低点距冲击表面垂直高度为 0.98m。

（3）在 1 块试件上冲击 10 处，冲击点间距及冲击点距边缘的距离不小于 100mm。

6）结果判定

1.5J 冲击试验如 3 个冲击位置中至少有 2 个位置未出现开裂、剥落以及明显变形现象，则判定 1.5J 冲击试验合格。

3J 和 10J 冲击试验如试件表面冲击点及周围出现裂缝则视为冲击点破坏。3J 试验 10 个冲击点中破坏点小于 4 个时，判定 3J 冲击试验合格；10J 试验 10 个冲击点中破坏点小于 4 个时，判定 10J 冲击试验合格。

7）注意事项

（1）冲击高度按钢球最低点距冲击表面的垂直高度计算。

（2）3J 和 10J 冲击时，试件与基底之间不得留有空隙，必要时可调整冲击点位置或用刚性材料垫平。

15. 拉伸强度

1）方法原理

将已干燥的涂膜裁制成哑铃型试样，用拉力试验机将其拉伸至断裂，得出涂料的拉伸强度。

2）仪器设备和材料

（1）拉力试验机

精度不低于 2 级。如同时检测断裂伸长率，其所用引伸计的精度应不低于 D 级。

（2）干燥箱

控温精度为±2℃

（3）涂膜模具

涂膜模具为不锈钢材质，分 A、B、C 共 3 种尺寸，其外形如图 5-16 所示，尺寸见表 5-3。使用时应在模具底部铺设一层聚酯薄膜隔离层。

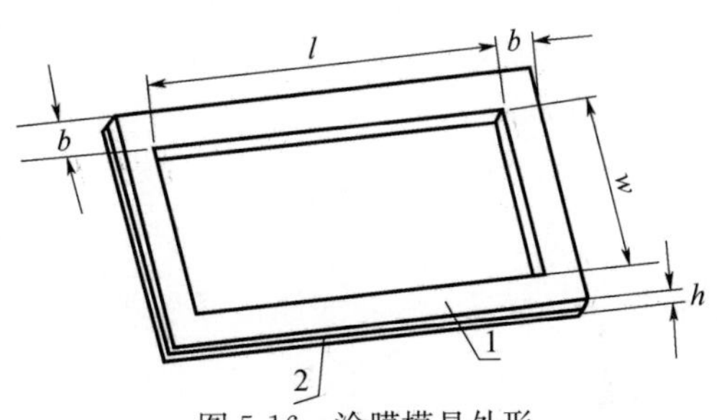

图 5-16　涂膜模具外形

1—不锈钢板；2—聚酯薄膜；l—长度；w—宽度；h—厚度；b—模具框宽度

表 5-3　涂膜模具尺寸

规格	长度（l）	宽度（w）	厚度（h）	模具框宽度（b）
模具 A	230	100	1.00±0.01	40
模具 B	235	105	1.20±0.01	40
模具 C	240	110	1.50±0.01	40

（4）裁刀

裁刀为Ⅰ型哑铃形裁刀，其基本尺寸如图 5-17 所示。

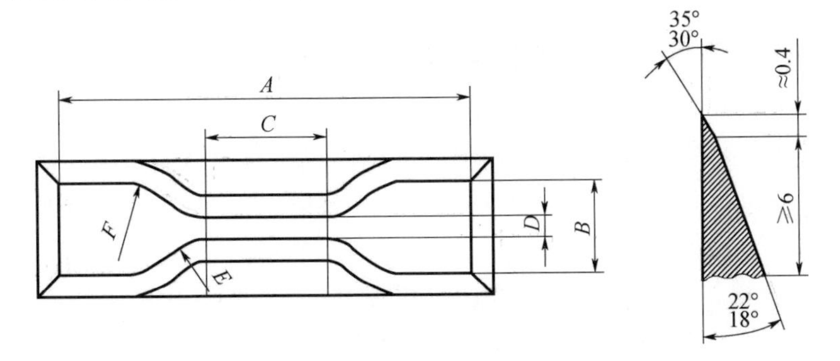

图 5-17　Ⅰ型哑铃形裁刀及刃口基本尺寸

A—总长 115mm；B—端部宽 25mm；C—狭窄部分长 33mm；D—狭窄部分宽 6.0mm；E—外侧过渡半径 14.0mm；F—内侧过渡半径 25.0mm

（5）厚度计

精度不低于1%或0.01mm，如图5-18所示。对硬度不小于35IRHD的涂层，测厚计圆形压足施加的压力为（22±5）kPa，对硬度小于35IRHD的涂层，测厚计圆形压足施加的压力为（10±2）kPa。

图5-18　测厚计外形

3）试板制备

（1）除底涂-面涂配套体系外，应将中涂在容器中充分搅拌混合均匀，分3次倒入钢制涂膜模具中制膜。第一次制膜用模具A，成膜24h后取下模具，在制成的涂膜上放置模具B，进行第二次制膜；成膜24h后取下模具B，在制成的涂膜上放置模具C，进行第三次制膜。每次制膜不应出现气泡。如有配套的面涂，在中涂养护7d后再涂刷面涂1道，控制面涂湿膜厚度为100μm。最终干膜厚度应为（1.0±0.2）mm。

（2）对于底涂-面涂的配套体系，面涂应按上述中涂的规定制备，最终干膜厚度应为（1.0±0.2）mm。

（3）将制得的涂膜，在标准条件下养护48h，揭膜后反向向上放入（80±2)℃的干燥箱内，试件与干燥箱壁间距不小于50mm，试件中心与温度计的水银球应在同一水平面上，恒温96h后取出，放置在标准条件下调节24h。

（4）采用Ⅰ型哑铃形裁刀在涂膜上裁取各组试件，标准状态、0℃和－10℃共3种状态，每种状态裁取6个（其中1个备用）。

4）试验步骤

（1）将制备并养护好的涂膜裁制成Ⅰ型哑铃形试件。

（2）取裁刀狭窄部分刀刃间的距离作为试件宽度；用厚度计测量试件标线中间和两端3点的厚度，取其算术平均值作为试件厚度。

（3）在标准条件下，将试件安装在拉力机夹具中，记录拉力机标线间所示数值；以200mm/min的速度拉伸试件至出现裂口，记录此时标线间距离数值，读数精确到0.05mm；同时记录试件拉伸至断裂过程中出现的最大荷载。

（4）对0℃和－10℃状态，试件应安装在相应温度的拉力机夹具中，并在规定温度下放置1h后，以200mm/min的速度拉伸试件至出现裂口。

5）结果计算

拉伸强度按式（5-3）计算，精确至0.1MPa。

$$P=\frac{F}{B\times D} \tag{5-3}$$

式中　P——拉伸强度（MPa）；

　　　F——试件最大荷载（N）；

B——试件工作部分宽度（mm）；

D——试件实测厚度（mm）。

拉伸强度试验结果以5个试件的算术平均值表示。

6）注意事项

（1）制备涂膜时，应仔细控制各层的厚度，使涂料均匀固化，避免结果离散产生偏差。

（2）测量涂膜厚度时，应检查测厚计的压足面积和力值，保证测点压强处于标准要求范围内。

16. 断裂伸长率

1）方法原理

将已干燥的涂膜裁制成哑铃形试样，用拉力试验机将其拉伸至断裂，得出涂料的断裂伸长率。

2）仪器设备和材料

同“15. 拉伸强度”。

3）试板制备

同“15. 拉伸强度”。

4）试验步骤

同“15. 拉伸强度”。

5）结果计算

断裂伸长率按式（5-4）计算，精确至1%。

$$\varepsilon = \frac{(L_1 - L_0)}{L_0} \times 100 \tag{5-4}$$

式中 ε——断裂伸长率（%）；

L_1——试件断裂时标线间距离（mm）；

L_0——拉伸前标线间距离（mm）。

断裂伸长率试验结果以5个试件的算术平均值表示。

6）注意事项

（1）制备涂膜时，应仔细控制各层的厚度，使涂料均匀固化，避免结果离散产生偏差。

（2）引伸计应在以20mm标距、最大伸长量为240mm（伸长率1200%）条件下，所测结果的误差不超过2%。

17. 黏度

1）方法原理

使试样在一定温度下从规定的孔中流出，以溢出规定量所用的时间来表示试样的黏度。

2）仪器设备和材料

（1）黏度计

黏度计分涂-1 和涂-4 两种型号，其外形如图 5-19 和图 5-20 所示。

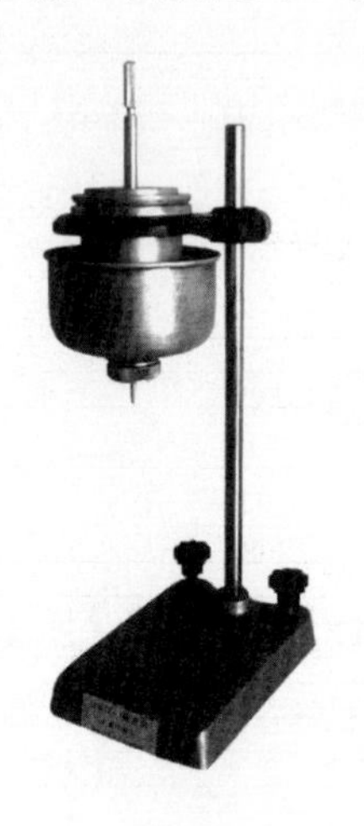

图 5-19　涂-1 黏度计外形

图 5-20　涂-4 黏度计外形

涂-1 黏度计的上部为圆柱形，下部为圆锥形，内壁上有一刻线，圆锥底部有漏嘴。容器的盖上有 2 个孔可分别插入塞棒和温度计，容器固定在一个圆形水浴内，其固定台架有调节水平的螺钉。

涂-4 黏度计的上部为圆柱形，下部为圆锥形，在容器上部有一圈凹槽，圆锥底部有漏嘴，其固定台架有调节水平的螺钉。

（2）温度计

测温范围 0～50℃，最小分度值不大于 0.5℃。

（3）承受杯

容量 50mL 和 150mL。

3）试验步骤（涂-1 黏度计法）

（1）用纱布蘸溶剂将黏度计擦拭干净，并干燥或用冷风吹干。对光检查，黏度计漏嘴等部位应保持洁净。

（2）将试样搅拌均匀，温度调节至（23±1)℃或（25±1)℃。

（3）将黏度计置于水浴套内，插入塞棒。将试样倒入黏度计内，调节水平螺钉使液面与刻度刚好重合。

（4）盖上盖子，插入温度计，静置以使气泡逸出。

（5）在黏度计下放置一个 50mL 量杯；当试样温度达到（23±1)℃或（25±1)℃时迅速提起塞棒，同时启动秒表；当杯内试样量达到 50mL 刻度线时立即停止秒表。

4）试验步骤（涂-4 黏度计法）

（1）用纱布蘸溶剂将黏度计擦拭干净，并干燥或用冷风吹干。对光检查，黏度计漏嘴

等部位应保持洁净。

（2）将试样搅拌均匀，温度调节至（23±1）℃或（25±1）℃。

（3）调节水平螺钉使黏度计处于水平位置，在漏嘴下放置一个 150mL 量杯。

（4）用手指堵住漏嘴，将（23±1）℃或（25±1）℃试样倒满黏度计中，用玻璃棒或玻璃板将气泡和多余的试样刮入凹槽；迅速移开手指，同时启动秒表；待试样流束刚中断时立即停止秒表。

5）结果计算

每个样品进行 2 次测定，取 2 次测定值的平均值为结果。如 2 次测定值之差超过平均值的 3%，则试验结果无效。

6）黏度计校正（运动黏度法）

（1）在某一温度条件下［（23±0.2）℃或（25±0.2）℃］，使用各种已知运动黏度的标准油，按前述步骤测出标准油在被校黏度计上的流出时间。

（2）根据运动黏度按公式计算出标准流出时间。对于涂-1 黏度计，采用式（5-5）；对于涂-4 黏度计，采用式（5-6）和式（5-7）。

$$\tau = 0.053\upsilon + 1.0 \tag{5-5}$$

$$\tau = 0.154\upsilon + 11(\tau < 23\text{s 时}) \tag{5-6}$$

$$\tau = 0.223\upsilon + 6.0(23\text{s} \leqslant \tau < 150\text{s 时}) \tag{5-7}$$

式中　τ——流出时间（s）；

υ——运动黏度（mm^2/s）。

（3）根据一系列不同运动黏度标准油的标准流出时间和被校正黏度计测得的流出时间的比值，取其平均值为被校正黏度计的修正系数。

7）注意事项

（1）校正黏度计时，所用温度计的最小分度值不应大于 0.1℃。

（2）黏度计应根据其使用的频率定期进行校正，如被校黏度计的修正系数不在 1±0.05 范围内，则应更换。

18. 干燥时间

1）方法原理

将按规定方法涂布的试板在标准条件下放置，通过吹棉球、指触、压滤纸、压棉球等方式检查涂层表面成膜的时间和涂层全部形成固体涂膜的时间，以此来表示涂料的表面干燥时间和实际干燥时间。

2）仪器设备和材料

（1）干燥试验器

干燥试验器重为 200g，底面积为 $1cm^2$，如图 5-21 所示。

（2）天平

量程不宜大于100g，最小分度值不大于0.01g。

（3）烘箱

容量为50mL和150mL。

（4）秒表

最小分度值不大于0.2s。

（5）底材

底材分为3种材质，各材质底材的尺寸如下：马口铁板为50mm×120mm或60mm×150mm，厚为0.2～0.3mm；紫铜片为50mm×100mm，厚为0.1～0.3mm；铝板为50mm×120mm×1mm。

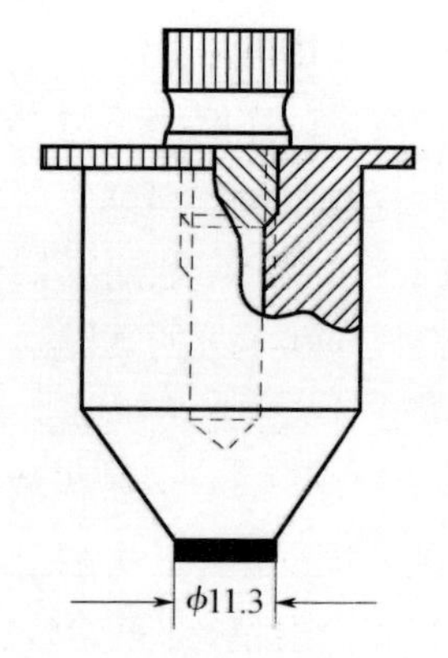

图5-21　干燥试验器示意

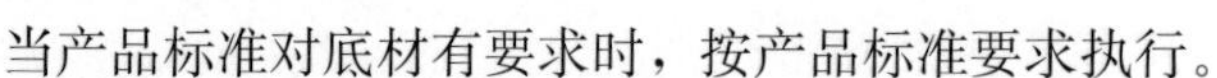

当产品标准对底材有要求时，按产品标准要求执行。

（6）定性滤纸

规格为75g/m²，尺寸为150mm×150mm。

3）试板制备

（1）先将试样搅拌均匀，如果试样表面有结皮，应先仔细揭去。多组分涂料应按产品标准规定的配比称量混合。必要时混合均匀的试样可用0.124～0.185mm筛子过滤。

（2）选取产品标准中规定的底材，按产品标准中规定的方法制备试板。

（3）采用涂刷法时，将试样稀释至适当黏度或按产品标准规定的黏度；用漆刷在规定的试板上，快速均匀地沿纵横方向涂刷，使其成一层均匀的涂层，涂层不得有空白或溢流现象；之后将试板平放在标准条件下进行干燥。

（4）采用喷涂法时，将试样稀释至喷涂黏度（在涂-4黏度计中，油基涂料应为20～30s，挥发性涂料为15～25s）或按产品标准规定的黏度；用喷枪喷涂在规定的试板上；喷涂时，喷枪与试板之间的距离不应小于200mm，喷涂方向应与试板成适当角度，喷枪移动速度应均匀，使其成一层均匀的涂层；之后将试板平放在标准条件下进行干燥。

（5）采用刮涂法时，将试板固定在平台上，用适当间隙的漆膜制备器，将其放在试板的一端，制备器的长边与试板的短边大致平行，然后在制备器前部均匀地放置适量的试样，握住制备器，用一定的向下压力，以150mm/s的速度均匀滑过试板，即涂布成一层厚度均匀的涂层；之后将试板平放在标准条件下进行干燥。

（6）每隔一定时间或达到产品标准规定的时间，在距膜面边缘不小一截10mm的范围内，选用下列方法检验涂层是否表面干燥或实际干燥。

4）试验步骤（表干）

（1）采用甲法（吹棉球法）时，在涂层表面上轻轻放上一个脱脂棉球，用嘴距棉球10～15cm，沿水平方向轻吹棉球，如能吹走，膜面不留有棉丝，即认为表面干燥。

（2）采用乙法（指触法）时，以手指轻触漆膜表面，如感到有些发黏，但无漆黏在手指上，即认为表面干燥。

5）试验步骤（实干）

（1）采用甲法（压滤纸法）时，在涂层上放一片定性滤纸（光滑面接触涂层），滤纸上再轻轻放置干燥试验器，同时启动秒表，经30s后，移去干燥试验器，将试板翻转（涂层面向下），滤纸能自由落下，或在背面用握板之手的食指轻敲几下，滤纸能自由落下而滤纸纤维不被黏在涂层上，即认为实际干燥。

对于产品标准中规定涂层允许稍有黏性的涂料，如果试板翻转经食指轻敲后，滤纸仍不能自由落下时，将试板放在玻璃板上，用镊子夹住预先折起的滤纸一角，沿水平方向轻拉滤纸，当试板不动，滤纸已被拉下，即便涂层上黏有滤纸纤维，也认为达到实际干燥，但应标明涂层稍有黏性。

（2）采用乙法（压棉球法）时，在涂层表面放上一个脱脂棉球，于棉球上再轻轻放置干燥试验器，同时启动秒表，经30s后，移去干燥试验器和棉球，放置5min，观察涂层表面无棉球的痕迹及失光现象，漆膜上若留有1～2根棉丝，用棉球能轻轻掸掉，均认为实际干燥。

6）结果计算

以试板涂布结束至涂层表面成膜之间的时间为表干时间，以试板涂布结束至涂层全部形成固体涂膜之间的时间为实干时间。

7）注意事项

（1）试验所用底材对结果有显著影响，当按产品标准采用石棉水泥板时，应严格控制底材的含水情况。

（2）实际干燥时间并不代表涂膜已完全干燥，如需同时做其他项目试验，仍需按标准要求的时间对试件进行养护调节，不得将实干试件直接用于其他项目试验。

19. 遮盖力

1）方法原理

把涂料均匀地涂刷在玻璃板表面上，在规定暗箱内观察，以玻璃板下黑白格底色不再呈现的最小用量来表示涂料的遮盖能力。

2）仪器设备

（1）天平

量程不宜大于200g，最小分度值不大于0.01g；量程不宜大于200g，最小分度值不大于0.001g。

（2）黑白格玻璃板

将100mm×250mm玻璃板的一端遮住100mm×50mm（试验时手执处），然后在剩余的100mm×200mm的面积上涂一层黑色硝基漆。待干后用小刀仔细地间隔划成25mm×25mm的正方形，再将玻璃板放入水中浸泡片刻，取出晾干，间隔剥去正方形漆膜处，再喷上一层白色硝基漆，即成具有 32 个黑白间隔正方形的玻璃板，再贴上一张光滑牛皮纸，刮涂一层环氧胶（防止溶剂渗入破坏黑白格涂层），即制得牢固的黑白格玻璃板。如图 5-22 所示。

图 5-22　黑白格玻璃板

（3）黑白格木板

在 100mm×100mm 的木板上喷一层黑色硝基漆。待干后在涂层表面贴一张同面积大小的白色厚光滑纸，然后用小刀仔细地间隔划去 25mm×25mm 的正方形，再喷上一层白色硝基漆，待干后仔细揭去存留的间隔正方形纸，即成具有 16 个黑白间隔正方形的木板。

（4）木制暗箱

尺寸 600mm×500mm×400mm，暗箱内用 3mm 厚的磨砂玻璃将箱分成上下两部分，磨砂玻璃的磨面朝下，使光源均匀。暗箱上部均匀平行设有 15W 日光灯 2 支，前面设有挡光板，下部正面敞开用于检验，内壁涂上无光黑漆。如图 5-23 所示。

3）试验步骤（甲法：刷涂法）

（1）调整产品黏度（如无法涂刷，则将试样调至适宜涂刷的黏度，但稀释剂用量在计算遮盖力时应扣除）。

（2）称量盛有涂料的杯子和刷子的总重量，精确至 0.01g。

（3）用刷子将涂料均匀涂刷于黑白格玻璃板上，放在木制暗箱内，距离磨砂玻璃片 15～20cm，有黑白格的一端与平面倾斜成 30°～45°，在 1 支和 2 支日光灯下观察，以都刚看不见黑白格为终点。

（4）将盛有剩余涂料的杯子和刷子称重，精确至 0.01g。

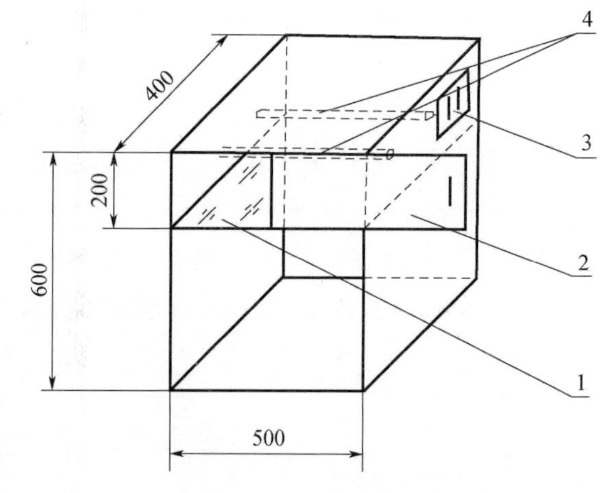

图 5-23　木制暗箱示意

1—磨砂玻璃；2—挡光板；3—开关；4—日光灯

4）试验步骤（乙法：喷涂法）

（1）将试样稀释至喷涂黏度（在涂-4 黏度计中，油基涂料应为 20～30s，挥发性涂料为 15～25s）或按产品标准规定的黏度。

（2）分别称量 2 块 100mm×100mm 玻璃板的质量，精确至 0.001g。

（3）用喷枪喷涂玻璃板上。喷涂时，喷枪与试板之间的距离不应小于 200mm，喷涂方向应与试板成适当角度，喷枪移动速度应均匀，使其成一层均匀的薄薄涂层。

（4）每次喷涂后，将玻璃板放在黑白格木板上，置于木制暗箱内，距离磨砂玻璃片 15～20cm，木板与平面倾斜成 30°～45°，在 1 支和 2 支日光灯下观察，以都刚看不见黑白

格为终点。

（5）把玻璃板背面和边缘的漆擦净，按固体含量试验中规定的温度烘至恒重。

5）结果计算

涂刷法和喷涂法的遮盖力分别按式（5-8）和式（5-9）计算。

$$X=\frac{W_1-W_2}{S}\times 10^4=50(W_1-W_2) \tag{5-8}$$

式中　X——遮盖力，以干膜计（g/m^2）。

W_1——未涂刷前盛有涂料的杯子和刷子的总质量（g）。

W_2——涂刷后盛有涂料的杯子和刷子的总重量（g）。

S——黑白格玻璃板涂刷的面积（cm^2）。

$$X=\frac{W_2-W_1}{S}\times 10^4=(W_1-W_2)\times 100 \tag{5-9}$$

式中　X——遮盖力，以湿膜计（g/m^2）。

W_1——未喷涂前玻璃板的质量（g）。

W_2——喷涂涂料恒重后玻璃板的质量（g）。

S——玻璃板喷涂的面积（cm^2）。

以 2 次测试的平均值为结果。如 2 次试验结果相差若大于平均值的 5%，则试验无效。

6）注意事项

（1）涂刷试板时应快速均匀，不应将涂料富集在板的边缘上。

（2）喷涂法测定遮盖力时，应以湿膜状态在暗箱中观察，以干膜质量进行计算。

20. 附着力（划格法）

1）方法原理

以直角网格图形切割涂层，穿透至底材，将压敏胶粘带撕离涂层表面，根据剥落面积的大小评定涂层与底材的附着能力。本方法不适用于厚度大于 250μm 的涂层，也不适用于有纹理的涂层。

2）仪器设备与材料

（1）切割刀具

切割刀具可分为单刃和多刃两种。单刃切割刀具的刀刃为 20°～30°，其基本尺寸如图 5-24所示。多刃刀具有 6 个多刃，刀刃间隔为 1mm 或 2mm，其基本尺寸如图 5-25 所示。

在所有情况下，应优先选用单刃切割刀具。多刃切割刀具不适用于厚度大于 120μm 的厚涂层或坚硬涂层，或施涂在软底材上的涂层。

为了把间隔切割得正确，当用单刃切割刀具时，可用一系列导向和刀刃间隔装置辅助切割。

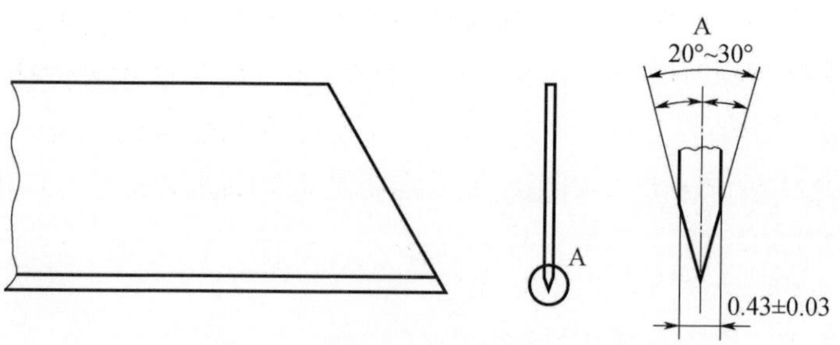

图 5-24　单刃切割刀具基本尺寸

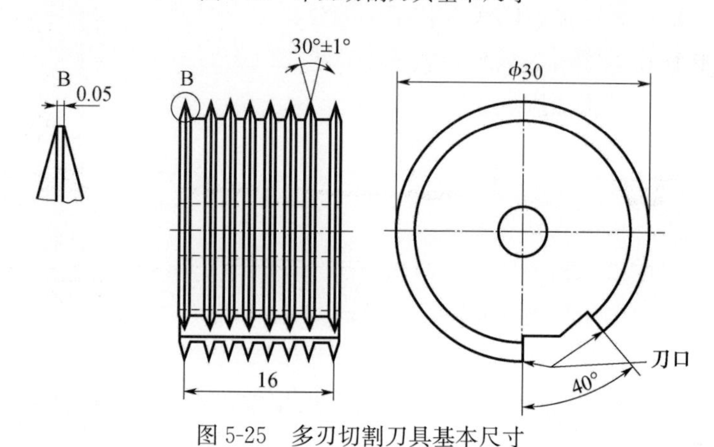

图 5-25　多刃切割刀具基本尺寸

（2）目视放大镜

放大倍数为 2 倍或 3 倍。

（3）底材

底材的材质应根据产品标准确定，其尺寸宜不小于 150mm×100mm。当采用软质底材时，底材的厚度不应小于 10mm，当采用硬质底材时，底材的厚度不应小于 0.25mm。

（4）压敏胶粘带

采用的透明胶粘带，宽为 25mm，黏着力为（10±1）N/25mm。

3）试验步骤

（1）将涂有涂料的试板放置在坚硬、平直的物面上，防止试验过程中试板的任何变形。

（2）握住切割刀具，使刀垂直于试板表面，平稳施力，以均匀的切割速率并以适宜的间距在涂层上形成 6 条切割线。所有切割都应划透至底材表面。

（3）重复以上操作，再作相同数量的平行切割线，与原切割线垂直相交，形成网格图形。

（4）每个方向切割线的间距应相等。当涂层厚度为 0～60μm 时，硬底材切割线间距为 1mm，软底材切割线间距为 2mm；当涂层厚度为 61～120μm 时，切割线间距为 2mm；当涂层厚度为 121～250μm 时，切割线间距为 3mm。

（5）用软毛刷沿网格图形每一条对角线前后轻轻地刷扫几次。

（6）只有硬底材才另外施加胶粘带。按均匀的速度拉出一段胶粘带，除去最前面的一

段，然后剪下约 75mm 的胶粘带；把该胶粘带的中心点放在网格上方，方向与一组切割线平行，然后用手指把胶粘带在网格区上方的部位压平，使胶粘带沿切割方向黏实涂层，胶粘带长度至少超过网格 20mm；5min 内，手执胶粘带的悬空的一端，以约 60°的角度在 0.5～1.0s 内平稳地撕离胶带。将胶粘带固定在透明膜面上，保留，以供参照用。胶粘带定位及撕离如图 5-26 所示。

4）结果判定

在良好的照明环境中，用正常或经校正过的视力，或经有关双方商定，用目视放大镜仔细检查涂层的切割区。在观察过程中，应转动试板，以使试验面的观察和照明不局限在一个方向。以类似方式检查胶粘带也属有效。

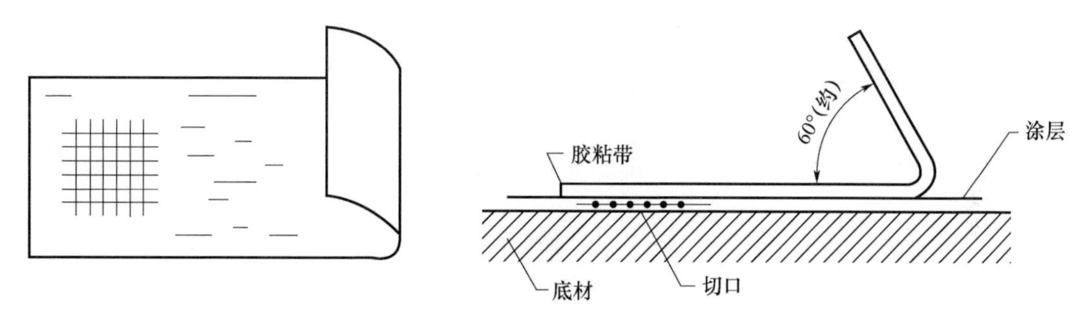

图 5-26　胶粘带定位及撕离示意

将试验面的观察结果与表 5-4 比较，进行分级评定。

表 5-4　试验结果分级表

分级	涂层剥落情况
0	切割边缘完全平滑，无一格脱落
1	在切口交叉处有少许涂层脱落，但交叉切割面积受影响不能明显大于 5%
2	在切口交叉处或没切口边缘有涂层脱落，受影响的交叉切割面积明显大于 5%，但不能明显大于 15%
3	涂层沿切割边缘部分或全部以大碎片脱落，或在格子不同部位上部分或全部剥落，受影响的交叉切割面积明显大于 15%，但不能明显大于 35%
4	涂层沿切割边缘大碎片脱落，或一些方格部分或全部剥落，受影响的交叉切割面积明显大于 35%，但不能明显大于 65%
5	剥落程度超过 4 级

各级对应的切割区表面外观如图 5-27 所示。

在试板上至少进行 3 个不同位置的试验。如果 3 次结果不一致，差值不超过 1 个等级时，应分别报告每个试验结果；如差值超过 1 个等级，则应另取 3 个不同位置重复试验。

5）注意事项

（1）测量涂层厚度时，应尽可能在靠近切割试验位置的涂层上进行。

（2）采用木质底材时，切割方向应与木纹方向呈 45°。

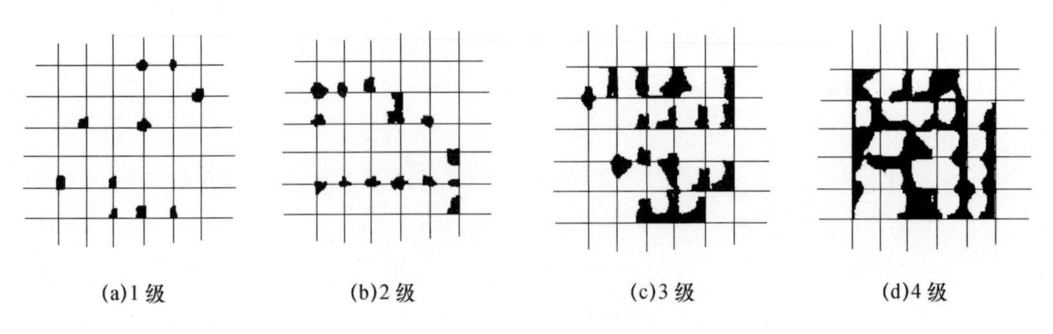

图 5-27　切割区表面外观示意

（3）为确保胶粘带与涂层接触良好，可用手指尖用力蹭胶粘带，透过胶粘带看到的涂层颜色全面接触是有效的显示。

（4）对于多层涂层体系，应报告各层界面间出现的任何脱落。

21. 对比率

1）方法原理

将被测涂料涂布于无色透明聚酯膜上，或涂布于底色黑白各半的卡片纸上，用反射率仪测定涂膜在黑白底面上的反射率，计算黑色底面上的反射率与白色底面上反射率的比值，即为反射率比。

2）仪器设备和材料

（1）反射率仪

同“11. 耐沾污性”，随机配有黑白标准板。

（2）涂布器

规格为 100 μm 的线棒涂布器（由直径 1.00mm 的不锈钢丝紧密缠绕在不锈钢棒上制成）或规格为 100μm 的间隙式漆膜涂布器，如图 5-28 和图 5-29 所示。

图 5-28　线棒涂布器外形

图 5-29　间隙涂布器外形

（3）底材

透明聚酯膜，厚度为 30～50μm，尺寸不小于 100mm×150mm；底色黑白各半的卡片纸，白色反射率应为（80±2）%，黑色反射率应不大于 1%。

3）试板制备

将试板固定在平台上，用线棒涂布器将涂料涂布在试板上，湿膜厚度为 100μm。或用间隙 100μm 的间隙式涂布器，将其放在试板的一端，涂布器的长边与试板的短边大致平行，然后在涂布器前部均匀地放置适量的试样，握住涂布器，用一定的向下压力，以 150mm/s 的速度均匀滑过试板，即涂布成一层 100μm 厚的涂层。之后将试板平放在标准条件下放置 24h。

4）试验步骤

（1）用反射率仪测定涂膜在黑白底面上的反射率。

（2）如用聚酯膜为底材制备涂膜，则将聚酯膜贴在滴有几滴 200 号溶剂油（或其他合适的溶剂）的标准板上，使之保证无气隙，然后在黑白各至少 4 个位置上测量每张聚酯膜的反射率。

（3）如用底色为黑白各半的卡片纸制备涂膜，则直接在黑白底色涂膜上各至少 4 个位置测量反射率。

5）结果计算

分别计算所测得的 4 个位置黑白底色反射率的平均值，按式（5-10）计算涂膜的对比率，修约至 0.01。

$$X=\frac{R_{\mathrm{a}}}{R_{\mathrm{w}}} \tag{5-10}$$

式中　X——对比率；

R_{a}——涂膜在黑色底面上的平均反射率（%）；

R_{w}——涂膜在白色底面上的平均反射率（%）。

平行测定 2 次，取 2 次结果的平均值。如 2 次测定结果相差超过 0.02，则试验无效。

6）注意事项

（1）标准板应平整，尺寸不小于 80mm×80mm，白标准板反射率应为（80±2）%，黑标准板反射率应不大于 1%。

（2）也可采用其他方法制备试板，仲裁时以聚酯膜底材结果为准。

22. 光泽度

1）方法原理

在规定光源和接收器角的条件下，用反射计测定从物体镜面方向反射的光通量，其与折光指数为 1.567 的玻璃的镜面方向反射的光通量之比即为涂层的光泽度。

2）仪器设备和材料

（1）光泽计

光泽计由光源、透镜和接收器机体等组成，如图 5-30 所示。其入射光束的轴线与受试表面的法线成 20°±0.1°、60°±0.1°或 80°±0.1°，光泽计还可使光电池电流调节到仪器标度上任何愿望值的灵敏控制功能。其原理如图 5-31 所示。

图 5-30　光泽计外形

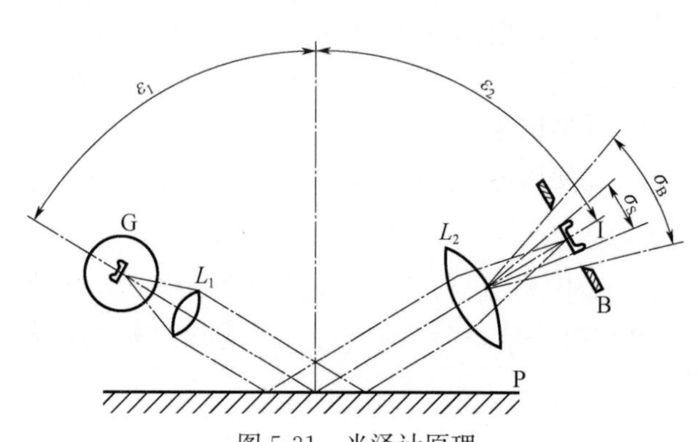

图 5-31　光泽计原理

G—灯；L—透镜；B—接收器视场光阑；P—涂层；ε—入反射角；σ—孔径角；I—灯丝像

（2）参照标准

参照标准分为原始参照标准、工作参照标准和零参照标准。

原始参照标准应是高度抛光的石英玻璃或黑玻璃，其上表面平整，干涉条纹数量不超过 2 个/cm。

工作参照标准可以是瓷砖、搪瓷、不透明玻璃、抛光黑玻璃或具有均匀光泽的其他材料，应有良好的平整度，且已对照原始标准和给定照光方向进行过校准，至少配备 2 块，1 块为高光泽度板，1 块为中或低光泽度板。

零参照标准用于校验光泽计的零点，可使用黑盒子的黑丝绒或黑毡等不反光材料。

（3）底材

底材应是镜面质量的玻璃，厚度为 3mm，尺寸 150mm×100mm。玻璃最小尺寸至少应等于光照区域的长度。

（4）涂布器

选用槽深（150±2）μm 的间隙涂布器，或采用其他施涂方法。

3）试板制备

施涂前充分搅拌试样，以破坏任何可能的触变性结构，但不能带入气泡。在经过脱脂处理的玻璃板的一端放上约 2mL 涂料，横铺成一道线，用间隙涂布器以固定的压力，约 100mm/s 的速度进行刮涂，形成平整的涂层。在标准条件下干燥规定的时间，然后再至少调节 16h。

4）试验步骤

（1）测量涂层的厚度，精确至 1μm。

（2）校准光泽计。

（3）用光泽计对玻璃板上的涂层在不同位置以平行于施涂方向测3个读数。每一系列测试后都应以较高光泽的工作参照标准进行校验，以保证校准过程中无漂移。

5）结果计算

取3个测值的平均值为结果。如3个读数的极差不小于5个光泽单位，则再测3个读数，取6个值的平均值为结果。

6）仪器校准

（1）在每个损伤周期的开始和测量损伤过程中，要以足够的间隔校准仪器，以保证仪器灵敏度基本恒定。

（2）先使用零参照标准校验零点。如果读数不在零的±0.1范围内，则以后的各测量读数应减去零读数。对于带自动稳零功能的光泽计，可省略此步骤。

（3）用光泽度接近100的工作参照标准在指针处于标度上半部时将调节光泽计至准确值。接着测第2个较低的工作参照标准，以同样的控制调节位置进行测量。如果读数在准确值的±1个标度分度内，则可进行试验。

（4）如果第2个较低工作参照标准上的读数超出规定的容限，则光泽计应进行调整，之后重复校准操作，直至工作参照标准能以要求的精度进行测量。

7）注意事项

（1）原始参照标准每年至少校验1次，以防止材料老化影响试验结果。

（2）工作参照标准应通过原始参照标准进行定期校准。

（3）如产品标准有相应规定，试板涂层的制备方法按产品标准规定执行。

24. 结果判定

每验收批涂料产品质量应依据相应的产品标准要求进行判定。如产品标准没有要求的，可依据《涂料产品检验、运输和贮存通则》HG/T 2458—199按以下方法判定。

经检验，如发现有检测项目不符合标准技术要求时，应重新取双倍数量试样进行复验。复验如仍不符合要求时，则判定该批产品为不合格品。

25. 相关标准

《通用硅酸盐水泥》GB 175—2007。

《纺织品 色牢度试验 评定变色用灰色卡》GB/T 250—2008。

《硫化橡胶或热塑性橡胶 拉伸应力应变性能的测定》GB/T 528—2009。

《漆膜一般制备法》GB/T 1727—1992。

《漆膜耐水性测定法》GB/T 1733—1993。

《色漆和清漆 涂层老化的评级方法》GB/T 1766—2008。

《色漆和清漆 标准试板》GB/T 9271—2008。

《色漆和清漆 密度的测定 比重瓶法》GB/T 6750—2007。

《分析实验室用水规格和试验方法》GB/T 6682—2008。

《建筑涂料 涂层耐碱性的测定》GB/T 9265—2009。

《建筑涂料 涂层耐洗刷性的测定》GB/T 9266—2009。

《乳胶漆耐冻融性的测定》GB/T 9268—2008。

《合成树脂乳液外墙涂料》GB/T 9755—2014。

《合成树脂乳液内墙涂料》GB/T 9756—2009。

《溶剂型外墙涂料》GB/T 9757—2001。

《复层建筑涂料》GB/T 9779—2015。

《色漆和清漆 漆膜厚度的测定》GB/T 13452.2—2008。

《钢结构防火涂料》GB 14907—2002。

《橡胶塑料拉力、压力和弯曲试验机（恒速驱动）技术规范》GB/T 17200—2008。

《水泥胶砂强度检验方法（ISO法）》GB/T 17671—1999。

《模塑聚苯板薄抹灰外墙外保温系统材料》GB/T 29906—2013。

《涂料产品检验、运输和贮存通则》HG/T 2458—1993。

《合成树脂乳液砂壁状建筑涂料》JG/T 24—2000。

《建筑涂料 涂层耐冻融循环性测定法》JG/T 25—2017。

《外墙无机建筑涂料》JG/T 26—2002。

《建筑外墙用腻子》JG/T 157—2009。

《外墙涂料水蒸气透过率的测定及分级》JG/T 309—2011。

《外墙涂料吸水性的分级与测定》JG/T 343—2011。

《外墙用非承重纤维增强水泥板》JG/T 396—2012。

5.2 饰面砖

1. 概述

建筑工程中所用的饰面砖主要是陶瓷制品。陶瓷是用铝硅酸盐矿物或某些氧化物等为主要原料，通过特定的物理化学工艺在高温下制成的具有一定型式的工艺岩石，主要有日用、工艺和建筑三类用途。陶瓷砖又称为瓷砖、磁砖，是以耐火的金属氧化物及半金属氧

化物，经由研磨、混合、压制、施釉、烧结等过程，形成的一种耐酸碱的瓷质或石质建筑装饰材料。陶瓷砖强度高、耐久性好、饰面效果丰富、施工简便，是当前建筑饰面材料的主要门类之一。

陶瓷砖的原材料多由黏土、石英砂、长石等混合而成，其成品按生产工艺可分为干压砖和挤压砖，按使用部位可分为外墙砖、内墙砖、室内地砖、室外地砖、广场砖等，按吸水率可分为陶质砖、炻质砖、瓷质砖。

2. 检测项目

饰面砖的检测项目主要包括：吸水率、破坏强度、断裂模数、抗热震性、抗冻性。

3. 依据标准

《陶瓷砖试验方法 第 3 部分：吸水率、显气孔率、表观相对密度和容重的测定》GB/T 3280.3—2016。

《陶瓷砖试验方法 第 4 部分：断裂模数和破坏强度的测定》GB/T 3280.4—2016。

《陶瓷砖试验方法 第 9 部分：抗热震性的测定》GB/T 3280.9—2016。

《陶瓷砖试验方法 第 12 部分：抗冻性的测定》GB/T 3280.12—2016。

4. 吸水率

1）方法原理

将干燥砖置于水中吸水至饱和，用砖的干燥质量和吸水饱和质量及在水中质量计算相关的特性参数。根据饱和吸水方式的不同，吸水率试验可分为沸煮法和真空法。

2）仪器设备

（1）干燥箱

工作温度为（110±5)℃。

（2）沸煮箱

容积满足试验要求，工作温度为 100℃。

（3）天平

称量精度不低于所测试样质量的 0.01%。

（4）真空装置

真空装置的抽真空能力应达到（10±1）kPa，并能保持 30min。

3）试样制备

(1) 每组试样取10块整砖进行测试。如每块砖的表面积不小于0.04m²，则只需5块整砖。如每块砖的质量小于50g，则需足够数量的砖使每个试样质量达到50～100g。

(2) 砖的边长大于200mm且小于400mm时，可切割成小块，但切割下的每一块应计入测量值内，多边形和其他非矩形砖，其长和宽均按外接矩形计算。若砖的边长不小于400mm时，至少在3块整砖的中间部分切最小边长为100mm的5块试样。

4）试验步骤（煮沸法）

(1) 将砖放在(110±5)℃的干燥箱中干燥至恒重，即每隔24h的两次连续质量之差小于0.1%，砖放在有硅胶或其他干燥剂的干燥器内冷却至室温，每块砖按表5-5的测量精度称量。

表5-5　砖的质量和测量精度

砖的质量（g）	测量精度（g）
$50 \leqslant m \leqslant 100$	0.02
$100 < m \leqslant 500$	0.02
$500 < m \leqslant 1000$	0.25
$1000 < m \leqslant 3000$	0.50
$m > 3000$	1.00

(2) 将砖竖直地放在盛有去离子水的加热装置中，使砖互不接触。砖的上部和下部外侧应保持有5cm深度的水，且在整个试验中都应保持高于砖5cm的水面。

(3) 将水加热至沸腾并保持煮沸2h。然后切断电源，使砖完全浸泡在水中冷却至室温，并保持(4±0.25) h。也可用常温下的水或制冷器将样品冷却至室温。

(4) 将一块浸湿过的麂皮用手拧干，并将麂皮放在平台上轻轻地依次擦干每块砖的表面，对于凹凸或有浮雕的表面应用麂皮轻轻地擦去表面水分，然后称重，结果保持与干燥状态下的相同精度。

5）试验步骤（真空法）

(1) 按前述沸煮法将试样烘干恒重，并按表5-5的要求称量。

(2) 将砖竖直放入真空容器中，使砖互不接触，抽真空至(10±1) kPa，并保持30min后停止抽真空。

(3) 加入足够的水将砖覆盖并高出5cm，浸泡15min后取出。

(4) 按前述沸煮法将试样擦干并称量。

6）结果计算

每一块砖沸煮法吸水率按式(5-11)计算；真空法吸水率按式(5-12)计算。

$$E_b = \frac{m_{2b} - m_1}{m_1} \times 100 \tag{5-11}$$

式中　E_b——沸煮法吸水率(%)；

m_1——干砖的质量(g)；

m_{2b}——砖在沸水中吸水饱和质量(g)。

$$E_v = \frac{m_{2v} - m_1}{m_1} \times 100 \tag{5-12}$$

式中　E_v——真空法吸水率（%）；

m_1——干砖的质量（g）；

m_{2v}——砖在真空下吸水饱和质量（g）。

7）注意事项

（1）沸煮法试验时，水分进入容易浸入的开口气孔；真空法试验时，水分可注满开口气孔。通常情况下，真空法的吸水率大于沸煮法的吸水率。

（2）烘干试样在干燥器中冷却时，不能使用酸性干燥剂，避免对砖的腐蚀。

5. 断裂模数和破坏强度

1）方法原理

以适当的速率向砖的表面正中心部分施加压力，根据砖的破坏荷载计算求得砖的破坏强度和断裂模数。

2）仪器设备

（1）抗折试验机

荷载精度不大于 2.0%，加载支撑装置由 3 根圆棒组成。2 根支撑棒中，1 根能稍微摆动，另 1 根能绕其轴稍作旋转；中心加载棒可稍作摆动。3 根圆棒均由金属制成，与试样接触部分用硬度（50±5）IRHD 的橡胶包裹，如图 5-32 所示。

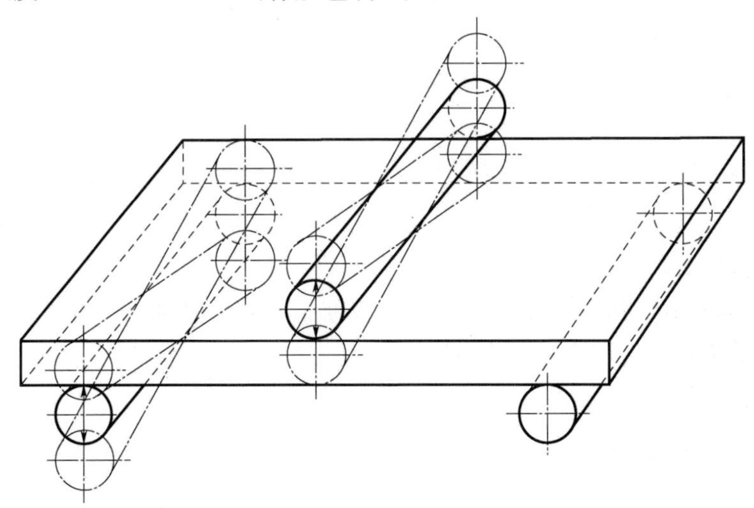

图 5-32　抗折加载支撑装置示意

加载支撑装置的相关尺寸见表 5-6。

表 5-6　加载支撑装置的相关尺寸

砖尺寸 L（mm）	棒直径（mm）	橡胶厚度（mm）	砖伸出棒外长度（mm）
$18 \leqslant L < 48$	5±1	1±0.2	2
$48 \leqslant L < 95$	10±1	2.5±0.5	5
$L \geqslant 95$	20±1	5±1	10

（2）干燥箱

工作温度（110±5)℃。

3）试验步骤

（1）应用整块砖试验。对于超大的砖（即边长大于 600mm 的砖）和一些非矩形的砖，有必要时可进行切割，切割成可能最大尺寸的矩形试样。其中心应与切割前砖的中心一致。每种样品的最小试样数量见表 5-7。

表 5-7　最小试样量

砖尺寸 L（mm）	最小试样数量（块）
$18 < L \leqslant 48$	10
$48 < L \leqslant 1000$	7
$L > 1000$	5

（2）用硬刷刷去试样背面松散的粘结颗粒。将试样放入干燥箱中，温度高于 105℃，烘干至少 24h，然后冷却至室温。应在试样达到室温后 3h 内进行抗折强度试验。

（3）将试样置于支撑棒上，使釉面或正面朝上，试样伸出每根支撑棒的长度见表 5-6。

（4）对于两面相同的砖，可任意面向上。对于挤压成型的砖，应将其背肋垂直于支撑棒放置，对于所有其他矩形砖，应以其长边垂直于支撑棒放置。

（5）对凸纹浮雕的砖，在与浮雕面接触的中心棒上再垫一层厚度与表 5-6 相对应的橡胶层。

（6）中心棒应与两支撑棒等距，以（1±0.2）MPa/s 的速率均匀施加荷载，直至试样破坏。

4）结果计算

以在宽度与中心棒直径相等的中间部位断裂的试样为有效结果，每组试样至少需要 5 个有效结果。如果有效结果少于 5 个，应取加倍数量的砖再做第 2 组试验，此时至少需要 10 个（2 组数量合计）有效结果。

各有效结果的破坏强度（S）和断裂模数（R）分别按式（5-13）和式（5-14）计算。

$$S = \frac{Fl_2}{b} \tag{5-13}$$

式中　F——破坏荷载（N）；

l_2——两根支撑棒之间的跨距（mm）；

b——试样的宽度（mm）。

$$R = \frac{3Fl_2}{2bh^2} = \frac{3S}{2h^2} \tag{5-14}$$

式中　F——破坏荷载（N）；

l_2——两根支撑棒之间的跨距（mm）；

b——试样的宽度（mm）；

h——试验后沿断裂边测得的试样断裂面的最小厚度（mm）。

每组试样的破坏强度和断裂模数分别取各有效结果的平均值。

5）注意事项

（1）边长大于 600mm 的砖需要切割时，应按比例进行切割。

（2）断裂模数的计算是根据矩形的横断面，如横断面的厚度有变化，只能得到近似的结果，浮雕凸起越浅，近似值越准确。

6. 抗热震性

1）方法原理

通过试样在 15℃和 145℃之间的 10 次循环来测定整砖的抗热震性。

2）仪器设备和材料

（1）低温水槽

可保持（15±5)℃流动水的低温水槽。水流量为 4L/min。

（2）干燥箱

工作温度为 140～150℃。

（3）铝粒

粒径为 0.3～0.6mm。

3）试验步骤

（1）至少用 5 块整砖试验。对于超大的砖（即边长大于 400mm 的砖）和一些非矩形的砖，如有必要时可进行切割，切割成可能的最大尺寸，其中心应与切割前砖的中心一致。

（2）用肉眼在距砖 25～30cm、光源照度约 300lx 的光照条件下观察试样表面，所有试样在试验前应没有缺陷。

（3）浸没试验时（砖的吸水率不大于 10%），将试样垂直浸没在（15±5)℃的冷水中，并使它们互不接触。

（4）非浸没试验时（釉面砖的吸水率大于 10%），在低温水槽上放置一块铝板并与水面接触，然后将铝粒覆盖在铝板上，铝粒层厚度约 5mm。将砖釉面朝下与（15±5)℃的低温水槽中的铝粒接触。

（5）在低温下保持 15min 后，立即将试样移至（145±5)℃的干燥箱内。待干燥箱重新达到此温度后保持 20min，立即将试样移回低温环境中。

（6）重复以上低温浸水-高温干燥的过程，共 10 个循环。

4）结果评定

用肉眼在距砖 25～30cm、光源照度约 300lx 的光照条件下观察试样的可见缺陷。为帮助检查，可将合适的染色溶液（如含有少量湿润剂的 1%亚甲基蓝溶液）刷在试样的釉面上，1min 后，用湿布抹去染色液体。

每组 5 个试样，记录试验后存在可见缺陷的试样数量。

5）注意事项

（1）试验前检查试样缺陷时，可用亚甲蓝溶液对待测试样进行着色辅助判断。

（2）非浸泡试验时，在铝粒层上放置烘干试样时，应避免扰动水槽中的冷水，防止冷水直接接触试样。

7. 抗冻性

1）方法原理

饰面砖浸水饱和后，在 5℃和－5℃之间进行冻融循环，以砖的各表面的损坏情况评价其抗冻性。

2）仪器设备

（1）低温箱

能放置至少 10 块砖，其最小面积为 0.25m²，并使砖互相不接触。控温范围为(－5±2)℃。

（2）干燥箱

控温范围为（110±5)℃。

（3）天平

称量精度不低于所测试样质量的 0.01%。

（4）真空装置

真空装置的抽真空能力应达到（40±2.6）kPa，并能保持 30min。

（5）热电偶

测温精度为±0.5℃。

3）试验步骤

（1）使用不小于 10 块整砖，并且其最小面积为 0.25m²。对于大规格的砖，可切割至尽可能的大尺寸。

（2）检查砖的外观，不应有裂纹、釉裂、针孔、磕碰等缺陷。如必须对有缺陷的砖进行试验，在试验前应用永久性染色剂对已有缺陷做标记。

（3）将砖放入（110±5)℃的干燥箱内烘干至恒重，记录每块干砖的质量。

（4）砖冷却至室温后，将砖垂直地放在抽真空装置内，使砖与砖、砖与装置内壁互不

接触。抽真空至（40±2.6）kPa；将水引入装有砖的抽真空装置中，水浸没砖至少50mm；在（40±2.6）kPa 的压力下至少保持 15min，然后恢复到大气压力。

（5）用手把浸湿过的麂皮拧干，然后将麂皮放在一个平面上。依次将每块砖的各个面轻轻擦干，称量并记录每块湿砖的质量。

（6）选择一块最厚的砖（该砖应视为对试样具有代表性），在砖一边的中心钻一个直径为 3mm 的孔，该孔距边最大距离 40mm，在孔中插一支热电偶，并用一小片隔热材料（如多孔聚苯乙烯）将该孔密封。如果砖的厚度等条件不满足钻孔要求，可把电偶放在一块砖的一个面的中心，用另一块砖附在这个面上。

（7）将砖垂直放在低温箱的支撑架上，装有热电偶的砖放在试样中间，以不超过20℃/h 的速率使砖降温到－5.0℃，砖在该温度下保持 15min；之后将砖浸没于水中或喷水直到温度达到 5.0℃，砖在该温度下保持 15min。

（8）重复上次冻融循环至少 100 次；称量试验后的砖质量，再将其烘干至恒重，称量试验后砖的干质量。

4）结果计算

初始吸水率（E_1）用质量分数表示，按式（5-15）计算。

$$E_1 = \frac{m_2 - m_1}{m_1} \times 100 \tag{5-15}$$

式中　m_2——每块湿砖的质量（g）；

　　　m_1——每块干砖的质量（g）。

最终吸水率（E_2）用质量分数表示，按式（5-16）计算。

$$E_2 = \frac{m_3 - m_4}{m_4} \times 100 \tag{5-16}$$

式中　m_3——试验后每块湿砖的质量（g）；

　　　m_4——试验后每块干砖的质量（g）。

冻融循环后，在距离砖 25～30cm 处、大约 3001x 的光照条件下，用肉眼检查砖的釉面、正面和边缘。记录所有观察到的损坏情况。在试验早期，如果有理由确信砖已遭到损坏，可在试验中间阶段检查并及时记录。

5）注意事项

（1）砖在干燥箱中每隔 24h 的两次连续称重之差小于 0.1%时，可视为恒重。

（2）在冻融循环过程中，如砖保持浸没在 5.0℃以上的水中，则循环可临时中断。

（3）冻融循环后在观察砖损坏情况时，对通常戴眼镜者，可以戴眼镜检查。

8. 结果判定

依据《陶瓷砖》GB/T 4100—2015 要求，陶瓷砖采用读数检验和计量检验相结合的方式进行批量验收。

抗冻性试验中，如10个试样中有1个试样结果不满足要求，则整批砖判为不合格品。

吸水率、破坏强度、断裂模数、抗热震性试验中，如不合格样本数不超过标准接收数要求，则整批砖判为合格品；如不合格样本数达到标准拒收数要求，则整批砖判为不合格品；如不合格样本数介于两者之间，则需从同验收批中再取相同数量样本进行复验，复验结果以两次不合格样本总数进行判定。

吸水率、破坏强度、断裂模数、抗热震性试验中，如试验结果的平均值满足标准要求，则整批砖判为合格品；如试验结果的平均值不满足标准要求，则需从同验收批中再取相同数量样本进行复验，复验结果以两次试验结果的总平均值进行判定。

9. 相关标准

《陶瓷砖试验方法 第1部分：抽样和接收条件》GB/T 3280.1—2016。

《陶瓷砖》GB/T 4100—2015。

《陶瓷板》GB/T 23266—2009。

《广场陶瓷砖》GB/T 23458—2009。

《陶瓷马赛克》JC/T 456—2015。

《薄型陶瓷砖》JC/T 2195—2013。